高等院校数字艺术精品课程系列教材

Cinema 4D
三维艺术与设计 50 课

慕课版

赵华文 主编／谢远欣 王孟璇 侯宏武 王晨雨 副主编

人民邮电出版社

北京

图书在版编目（CIP）数据

Cinema 4D 三维艺术与设计 50 课 ：慕课版 / 赵华文
主编. -- 北京 ：人民邮电出版社，2025. --（高等院
校数字艺术精品课程系列教材）. -- ISBN 978-7-115
-64845-7

Ⅰ. TP391.414

中国国家版本馆 CIP 数据核字第 2024V928Z8 号

内 容 提 要

本书分为14章，共50课。本书首先介绍Cinema 4D的基础知识，包括界面、基础操作、参数化模型；然后系统讲解工作中常用的建模方法，包括样条图形建模、生成器建模、变形器建模，以及高级建模；接着讲解摄像机与灯光的创建与设置方法；在材质与贴图教学章节，详细讲解材质编辑器的使用方法，以及高级物理材质和贴图的应用技巧；接下来对毛发技术、环境效果和场景渲染进行详细的讲解。本书最后几章系统、全面地讲解动画技术的基础知识、特效动画中应用最多的运动图形命令与效果器，以及动力学功能与粒子系统的使用方法。

本书内容实用，讲解清晰，不仅可以作为大中专院校平面设计类专业及平面设计培训班的教材，还可以作为图像处理和平面设计初、中级读者的学习用书。

◆ 主　　编　赵华文
　　副 主 编　谢远欣　王孟璇　侯宏武　王晨雨
　　责任编辑　刘　佳
　　责任印制　王　郁　焦志炜

◆ 人民邮电出版社出版发行　　北京市丰台区成寿寺路 11 号
　　邮编　100164　　电子邮件　315@ptpress.com.cn
　　网址　https://www.ptpress.com.cn
　　天津千鹤文化传播有限公司印刷

◆ 开本：787×1092　1/16
　　印张：16　　　　　　　　2025 年 6 月第 1 版
　　字数：509 千字　　　　　2025 年 6 月天津第 1 次印刷

定价：65.00 元

读者服务热线：(010)81055256　印装质量热线：(010)81055316
反盗版热线：(010)81055315

前言

　　本书全面贯彻党的二十大精神，以社会主义核心价值观为引领，传承中华优秀传统文化，坚定文化自信，使内容更好地体现时代性、把握规律性、富于创造性。

　　为了配合院校教学的开展，本书采用最新形式的课堂教学结构对知识进行讲解。教师可以完全将本书的内容无缝安插到教学活动中。这大大减轻了教师的课前准备工作。

　　本书采用"教程+案例"和"完全案例"两种形式编写，极大地降低了学生的学习难度。书中配备了教学视频，便于教师备课和学生预习。另外，本书还附赠了案例源文件和素材文件，便于教学工作的开展。本书的特点如下。

　　■　配合教学。全书内容分50课讲解，每课都按照45分钟的教学时长进行编排，便于课堂教学。

　　■　无缝并入教学课时。全书50课教学内容可以分为必修课和选修课两部分，如果教学时长较短，可以压缩至35个必修课展开教学，其他选修课内容可以交由学生课后演练自学。如果教学时长充裕，可以将选修课并入课堂，由教师带领学生学习。

　　■　视频讲解。全书在每课开头、每个技术难点的位置都配备了专业、严谨的教学视频，教师可以借鉴这些教学视频开展课前准备工作，学生可以在课前观看视频进行预习。

　　■　贴合行业要求。本书编排了丰富的教学案例，这些案例都取自实际工作，可以使学生的学习更加贴合实际工作中的行业要求。

　　全书系统讲述了Cinema 4D在设计工作中的常用功能。在第1章首先讲述了C4D的工作模式和基础操作等内容。第2章至第6章讲述了各种建模方法。第7章和第8章讲述了摄像机与灯光的创建与设置方法。第9章至第11章讲述了材质与贴图、毛发技术，以及环境与渲染方面的相关知识。第12章至第14章讲述了动画技术、运动图形命令与效果器，以及动力学功能与粒子系统方面的相关知识。全书内容与工作应用紧密结合，以案例操作的形式演示了软件的各项功能和操作技巧，使学习者能够在最短时间内，将学到的知识融入实际工作中。

　　本书由赵华文任主编，谢远欣、王孟璇、侯宏武、王晨雨任副主编。由于编者水平有限，书中难免有疏漏之处，敬请读者批评指正。

编者

2025年2月

目录

目录

目录

目录

目录

目录

第14章 动力学功能与粒子系统

本章将带领大家快速熟悉Cinema 4D，为下一步学习做好铺垫。为便于叙述，本书将Cinema 4D简称为C4D。

C4D和Windows系统中的大部分软件相似，它们的工作模式很接近，因此C4D对新用户是非常友好的。

1.1　课时1：C4D的工作模式有何特点？

从本课开始，我们将进入C4D精彩的三维世界。C4D能够在非常短的时间内风靡全球，并在部分用户中取代如3ds Max和Maya等三维软件，是有原因的。除了C4D本身功能非常齐全、强大以外，它的工作模式也非常简洁，初学者非常容易上手，很快就可以将其融入工作。下面就来了解C4D的工作模式。

学习指导

本课内容重要性为【选修课】。

本课的学习时间为40～50分钟。

本课的知识点是熟悉C4D的工作环境，掌握其基本工作模式。

课前预习

扫描二维码观看视频，对本课知识进行学习和演练。

1.1.1　C4D的优势

除了C4D外，目前行业中用户最多的三维软件还有3ds Max和Maya，接下来将这几款软件进行比较，了解一下C4D的优势。

1. 功能简洁

相信热爱三维设计的朋友，对3ds Max和Maya这两款软件一定不陌生。经过二十多年的沉淀与发展，3ds Max和Maya的功能已经非常强大，其制作的特效足以达到电影级别的标准。然而也正是因为它们的功能过于强大，操作过程变得非常烦琐，控制参数也非常多。而C4D恰恰省去了一些不

必要的功能，简化了控制流程。虽然这可能使C4D没有它们那么严谨，但是C4D的整个工作过程是非常简便的。

2. 学习成本低

刚才提到3ds Max和Maya这两款软件的功能非常强大，包含的信息量非常大，所以它们的学习成本就会非常高。学习者往往需要3～6个月的时间才能将其掌握。

而C4D因为功能简洁，学习成本就会低很多。C4D虽然在专业性上无法和3ds Max及Maya相比，但是为平面设计工作和视频特效工作做辅助素材还是绰绰有余的。因此很多电商平台和视频编辑机构都在使用C4D进行工作，如图1-1所示。

图 1-1

3. 操作方式友好

C4D的操作方式非常友好，几乎可以达到上手即用的效果。读者不需要具备任何基础知识，只要认真学习就可以很好地掌握其功能。

4. 渲染效果好

对一款三维软件来讲，其渲染功能是非常重要的，因为好的渲染效果往往更能吸引用户的注意。C4D自带强大的渲染器，其渲染效果非常好，设置也很简单。渲染时间可以根据设置的渲染级别进行调整和控制。

5. 预置库丰富

C4D拥有丰富且强大的预置库，用户可以轻松地从预置库中找到需要的模型、贴图、材质、照明

对象、环境、动力学系统，甚至是摄像机镜头预设，如图1-2所示。这大幅提升了用户的工作效率。使用预置库通过很轻松的几个步骤就可以将很多复杂的视觉效果制作出来。

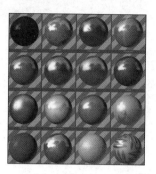

图1-2

1.1.2　C4D 的界面

C4D的界面与Windows系统中的大部分软件界面相似。下面对其界面进行介绍。

1. 设置 C4D 的界面语言

C4D安装完毕后，首次启动时，软件界面使用语言为英语。因此需要进行简单的设置，将软件界面设置为中文界面。

（1）在菜单栏中执行"Edit"→"Preferences"命令，如图1-3所示。

图1-3

（2）打开"Preferences"对话框，在"Interface"选项组下可以对界面的显示方式进行设置。

（3）将"Language"设置为"简体中文"选项，如图1-4所示。

图1-4

（4）关闭"Preferences"对话框，重新启动C4D。此时软件界面使用的语言为简体中文。

2. C4D 的工作界面

C4D的界面安排和常规软件的界面安排非常类似。C4D的工作界面可以分为10个区域，界面上方是"界面"设置命令、菜单栏和工具栏，左侧是模式工具栏，右侧是面板区域（"对象"管理器和"属性"管理器），中间为视图窗口，下方为"时间线"面板、"材质"管理器和"坐标"管理器，如图1-5所示。

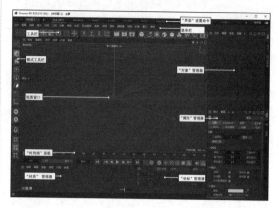

图1-5

1.1.3　菜单栏

C4D共包含18组菜单，菜单集合了C4D中的所有命令。根据菜单名称，大致可以看出其内置命令的功能。例如，"文件"菜单包含的是与文档管理相关的命令，"渲染"菜单包含与场景渲染相关的命令。关于菜单中的命令，在讲到相关知识时，再进行详细讲解。

1.1.4　工具栏

"工具栏"包含变换工具、对象建立工具以及对象编辑工具，如图1-6所示。

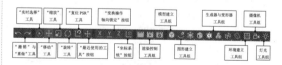

图1-6

1."撤销"与"重做"工具

"撤销"工具用于返回至上一步操作，组合键是<Ctrl+Z>。"重做"工具用于重新执行上一步操作。

2."实时选择"工具

"实时选择"工具用于选择场景中的对象。使用"实时选择"工具时，在视图中拖动鼠标指针，鼠标指针接触到的对象都将会被选中。

"实时选择"工具的图标右下角有小三角图标，表示该工具下包含隐藏工具，长按该工具，会展开该工具的下拉面板，如图1-7所示。

图1-7

除了"实时选择"工具以外，C4D还提供了另外3种选择对象的方式，分别为"框选"工具、"套索选择"工具和"多边形选择"工具。这些工具的使用方法和它们的名称一致，利用这些工具可以在视图中绘制出不同形状的选框，选框可以用来选择场景中的对象。

3. 变换工具组

"实时选择"工具旁边是"移动"工具、"旋转"工具和"缩放"工具，如图1-8所示。这些工具被称为变换工具。利用这些工具可以对场景中对象的位置、角度和体积进行变换。

图1-8

变换工具组的右侧是"复位PSR"工具，工具名称中的3个字母分别为英文中位置（Position）、缩放（Scale）、旋转（Rtation）3个单词的首字母。复位对象的位置、缩放、旋转参数，就是将对象的变换操作清除，将其恢复为初始化状态。

"复位 PSR"工具旁边是"最近使用的工具"按钮，该按钮会随着用户的操作改变，按照用户的操作顺序把最近使用的工具暂时记录下来。长按该按钮可以展开最近使用过的工具列表，如图1-9所示。

图1-9

4. "变换操作轴向锁定"按钮

"变换操作轴向锁定"按钮用于锁定变换操作中的轴，如图1-10所示。执行变换操作

图1-10

时，需要根据轴进行操作。如果不想让模型沿着 x 轴方向进行移动，此时就单击"x 轴轴向"按钮，将其锁定。当按钮处于锁定状态时，对象将无法沿被锁定的轴移动。

默认状态下，控制3个轴的按钮都处于未锁定状态，这表示对象可以沿着3个轴进行变换；锁定某个轴后，对象将不能沿该轴进行变换。但是使用鼠标指针拖动对象内部的控制柄，依然可以使对象沿锁定的轴进行变换，此时锁定轴的坐标控制柄将呈现灰色，如图1-11所示。

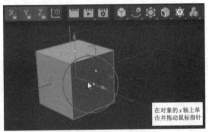

在对象的 x 轴上单击并拖动鼠标指针

图1-11

"变换操作轴向锁定"按钮的旁边是"坐标系统"按钮。该按钮激活，则坐标系统为"全局"坐标系统；如果未激活，则坐标系统为"对象"坐标系统。

使用"对象"坐标系统，对象会按自身的角度来设置坐标方向，当对象旋转一定角度后，其"对象"坐标系统的坐标轴也会同时进行旋转，如图1-12（左）所示。

使用"全局"坐标系统，那场景中所有的对象的坐标轴都会保持一致。这就如同现实世界中物体以大地为参考坐标一样，所有物体都会参考相同的坐标，如图1-12（右）所示。

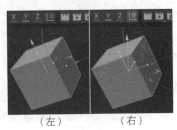

（左）　　　　（右）

图1-12

注意

初学者需要注意的是，无论使用哪种坐标系统，缩放变换操作都是按照"对象"坐标系统进行变换的，因为缩放必须以对象自身的方向为基准。

5. 渲染控制工具组

渲染控制工具组中共包含3种工具，分别是"渲染活动视图"工具、"渲染到图像查看器"工具和"编辑渲染设置"工具，如图1-13所示。

图1-13

"渲染活动视图"工具用于将视图作为渲染窗口，渲染并显示渲染结果。该工具的快捷键为<Ctrl + R>。使用该工具的优点是：可以一边修改场景一边查看渲染后的结果。

"渲染到图像查看器"工具用于将渲染结果显示到图像查看器中，如图1-14所示。该工具的快捷键为<Shift + R>。使用该工具的优点：图像查看器还会呈现很多渲染参数信息，例如渲染时间、图像的分辨率、渲染图层等。

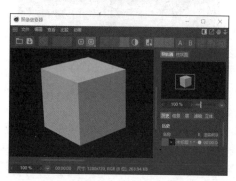

图1-14

单击"编辑渲染设置"按钮，可以打开"渲染设置"对话框，在对话框内可以对渲染方式进行设置，如图1-15所示。

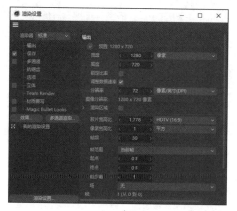

图1-15

关于渲染控制工具组中的这些工具，本书将在讲解渲染知识时，再进行详细的讲解。

6. 模型与图形建立工具组

C4D提供了丰富的模型与图形创建工具，利用这些工具可以快速在场景中创建带有参数的基础模型和基础图形。

在"工具栏"中长按"立方体"按钮，此时可以看到模型建立工具组，单击其中的按钮，即可在场景中创建参数化的基础模型，如图1-16所示。关于这些工具的使用方法，本书将在讲解建立基础模型时再进行详细讲解。

图1-16

在"工具栏"中长按"样条画笔"按钮，此时可以看到图形建立工具组，如图1-17所示。

图1-17

图形建立工具组中的工具可以分为3类：左侧一列橙色的工具，用于通过手绘的方式绘制二维图形；中间3列蓝色工具，用于建立参数化的二维图形；右侧一列灰色的工具，用于对已经建立的二维图形进行相加、相减、相交等运算，从而生成新的二维图形。关于这些工具的使用方法，本书将在讲解建立二维图形时再进行详细讲解。

7. 效果器、生成器与变形器

C4D提供了丰富的效果器、生成器与变形器命令，这些命令根据自身特征被放置在6个面板中，如图1-18所示。

图1-18

在"工具栏"中长按"细分曲面"按钮，此时会展开生成器面板，如图1-19所示。使用这些命令，可以对三维模型的外观进行修改，使模型变为新的形态。

图 1-19

在"工具栏"中长按"挤压"按钮，此时会展开与二维图形建模相关的生成器面板，如图1-20所示。使用这些命令，可以利用二维图形生成三维模型。

图 1-20

在"工具栏"中长按"克隆"按钮，此时会展开运动图形面板和效果器面板，单击面板上方的控制柄，可以让面板脱离工具栏，如图1-21所示。该面板中的命令分为两类：绿色的命令是运动图形命令，用于对模型对象进行克隆、阵列、分裂等操作；蓝色的命令是效果器，对模型的位置、运动、体积进行调整。

图 1-21

在"工具栏"中长按"体积生成"按钮，此时会展开与体积生成相关的生成器面板与效果器面板，如图1-22所示。绿色的命令是生成器，用于将多个模型组合生成一个新的模型；蓝色的命令是效果器，用于对体积模型的外观进行调整。

在"工具栏"中长按"线性域"按钮，此时会展开域命令面板，如图1-23所示。所有的域命令都是紫色的，使用域命令可以控制效果器的影响范围。

图 1-22

图 1-23

在"工具栏"中长按"弯曲"按钮，此时会展开变形器面板，如图1-24所示。变形器命令的颜色是蓝色，使用变形器可以对模型进行变形。

图 1-24

生成器、效果器、域，以及变形器，是C4D中非常重要的功能组件，合理地使用这些功能组件可以创建复杂模型，制作华丽的动画特效。本书将在后面的章节中对以上内容进行详细讲解。

8. 环境、摄像机与灯光

为了制作出真实的三维场景，环境、摄像机与灯光必不可少。C4D提供了丰富的命令，用于模拟出逼真、生动的现实世界场景。

在"工具栏"中长按"地板"按钮，此时会展开环境设置命令面板，如图1-25所示。使用这些命令可以在场景中建立地面、天空、云等环境对象。

图 1-25

在"工具栏"中长按"摄像机"按钮，此时会展开摄像机命令面板，如图1-26所示。使用这些命令可以在场景中建立各种摄像机对象。

图1-26

在"工具栏"中长按"灯光"按钮，此时会展开灯光命令面板，如图1-27所示。使用这些命令可以在场景中建立各种灯光对象。

图1-27

环境、摄像机和灯光的相关知识，本书将在后面的章节中具体介绍。

1.1.5 模式工具栏

工作界面的左侧是"模式工具栏"。该工具栏可以分为上下两部分：上半部分的按钮用于设置模型对象的编辑模式；下半部分的按钮用于设置场景视图的显示方式，以及辅助绘图功能的打开与关闭，如图1-28所示。

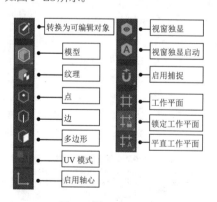

图1-28

1."转换为可编辑对象"命令

"转换为可编辑对象"命令用于将当前选择的参数化模型转换为一个可编辑的网格对象，它的快捷键是<C>。只有将参数化对象转换为可编辑的网格对象后，才能对它的点、线、面进行编辑。

（1）在"工具栏"中单击"立方体"按钮，在场景中建立一个立方体。

（2）在工作界面右侧的"对象属性"管理器中单击"对象"选项，可以看到当前对象的基本参数，如图1-29所示。

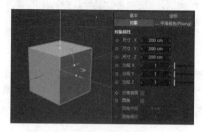

图1-29

（3）当前建立的立方体模型就是参数化模型，可以通过修改参数调整其外形。

（4）在"模式工具栏"中单击"转为可编辑对象"按钮，立方体模型就转换为可编辑的网格对象，此时就可以对其点、线、面进行编辑了。

2."模型""点""线""面"编辑模式

在"模式工具栏"分别单击"点""边""多边形"按钮，可以对当前网格对象的点、线、面进行编辑。读者可以试着切换模式，然后对网格对象的点、线、面进行位置调整，如图1-30所示。

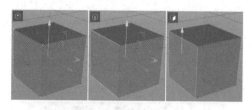

图1-30

当需要对模型整体进行编辑时，可以单击"模型"按钮。切换为"模型"编辑模式后，会退出"点""线""面"编辑模式。

3."纹理""UV模式"编辑模式

在"模式工具栏"中单击"纹理"按钮，可以打开"纹理"编辑模式。此时可以为模型设置"纹理"标签，以调整贴图的纹理坐标。

在"模式工具栏"中单击"UV模式"按钮，打开"UV模式"编辑模式。此时可以根据模型的点、线、面设置贴图的UV坐标。

关于贴图纹理和UV坐标的设置方法，本书将在后面的章节详细讲解。

4."启用轴心"模式

对象是根据坐标轴的位置进行变换操作的。有些操作中，需要让对象按指定的坐标轴位置来进行变换操作。此时可以使用"启用轴心"模式来改变对象坐标轴的位置。

（1）在"模式工具栏"中单击"模型"按钮，对立方体模型整体进行调整。

（2）在"模式工具栏"中单击"启用轴心"按钮，然后在"工具栏"中选择"移动"工具。

（3）在立方体的坐标轴上单击并拖动鼠标指针，此时立方体坐标轴的位置被修改了，如图1-31所示。

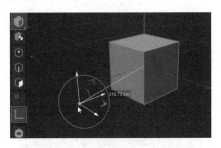

图1-31

（4）在"模式工具栏"中单击"启用轴心"按钮，退出"启用轴心"模式。

（5）在"工具栏"中选择"旋转"工具，按住鼠标左键拖动立方体，可以看到立方体沿新的坐标轴位置产生旋转变化，如图1-32所示。

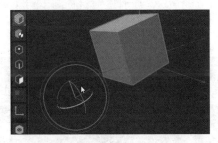

图1-32

5. 独显模式

当场景中的模型非常多时，可以打开独显模式，这时场景中只显示处于编辑状态的模型，其他模型会自动隐藏。这样可以排除干扰，提升专注度。

C4D提供了两种独显模式，分别是"视窗独显"和"视窗独显自动"模式。下面来学习独显模式的设置方法。

（1）在"工具栏"中单击"立方体"按钮，再次建立一个立方体，使用"移动"工具对两个立方体的位置进行调整，如图1-33所示。

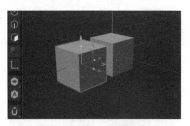

图1-33

（2）选择一个立方体，在"模式工具栏"中单击"视窗独显"按钮，此时视图中除了被选择的对象外的所有内容都会隐藏，如图1-34所示。

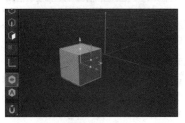

图1-34

（3）在"模式工具栏"中单击"视窗独显自动"按钮，打开自动独显功能。此时在视图中单击空白处，在未选择任何对象时，独显功能将关闭，所有对象都会显示。当选择模型后，只有选择的对象才会显示，其他对象都将隐藏，如图1-35所示。

图1-35

6. 捕捉模式

在"模式工具栏"中单击"启用捕捉"按钮后，会打开捕捉模式。此时根据设置的捕捉参考对象，鼠标指针会自动吸附到指定位置。例如，可以设置自动捕捉对象节点、网格交叉线等。

长按"启用捕捉"按钮后，会展开捕捉模式设置面板，如图1-36所示。

图1-36

1.1.6 "视图窗口"区域

"视图窗口"区域是最重要的工作区域。默认状态下，"透视视图"为最大化显示状态，四周显示了很多命令及提示信息，如图1-37所示。

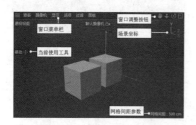

图1-37

窗口菜单栏包含很多命令，这些命令用于对窗口的显示方式进行控制。

"视图窗口"区域的右上角有4个视图调整按钮。单击并拖动这些按钮，可以平移视图、推拉视图、旋转视图，以及显示全部视图。大家可以试着操作，对这些功能进行熟悉。

1.1.7 "对象"管理器与"属性"管理器

软件右侧的面板区域陈列了"对象"管理器和"属性"管理器。这两个管理器用于对场景内对象的参数进行控制与调整。

"对象"管理器以列表的形式展示了场景内的所有对象。该列表还展示了对象间的层级关系，以及对象所使用的功能标签，如图1-38所示。

图1-38

在场景内选择对象后，该对象的参数信息会在"属性"管理器内展示出来。在"属性"管理器内可以对选择对象的各项属性参数进行设置与修改，如图1-39所示。

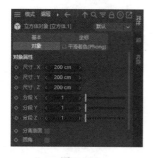

图1-39

1.1.8 "时间线"面板

视图窗口下方有一个长长的、带有刻度的面板，这就是"时间线"面板，如图1-40所示。在"时间线"面板内，可以添加、编辑关键帧。关于该面板，本书将在第12章进行详细讲解。

图1-40

1.1.9 "材质"管理器与"坐标"管理器

"时间线"面板的下方是"材质"管理器和"坐标"管理器。

"材质"管理器用于为场景中的模型设置材质，在管理器中双击，即可创建一个新的材质，如图1-41所示。

图1-41

"材质"管理器主要陈列场景中包含的材质，如果需要对当前材质的参数进行设置，还需要打开"材质编辑器"对话框。在"材质"管理器中双击新建立的材质球，即可打开"材质编辑器"对话框，如图1-42所示。

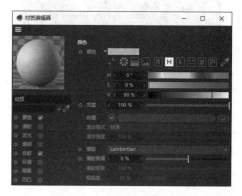

图1-42

"材质"管理器的右侧是"坐标"管理器。该管理器可以对选择对象的坐标位置、旋转角度和缩放比例进行设置。"坐标"管理器将在第2章中详细讲解。

1.1.10 "界面"设置命令

本节最后来谈一下"界面"设置命令。在老版本的C4D中，这些命令是以下拉列表的形式呈现的。新版的C4D则在软件界面的最上方陈列"界面"设置命令，"界面"设置命令用于切换界面的布局。

"界面"设置命令是十分重要的，因为三维软件所包含的命令是非常繁杂的，软件不可能将所有工具和命令都展示在界面中，所以只能将与当前工作相关的工具和命令陈列出来。

如果进行建模工作，可以执行"Model（模型）"命令；如果进行动画设置工作，可以执行"Animate（动画）"命令。执行其中的命令，相关命令会罗列在当前的工作界面中。

目前大家处于软件学习阶段，可以将软件的布局设置为"Standard（标准）"，这样便于对命令进行查找。

1.2 课时2：C4D中必须掌握的基础操作

在对软件界面进行了整体了解后，接下来学习一些在日常工作中频繁使用的基础操作。这些基础操作包括：调整视图窗口，快速、准确地选择目标对象，在场景中显示与隐藏对象，以及精确地对模型进行变换操作等。

学习指导

本课内容重要性为【必修课】。

本课的学习时间为30~50分钟。

本课的知识点是熟悉C4D的工作环境，掌握软件基础操作。

课前预习

扫描二维码观看视频，对本课知识进行学习和演练。

1.2.1 调整视图窗口

在工作中，经常要观察场景内的对象、调整对象的位置等，所以使用最多的操作就是调整视图窗口。下面就来学习在C4D中调整视图窗口的方法。

（1）启动C4D，在"工具栏"中单击"立方体"按钮，在场景内建立一个立方体。

（2）将鼠标指针移至"视图窗口"区域，单击鼠标中键，视图将会转变为4个视图，即进入"全部视图"模式，如图1-43所示。

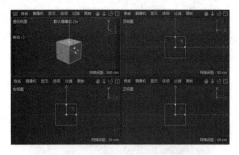

图 1-43

（3）将鼠标指针移至"透视视图"窗口区域，再次单击鼠标中键，"透视视图"窗口将会最大化显示。

> **提示**
>
> 在窗口区域右上角单击"视图切换"按钮，也可以切换视图的显示方式。

（4）如果要平移视图窗口，可以通过窗口区域右上角的"平移"按钮进行操作。按住鼠标左键拖动"平移"按钮，可以看到视图窗口按照鼠标指针的方向产生了平移，如图1-44所示。

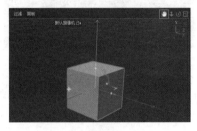

图 1-44

（5）将鼠标指针移至"透视视图"窗口区域，按住键盘上的<Alt>键的同时，按住鼠标中键并拖动，也可以对窗口进行平移。

按住键盘上的<Alt>键的同时，按住鼠标左键并拖动，可以对窗口进行旋转。按住键盘上的<Alt>键的同时，按住鼠标右键并拖动，可以对窗口进行推拉，也就是对视窗进行缩放。当然，也可以通过视图右上角对应的视图调整按钮进行操作。

1.2.2 在各视图中观察对象

C4D中的场景有高度、宽度和深度3个方向。在视图中建立模型、搭建场景的过程中，有的时候需要从多个角度进行观察。C4D提供了各个方向的视图，以帮助用户对模型的前后、左右、上下各方向进行观察。

（1）为了便于大家观察，我们可以在场景中建立第二个模型。

（2）在"工具栏"中长按"立方体"按钮，展开模型工具面板，单击"人形素体"按钮，在场景中创建人偶模型。

（3）在"工具栏"中选择"移动"工具，对人偶模型的位置进行调整，将人偶模型沿 z 轴方向移至立方体模型的前端，如图1-45所示。

图1-45

（4）使用鼠标中键单击"透视视图"窗口，窗口由单独窗口转变为4个窗口，分别为"透视视图""顶视图""右视图"和"正视图（前视图）"窗口，如图1-46所示。

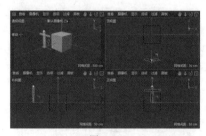

图1-46

（5）在这些窗口中可以从顶部向下观察模型，可以从右侧观察模型侧面，也可以从正前方观察模型。

（6）当前是软件默认的视图设置方式，视图可以被修改。例如，将"顶视图"转换为"底视图"，将"右视图"转换为"左视图"，将"正视图"转换为"背视图"。这样就可以从所有方向来观察模型的外观了。

（7）每个视图上端都有"摄像机"菜单，在菜单内可以设置视图的显示方式。单击"顶视图"上端的"摄像机"菜单，执行"底视图"命令，视图将转换为"底视图"，如图1-47所示。

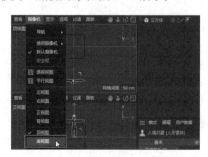

图1-47

（8）读者可以自行对视图的显示方式进行修改。设置完毕后，选择人偶模型，按<Delete>键将其删除。

1.2.3　对象的坐标轴与控制柄

在三维世界里，每个对象都有 x、y、z 3个坐标轴，其分别对应的是前后、上下、左右6个方向。在对象的中心处可以看到指向不同方向的红、绿、蓝3个箭头，这就是对象坐标轴。移动、旋转和缩放等变换操作就是根据坐标轴的方向进行的。接下来学习坐标轴和坐标轴上的控制柄。

（1）在"工具栏"中长按"立方体"按钮，展开模型工具面板，依次单击"圆锥体""圆柱体""球体"按钮，在场景中创建新的模型。

（2）新建立的模型会放置在默认的原点坐标位置，这样多个模型会叠在一起，需要调整模型的位置。

（3）在"工具栏"中选择"移动"工具，单击立方体模型，选择模型。

（4）将鼠标指针放置在立方体模型的红色 x 坐标轴上，x 轴将以高亮的白色显示。拖动坐标轴，立方体模型将会沿 x 轴方向进行移动，如图1-48所示。

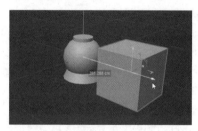

图1-48

（5）在移动模型时，模型旁边会出现一个灰色的参数框，其中的数值会随移动的距离发生变化。此时如果按住键盘上的<Shift>键，参数的变换将以整数的形式进行。

（6）每两个坐标轴对应的折角处都有一个直角形的控制柄，拖动该控制柄，可以在两个坐标轴所在的平面中移动模型。

（7）将鼠标指针放置在红色和蓝色轴之间的控制柄上，拖动鼠标指针，立方体模型将在 x 轴和 z 轴所在的平面中移动，如图1-49所示。

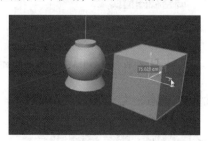

图1-49

（8）每个坐标轴上都有一个黄色的圆点，这个圆点是"缩放"控制柄。拖动"缩放"控制柄，模型会沿坐标轴方向进行缩放，如图1-50所示。

图1-50

（9）使用"移动"工具对当前场景中模型的位置进行调整，完成后的效果如图1-51所示。

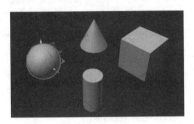

图1-51

（10）在"工具栏"中选择"旋转"工具，然后在视图中单击圆柱体。

（11）圆柱体模型的中心处将会显示3个圆环状的"旋转"控制柄。将鼠标指针放置到蓝色的"旋转"控制柄处，控制柄会高亮显示为白色。拖动控制柄，调整圆柱体模型的角度，如图1-52所示。

图1-52

（12）模型的角度发生变化后，其坐标轴也会发生改变。在"工具栏"中选择"移动"工具，可以看到圆柱体模型的坐标轴方向与其倾斜角度保持一致，如图1-53所示。

图1-53

（13）如果还想让模型的坐标轴方向保持为水平垂直方向，此时需要将模型的坐标轴模式切换为"全局坐标"模式。

（14）在"工具栏"中单击"坐标系统"按钮，将坐标轴模式切换为"全局坐标"模式，此时圆柱体模型的坐标方向将与场景空间的坐标方向保持一致。

1.2.4　坐标管理器的使用

模型在进行变换后，所有的参数都会记录在"坐标"管理器内。在"坐标"管理器内修改对象的变换参数，同样可以调整对象。

（1）在场景内单击圆柱体模型将其选中，此时"坐标"管理器中会显示圆柱体模型的位置、体积和角度等参数，如图1-54所示。

图1-54

（2）在"坐标"管理器内，"位置"参数用于设置对象的位置，"尺寸"参数用于修改对象的体积，"旋转"参数修改对象的角度。

（3）在"坐标"管理器内，将"旋转"参数下端的B（仰角）参数设置为0°，可以看到圆柱体模型又恢复为垂直状态，如图1-55所示。

图1-55

1.2.5　对象的选择方法

如果要编辑对象，首先要选择对象。C4D提供了丰富、灵活的对象选择方法，大幅提升了建模效率。下面来学习这些选择方法。

1. 选择工具

先来看一下C4D中专门用于选择对象的工具。

（1）在"工具栏"中选择"实时选择"工具，此时鼠标指针前端将会出现一个圆形的触点，如图1-56所示。

（2）在视图中拖动鼠标指针，所有接触到鼠标指针前端触点的对象都会被选择。

技巧

在视图中拖动鼠标中键可以放大或缩小"实时选择"工具的触点范围。向上或向左拖动鼠标中键是放大触点范围；向右或向下拖动鼠标中键则是缩小触点范围。

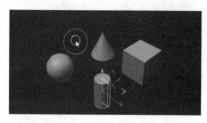

图1-56

（3）在"工具栏"中长按"实时选择"工具，会展开选择工具面板，在面板内选择"框选"工具。

（4）在视图中拖动鼠标指针绘制选择框，选框接触到的所有对象都会被选择，如图1-57所示。

图1-57

（5）选择工具面板内还有"套索选择"工具和"多边形选择"工具。这两个工具只是绘制选框的方式不同，这里就不做演示了。

（6）在"工具栏"中选择"实时选择"工具，按住键盘上的<Shift>键并依次单击场景中的模型，被单击的模型都会被选择，这是对象的加选择。

（7）按住键盘上的<Ctrl>键对已经选择的对象进行单击，被单击的对象将会取消选择，这是对象的减选择。

2. "对象"管理器

"对象"管理器以名称列表的形式罗列了场景中所有的对象。单击对象的名称，即可选择该对象。在"对象"管理器内拖动鼠标指针，也可以框选多个对象，如图1-58所示。

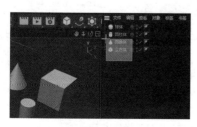

图1-58

配合使用键盘上的<Shift>和<Ctrl>键，可以在"对象"管理器中通过单击对象的名称，执行加选择和减选择操作。

3. 变换工具

在C4D中，变换工具包括"移动""旋转""缩放"。在使用这些工具时，单击场景内的对象即可进行选择操作。同样，配合使用键盘上的<Shift>键和<Ctrl>键，可以执行加选择和减选择操作。

这里需要注意一点，如果使用变换工具对对象进行选择，在操作时不小心拖动了鼠标指针，此时就不是单纯的选择了，而是选择与变换操作同时进行。这种时候往往会发生误操作，使对象的位置或形状产生细微的变化。所以，在执行一些对精度要求较高的操作时，最好先用选择工具选择，然后用变换工具调整。这样虽然略显烦琐，但操作精度更高。

1.2.6 显示与隐藏对象

如果当前场景中的对象非常多，可以将与当前工作无关的对象暂时隐藏。

1. 独显功能

在"模式工具栏"中单击"视窗独显"或"视窗独显自动"按钮，可以打开独显功能。此时场景内的模型会根据是否被选择进行显示与隐藏。该功能在前面的内容中已经讲过了，此处就不再赘述。

2. "对象"管理器设置

除了可以使用独显功能来显示与隐藏对象以外，在"对象"管理器内也可以设置当前对象的显示方式。

（1）在"对象"管理器的列表内，单击"立方体"名称，选择立方体模型。

（2）在"对象"管理器内，模型名称后面有专门控制对象是否显示与渲染的功能按钮，单击绿色的钩，它将变为红色的叉。此时对象会进行隐藏，同时也不会被渲染。

（3）如果选择该对象，场景内只会出现该对象的坐标轴，如图1-59所示。

图1-59

（4）单击红色的叉，它会转变为绿色的钩，此时对象会正常显示和渲染。这个钩和叉用于控制对象是否进行显示与渲染。

（5）钩前面有两个灰色的小圆点，它们用于单独控制对象在场景中是否显示与渲染。

（6）单击立方体对象上端的小圆点，圆点会变为绿色，绿色表示对象在场景中正常显示。再次单击，圆点变为红色，立方体对象将会隐藏，如图1-60所示。

图1-60

（7）再次单击上端圆点，圆点会变为灰色，此时立方体对象处于正常显示状态。

（8）单击下端圆点，圆点会变为绿色，这表示立方体对象可以被正常渲染。

（9）再次单击下端圆点，圆点会变为红色，此时表示立方体对象虽然在场景中可以被查看和编辑，但是不会被渲染。

（10）在"工具栏"中单击"渲染活动视图"按钮，渲染当前工作视图，查看刚才所选对象不被渲染的效果，如图1-61所示。

图1-61

这里大家可能会觉得，C4D在设置对象的显示时非常烦琐。一共有3种情况，分别是可以显示、不可以显示，以及正常显示。为什么不设置为两种状态（正常显示与隐藏）？这里之所以这么设置，是因为对象在层级关系下，其显示状态会出现冲突，如群组父对象隐藏，但是组内子对象需要显示。这时就可以将群组父对象的显示控制设置为红点状态，然后将子对象的显示控制设置为绿点状态。这样就可以在不影响其他子对象的情况下，实现所需子对象的单独显示了。控制是否渲染的机制也是基于相同的原理。

（1）按键盘上的<Ctrl+A>组合键执行全选命令，同时选择场景内的4个对象。

（2）右击选择的对象，在弹出的快捷菜单内执行"群组"命令，将选择的对象群组，如图1-62所示。

图1-62

（3）在"对象"管理器中可以看到产生了一个"空白"对象，场景中的对象都将成为该对象的子对象。

（4）在"空白"对象右侧单击显示控制圆点，当圆点变为红色时，场景内的所有对象都将隐藏，如图1-63所示。

图1-63

（5）此时如果想要显示群组内的子对象，可以将子对象的显示控制圆点激活。

（6）设置"立方体"对象的显示控制圆点，使其变为绿色，此时"立方体"对象单独显示在场景内，如图1-64所示。

图1-64

1.3　课时3：完成我们的第一幅作品

在前面的两节课中，介绍了C4D的工作界面，以及一些基础操作。接下来，将带领大家制作一个简单、有趣的三维场景，通过案例操作让读者了解使用C4D制作一幅海报作品的流程。

整个制作流程从建立模型开始，到设置灯光、摄像机及模型材质，再到渲染输出作品，最后将渲染图片导入Photoshop中完成海报作品的制作，图1-65所示为本案例完成后的效果。

图1-65

学习指导

本课内容重要性为【选修课】。

本课的学习时间为30~40分钟。

本课的知识点是熟悉三维作品的制作流程，掌握软件的基础操作。

课前预习

扫描二维码观看视频，对本课知识进行学习和演练。

下面简单为大家介绍本课案例的制作流程。

（1）先在C4D中建立球形山体模型，使用"地形"参数模型可快速建立该模型，如图1-66所示。

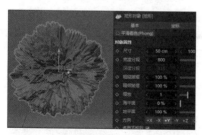

图1-66

（2）对建立的球形山体模型进行复制和缩小，调整它们的位置，并为它们添加不同的材质，如图1-67所示。

图1-67

（3）在场景中添加灯光和摄像机，在设置灯光对象时一定要注意设置灯光的颜色关系，灯光对象的颜色可以让画面产生冷暖对比，如图1-68所示。

图1-68

（4）完成灯光和摄像机的建立后，就可以对场景进行渲染了。渲染时可以为球形山体模型添加"合成标签"，这样在渲染时可以以模型轮廓生成一个通道，从而为Photoshop中的抠图操作提供便利。

（5）渲染完毕后，将渲染图片导入Photoshop，为作品添加背景纹理和文字内容。整幅作品就制作完成了，如图1-69所示。

图1-69

在日常工作中，大致的工作流程也都是遵循上述步骤的。读者可以打开本书配套文件chapter-01/地形.c4d，查看本案例完成后的效果。

1.4 总结与习题

本章详细为大家讲解了C4D的工作界面，以及基础操作，在最后制作了一个简单的案例，带领读者对C4D的工作流程进行熟悉。

软件基础操作是日常工作中使用最为频繁的操作，也是下一步深入学习软件的重要基础，所以希望读者在课后能够结合本章内容对软件的基础操作进行演练。

习题：熟悉软件界面、掌握基础操作

结合本章所讲内容，对C4D的工作界面进行熟悉，熟练掌握软件的基础操作。

本章将为读者介绍 C4D 中的基础建模知识。C4D 为用户准备了丰富的参数化模型，使用这些模型可以快速搭建场景。基础建模功能在工作中是非常重要的，通过将标准几何体和变形器组合应用，用户可以创建出丰富的模型。本章将讲解参数化模型的创建与编辑方法，以及精确制图的方法与技巧。

2.1 课时 4：如何创建参数化模型？

在 C4D 中，创建参数化模型非常简单、快捷，在"工具栏"内单击对应的按钮，即可在场景中创建立方体、柱体、球体等模型。在"属性"管理器内可对建立的模型进行参数设置与调整，如更改尺寸、位置、体积等信息。

学习指导

本课内容重要性为【选修课】。

本课的学习时间为 40 ~ 50 分钟。

本课的知识点是掌握标准几何体的建立方法，学会合理设置几何体的参数。

课前预习

扫描二维码观看视频，对本课知识进行学习和演练。

2.1.1 参数化模型的建立方法

在 C4D 中，参数化模型的建立方法非常简单，只需要单击对应的按钮，即可在场景中创建模型。调整模型参数可以对模型的外观进行设置。

（1）启动 C4D 应用程序，在窗口上端的"工具栏"中找到"立方体"按钮，长按该按钮，此时会弹出模型工具面板。

（2）单击模型工具面板上端的控制条，此时面板会脱离"工具栏"。这样我们就可以方便地查看 C4D 中所有参数化模型了，如图 2-1 所示。

（3）在面板内单击"立方体"按钮，在场景中建立一个立方体模型，在软件右侧的"属性"管理器中可以看到新建立方体模型的参数，如图 2-2 所示。

图 2-1

图 2-2

（4）在"透视视图"的上端单击"显示"菜单，执行菜单中的命令可以设置当前视图的显示方式。

（5）在"显示"菜单中执行"光影着色（线条）"命令，此时在"透视视图"内的模型表面会出现分段线条，如图 2-3 所示。

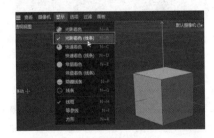

图 2-3

> **注意**
>
> "光影着色（线条）"命令的快捷键是 <N-B>，在键盘上依次按下 <N> 键和 <B> 键，可以为视图设置该显示方式。另外"光影着色"显示方式也非常常用，在工作中常常需要在两种显示方式之间切换，所以记住它们的快捷键，会提高我们的工作效率。

（6）在软件右侧的"属性"管理器中更改立方体模型的参数，可以改变模型的尺寸与网格结构，如图2-4所示。

图 2-4

上面通过更改模型参数，对模型外形进行了修改。在三维软件中，用参数来控制尺寸和网格结构的模型被称为参数化模型。与之对应的是非参数化模型。

2.1.2　塌陷参数化模型

为了加深读者对非参数化模型的理解，接下来对模型执行塌陷操作。执行塌陷操作后，参数模型的控制参数将全部塌陷消失。

（1）在左侧"模式工具栏"中单击"转为可编辑对象"按钮，在"属性"管理器中，"对象"选项消失了。此时再不能通过参数设置该模型，立方体转变为网格对象，如图2-5所示。

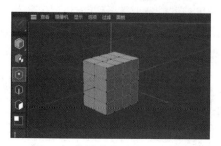

图 2-5

（2）作为初学者，此时可能会有疑问，参数消失了，下一步该如何修改模型？这就要提到高级建模——"多边形"建模方法了。

（3）在左侧的"模式工具栏"中单击"点"按钮，此时模型表面的节点呈现突显状态，如图2-6所示。我们可以对模型的节点直接进行调整，从而改变模型的外形。

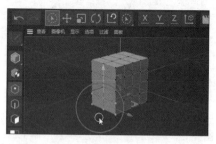

图 2-6

（4）在"工具栏"中选择"实时选择"工具，然后在立方体左侧下端拖动鼠标指针，涂抹要选择的点，如图2-7所示。

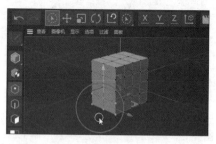

图 2-7

（5）模型节点选择完毕后，在"工具栏"中选择"移动"工具，在视图中沿 z 轴方向向左拖动鼠标指针，调整节点的位置，如图2-8所示。

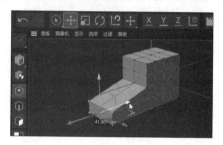

图 2-8

提示

高级建模就是通过直接对模型的点、线、面进行调整，来编辑复杂模型的外形，我们称这种建模方法为"多边形"建模。本书稍后会对这种建模方法进行详细讲述。

（6）重复上述方法，试着对模型的左侧表面节点进行调整，调整后的效果如图2-9所示。

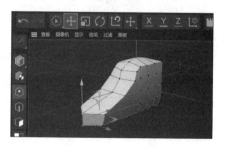

图 2-9

（7）此时的模型看起来非常简陋，我们可以对模型的面进行细化，使模型更圆润光滑。在"模式工具栏"中单击"模型"按钮，退出"点"编辑模式，切换到"模型"编辑模式。

（8）在按住键盘上的<Alt>键的同时，在"工具栏"中单击"细分曲面"按钮，为当前模型添加"细分曲面"生成器，如图2-10所示。

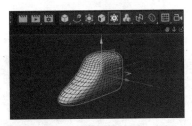

图2-10

2.1.3 项目案例——制作飞行器

可以看到，通过简单的几个操作就制作出了一个类似飞行器驾驶舱的形体。C4D中还提供了丰富的标准几何体工具，读者可以试着操作，展开想象力，使用不同的标准几何体完善当前的飞行器模型。

图2-11是笔者使用标准几何体工具创建的飞行器，图中标出了使用到的标准几何体工具。读者可以打开配套文件chapter-02/飞行器.c4d，查看模型的参数。

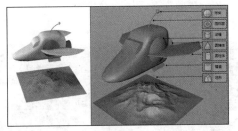

图2-11

本小节主要是让读者明白"参数化模型"与"网格模型"之间的区别。由于参数化模型的建立和设置非常简单，所以飞行器案例的制作过程就不演示了。大家可以发挥自己的想象力，使用参数化模型拼合出自己的飞行器模型。

2.1.4 参数化模型的设置选项

参数化模型的建立和设置非常简单。虽然模型种类非常丰富，但其内部的设置参数基本一致，下面对参数面板进行学习。

（1）启动C4D后，执行"文件"→"打开"命令，打开本书附带文件Chapter-02/参数化模型.c4d，如图2-12所示。

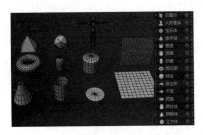

图2-12

为了节约时间，文件中已经建立了C4D中所有的参数化模型，以便读者观察模型参数。当然读者也可以自己建立，并配合本书进行学习。

（2）当参数化模型建立后，与该模型相关的设置项被集中放置在"属性"管理器中。

（3）在"对象"管理器中，从下往上依次单击对象名称，选择模型，观察"属性"管理器中模型的基本设置选项，可以看到基本设置选项有3种情况，如图2-13所示。

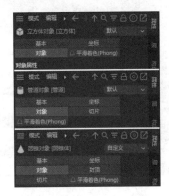

图2-13

（4）所有参数化模型都有"基本""坐标""对象"和"平滑着色（Phong）"这4项基本设置选项。

（5）一些能够产生切片的模型，如胶囊、圆环、管道等，则会增加"切片"选项，如图2-14所示。

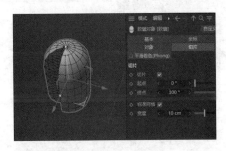

图2-14

（6）两端需要封顶的模型，如圆柱、圆锥模型，则会增加"封顶"选项，如图2-15所示。

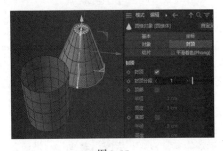

图2-15

接下来，我们对各个选项逐一进行学习。首

先学习"基本"选项的内容，在"对象"管理器中选择"立方体"对象，然后在"属性"管理器中选择"基本"选项。在该选项下，可以对对象的基本参数进行设置，如名称、图层等，如图2-16所示。

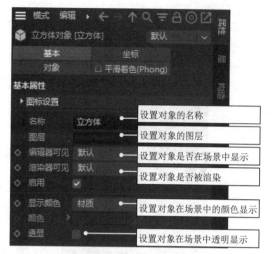

图2-16

在"坐标"选项下可以对对象的位置、旋转、缩放等参数进行设置，如图2-17所示。

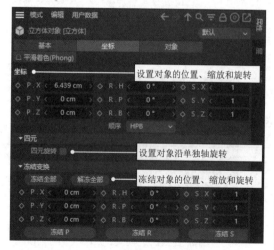

图2-17

提示

当对象的状态参数被冻结后，如果位置、缩放和旋转的参数发生改变，单击"工具栏"中的"复位PSR"按钮，可以将对象复位至冻结状态。该功能一般在动画设置中比较常用。

"对象"选项是最常用的，其中的参数用于对模型的尺寸、外形特征、面线结构进行设置。这些参数的功能非常直观，大家试着操作，就可以通过观察模型的变化轻松理解。所有模型中，管道的"对象"参数是最多的，这里以管道为例为大家介绍部分参数的含义，如图2-18所示。

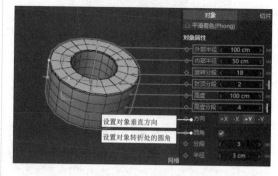

图2-18

注意

前面讲到过，当参数化模型被转换为网格模型后，形体参数会消失，同时"对象"选项也会消失。如果找不到"对象"选项，则说明该模型已经是网格模型了。

"切片"选项只针对可以设置切片外形的模型，如圆环、管道等，"切片"选项中的参数都很简单直观，如图2-19所示。

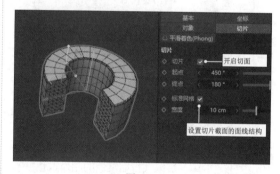

图2-19

2.1.5 平滑着色

网格模型的表面通过"平滑选项"来设置转折效果。参数化模型在建立之初都会带有一个"平滑着色（Phong）"选项，在该选项下可以设置模型表面转折的平滑效果。在"属性"管理器中可以对"平滑着色（Phong）"选项的参数进行设置。

（1）选择"立方体"对象，在"对象"管理器中选择"平滑着色（Phong）"选项。该选项包含两组设置，分别为"基本"和"标签"。

（2）在"平滑着色（Phong）"设置面板中单击"基本"按钮，设置"基本属性"中的参数，可以修改"平滑着色（Phong）"标签的图标显示状态和名称。

（3）启用"图标颜色"选项，可以看到"平滑着色（Phong）"标签的图标在"对象"管理器中发生了改变，如图2-20所示。

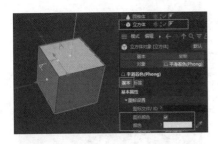

图 2-20

提示

"基本"选项组中的命令和参数只是对标签的图标进行设置，所以很少用到，大家了解即可。

（4）在"平滑着色（Phong）"设置面板中单击"标签"按钮，"标签属性"设置面板提供了设置模型表面平滑程度的参数。

（5）默认状态下，模型的表面平滑程度是由面的角度控制的。选择场景中的"立方体"模型，在"标签属性"设置面板中取消"角度限制"选项的选择状态，可以看到立方体的转折面产生了平滑过渡效果，但是由于立方体的转角角度很大，所以模型表面的平滑效果很怪异，如图 2-21 所示。

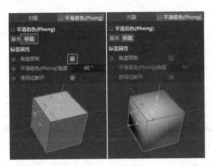

图 2-21

（6）选择场景中的"球体"模型，对"平滑着色（Phong）角度"的参数进行调整。当参数为 22°时，可以看到球体表面的平滑效果产生了变化，如图 2-22 所示。当球体表面的面与面的夹角小于 22°时，转角处将不再平滑。

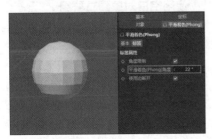

图 2-22

（7）当"平滑着色（Phong）角度"的参数为 18°时，球体表面的平滑效果又会发生变化。当面与面之间的夹角小于 18°时，转角处将不再平滑，如图 2-23 中左图所示。

（8）设置"平滑着色（Phong）角度"的参数为 0°时，球体表面的平滑效果消失，面与面之间全部呈现出棱角转折，如图 2-23 中右图所示。

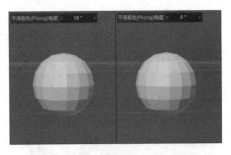

图 2-23

提示

"平滑着色（Phong）角度"的参数设置对建模工作是非常重要的，利用该功能我们可以制作棱角分明的模型，如折纸模型。

2.1.6　正确理解模型分段

初学者刚开始学习建模功能，通常会对模型分段产生疑惑，例如立方体表面已经很平整了，为什么还要增加分段网格？

产生这种疑问很正常，因为我们还没有整体了解建模流程，只是看到了局部操作。模型分段对建模工作非常重要，直接影响了我们的建模质量和工作效率。下面我们通过案例来学习模型分段。

（1）在 C4D 的菜单栏中执行"文件"→"新建项目"命令，新建一个工作场景。

（2）在"工具栏"中单击"球体"按钮，在场景中建立一个球体模型。

（3）在"属性"管理器中对球体模型的表面分段进行设置，观察球体表面的平滑度，如图 2-24 所示。

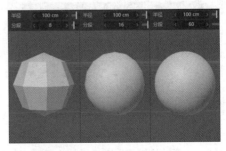

图 2-24

（4）通过上述操作，我们可以看出，分段数越多，模型表面越平滑；反之，模型表面越尖锐。

技巧

模型分段数并不是越多越好，分段数越多，模型面的数量就会越多，会导致模型渲染时计算量增大，计算机运行变慢甚至死机。所以我们要合理设置模型分段数，在满足模型平滑需求的同时，尽可能减少分段数。

（5）依次按键盘上的<N>键和<B>键，打开"光影着色（线条）"显示模式，在场景中建立一个长方体，并对其尺寸和分段进行设置，如图2-25所示。

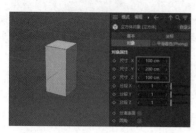

图 2-25

（6）在按住键盘上的<Shift>键的同时，在"工具栏"中单击"弯曲"变形器，为"立方体"对象添加变形器。新添加的变形器会成为长方体模型的子对象，如图2-26所示。

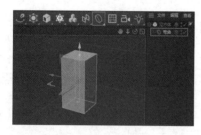

图 2-26

（7）在"对象"选项中"强度"值设为90°，通过"弯曲"变形器，模型产生了90°的弯曲变形，但可以看到模型并没有展现出预期的柔和弯曲效果，如图2-27所示。

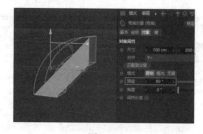

图 2-27

（8）产生此问题的原因是长方体模型在高度方向上没有足够的分段数。

（9）在"对象"管理器中选择"立方体"对象，然后对其高度分段数进行增加，可以发现，增加分段

数后模型弯曲变形就符合要求了，如图2-28所示。

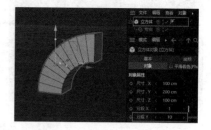

图 2-28

技巧

通过上述操作，我们可以看出模型的分段数直接影响变形操作。因此我们在设计分段数时，一定要对建立的模型有整体的规划，考虑到后面的调整，前期就合理地设置好模型的分段数。

2.2　课时 5：空白对象的使用技巧

模型工具面板有个"空白"按钮，单击该按钮可以在场景中建立一个"空白"对象。正如它的名字一样，"空白"对象建立后，场景中除了一个坐标轴以外什么都没有。其实该对象并不是实体模型，而是一个帮助我们管理模型的辅助工具。

空白对象在实际工作中的作用是非常重要的，所以本课重点讲解一下该对象的应用技巧。

学习指导

本课内容重要性为【选修课】。

本课的学习时间为30～40分钟。

本课的知识点是掌握空白对象的应用技巧。

课前预习

扫描二维码观看视频，对本课知识进行学习和演练。

2.2.1　使用空白对象建立群组

在日常工作中，空白对象的使用是非常频繁的。我们常常用空白对象对场景内的对象进行分组管理。

和其他三维软件不同，C4D通过建立父子层级关系来实现群组管理。空白对象是不会被渲染的，所以常用空白对象作为父对象，然后将需要分组的对象设置为空白对象的子对象。此时的空白对象成了一组对象的操作控制柄，从而实现了群组操作。下面我们通过一组操作来学习这个功能。

（1）打开本书配套文件chapter-02/飞行

器.c4d文件，按键盘上的<F3>键，将"摄像机视图"切换为"右视图"。

（2）在场景中我们看到有摄像机对象、灯光对象，以及模型组件。"对象"管理器陈列了所有场景内容，如图2-29所示。

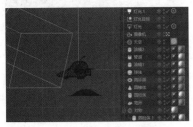

图2-29

（3）由于我们没有对模型组件进行合理的命名，所以名称列表显得非常混乱，我们很难快速找到目标模型。此时我们可以使用"空白"对象对场景对象进行组织管理。

（4）在"工具栏"中单击"空白"按钮，建立"空白"对象，然后在"对象"管理器中框选与环境设置相关的对象，拖动选择对象至新建立的"空白"对象。当鼠标指针旁边出现向下箭头时，松开鼠标左键，使选择对象成为其子物体，如图2-30所示。

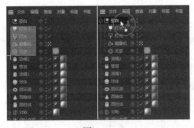

图2-30

（5）在"对象"管理器中双击"空白"对象，使其名称变为可编辑状态。

（6）设置"空白"对象的名称为"环境设置"，此时与环境相关的对象被群组在一起，以便在"对象"管理器中进行管理，如图2-31所示。

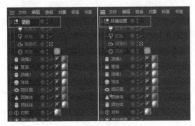

图2-31

（7）按住键盘上的<Ctrl>键，在"对象"管理器中选择除"地形"对象外的所有模型对象，接着按键盘上的<Alt + G>组合键，对选择对象执行群组操作。

（8）在"对象"管理器中可以看到，选择对象被集中放置在一个新的"空白"对象内，如图2-32所示。

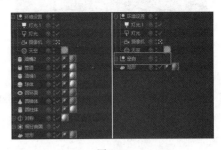

图2-32

（9）在"对象"管理器中双击"空白"对象名称，设置名称为"飞行器"，在场景中对"飞行器"模型组进行移动和旋转调整，可以看到整个模型组如同一个单独模型一样进行变换。

2.2.2 设置变换坐标轴

除了对模型进行群组管理以外，"空白"对象还可以用于更改对象坐标轴。

（1）在场景中新建一个"空白"对象，然后将其移至"地形"对象的上端。

（2）在"对象"管理器中拖动"地形"对象至"空白"对象下端，设置父子层级关系，如图2-33所示。

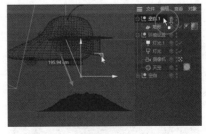

图2-33

（3）在"对象"管理器中选择"空白"对象，然后使用"旋转"工具对其进行调整，可以看到"地形"对象围绕"空白"对象产生了旋转变化，如图2-34所示。

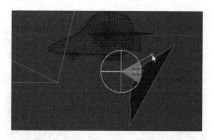

图 2-34

2.2.3 项目案例——制作自动控制灯光的效果

空白对象还可以作为动画控制柄,辅助场景中的动画控制。

（1）在场景中新建一个空白对象,设置名称为"灯光目标"。

（2）根据场景需要,空白对象的外形是可以被修改的。默认空白对象是一个点,这样在操作时是非常难以被快速选择的。

（3）在"属性"管理器中将空白对象的外形设置为"球体",并修改其尺寸,如图2-35所示。

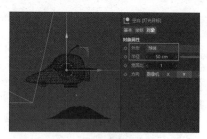

图 2-35

（4）在"对象"管理器中选择"灯光1"对象,然后右击该对象,在弹出的快捷菜单中执行"动画标签"→"目标"命令,如图2-36所示,为对象添加"目标表达式"标签。

图 2-36

（5）添加标签后,在"对象"管理器中,对象右侧会出现标签图标,单击标签图标可以对标签进行设置。

（6）单击"目标表达式"标签,打开"属性"管理器中的"标签属性"设置面板。在"对象"管理器中拖动"灯光目标"空白对象至"目标对象"设置栏内,如图2-37所示。

图 2-37

（7）使用"移动"工具在视图中移动"灯光目标"空白对象,可以看到,随着空白对象位置的变化,灯光对象的照射方向也会发生变化,如图2-38所示。

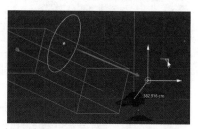

图 2-38

在上述操作中,我们通过动画标签将空白对象设置为动画控制柄,通过调整控制柄精准控制灯光对象的方向。更多的动画设置知识将会在本书的第12章进行讲解。

2.3 课时6:如何精准控制模型?

创建参数化模型后,接下来就需要在"属性"管理器中对模型的各项参数进行设置。这些设置内容包括模型自身的外形参数,以及位置、角度等变换参数。变换操作是参考坐标原点的位置进行的,所以初学者首先要理解坐标原点的概念。

为了便于用户操作,C4D专门设置了"坐标"管理器面板,在该面板中用户可以快速地对模型进行调整。"坐标"管理器面板是非常重要的参数面板,初学者一定要熟练掌握其操作技巧。

学习指导

本课内容重要性为【必修课】。

本课的学习时间为40～50分钟。

本课的知识点是理解坐标原点的概念,熟练掌握"坐标"管理器。

课前预习

扫描二维码观看视频,对本课知识进行学习和演练。

2.3.1 正确理解坐标原点

所有三维软件的场景中都存在一个坐标原点，也就是场景中 x、y、z 3个坐标轴的值均为0的位置。坐标原点是三维场景的基本属性，场景中所有对象的位置、体积都是以坐标原点为基础进行参数计算的。我们称场景的坐标原点为"世界轴心"。

为了更加灵活地对对象进行变换操作，用户也可以自己设置坐标原点。坐标原点对我们的工作是非常重要的，所以初学者一定要理解并掌握该知识点。下面我们通过一组操作来学习。

1. 世界轴心

我们先来看一下"世界轴心"的位置。

（1）打开本书配套文件chapter-02/秋千。c4d。为了节省时间，当前场景已经搭建完成了。

（2）场景的中心处会显示3个坐标轴，该位置就是"世界轴心"位置，我们新建立的所有对象默认都会放置在该位置，如图2-39所示。

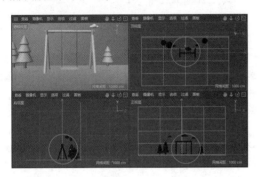

图2-39

（3）执行"过滤"→"世界轴心"命令，可以设置世界轴心是否在场景中显示。

（4）在"对象"管理器中选择"架子"模型，在软件下端的"坐标"管理器可以看到，该模型处于世界轴心位置，x、y、z 3个坐标轴的值均为0，如图2-40所示。

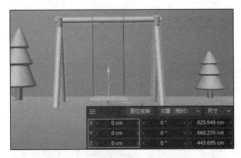

图2-40

（5）在"对象"管理器中选择"秋千"模型，观察该模型的坐标位置，除了 y 坐标值，x 和 z 坐标值都是0。

2. 修改坐标原点

当前"架子"和"秋千"模型都是根据世界轴心设置自身位置的。如果模型之间建立了父子层级关系，那么子对象将不再使用世界轴心来定义自身位置，而是以父对象的坐标位置为参考点来定义自身位置的。

（1）在"对象"管理器中拖动"秋千"模型到"架子"模型下端，为两个模型设置父子层级关系。

（2）选择"架子"模型，在"坐标"管理器中更改模型的坐标参数，可以看到模型位置变化后，其子对象"秋千"模型也会随之变化，如图2-41所示。

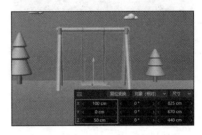

图2-41

（3）此时虽然"秋千"模型的位置发生了变化，但是当选择该模型后，观察其坐标参数，会发现 x 轴和 z 轴的参数并没有变化。

在设置层级关系后，"秋千"模型会以"架子"模型的坐标原点来定义自身位置。所以虽然父对象相对世界轴心位置发生了改变，但是子对象相对父对象的坐标原点是没有任何变化的。此时如果想知道"秋千"模型相对世界轴心的位置，可以查看"坐标"管理器。①在"对象"管理器中选择"秋千"模型。②在"坐标"管理器上端的"坐标"选项栏中启用"世界"选项。③此时"坐标"管理器中显示的就是对象相对世界轴心的位置，如图2-42所示。

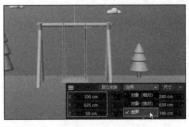

图2-42

3. 自定义坐标原点

除了使用世界轴心和父对象坐标作为坐标原点以外，我们还可以为对象自定义坐标原点。

（1）选择"架子"模型，在"坐标"管理器中设置，使其沿 x 轴旋转30°。

（2）选择"秋千"模型，可以看到"坐标"管理器的位置和角度参数栏中包含很多参数。

（3）此时如果要对"秋千"模型设置移动和旋转动画，管理器中已经存在的参数就会影响新参数的设置。此时我们希望所有参数全部变为0，这样在设置新参数时会更加简洁明了。

（4）在"属性"管理器中打开"坐标"选项，在"冻结变换"下单击"冻结全部"按钮。

（5）在"坐标"管理器上端的"坐标"选项栏中选择"对象（相对）"选项。此时"秋千"模型的所有变换参数将全部归零，如图2-43所示。

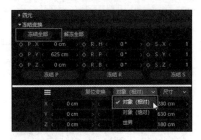

图2-43

单击"冻结全部"按钮后，实际上是将模型的当前位置坐标定义为新的坐标原点，接下来该对象的所有变换操作将会以新定义的坐标原点进行计算。该操作在设置动画工作中非常常用。

2.3.2 坐标管理器

在"属性"管理器的"坐标"选项中可以设置每个对象的变换参数。C4D为了便于用户操作，在界面的下端单独设置了"坐标"管理器，这样用户就不用反复在"属性"管理器中切换了。

"坐标"管理器是我们日常工作中非常常用的设置面板。利用该管理器可以精确地对对象的参数进行控制。"坐标"管理器上端提供了两个选项栏，分别可以设置对象参考的坐标原点，以及对象设置尺寸的方式。下面我们详细来学习一下。

1. 设置坐标选项

通过设置坐标选项，可以为对象设置不同的参考坐标原点。

（1）在场景中选择"秋千"模型，然后在"坐标"管理器上端，将"坐标"选项栏设置为"对象（相对）"选项。

（2）此时坐标栏的位置和旋转参数全部为0，选择"对象（相对）"选项时，模型将以自身的坐标为参考点来设置位置参数和旋转参数。在对模型进行冻结操作后，可以重新定位模型的坐标参考点。

（3）在"坐标"管理器中将y轴旋转参数设置

为30°，此时"秋千"模型向后扬起，如图2-44所示。

图2-44

（4）将"坐标"选项栏设置为"对象（绝对）"选项。此时"秋千"模型将以父级对象的坐标原点为参考点，设置位置和旋转参数。

（5）将"坐标"选项栏设置为"世界"选项。此时"秋千"模型将以场景的世界轴心为参考点，设置位置和旋转参数。

2. 设置缩放选项

设置缩放选项可以以不同的方式进行缩放操作。

（1）选择"架子"模型，在"坐标"管理器上端设置"缩放"选项栏为"缩放"选项，此时模型的尺寸参数全部变为1，缩放参数将以百分比方式来定义缩放操作。

（2）设置"缩放"选项栏为"尺寸"选项，此时模型的尺寸参数全部显示为标准尺寸，修改参数可以调整模型外形。

> **注意**
>
> 需要大家注意的是，当前的对象如果是参数化模型，修改缩放参数时模型只能等比例沿x、y、z 3个轴同时缩放。如果对象是可编辑网格对象，则可以使其沿x、y、z 3个轴单独进行缩放。

（3）设置"缩放"选项栏为"尺寸+"选项，此时模型的尺寸以自身和其子对象共同组成的尺寸来进行设置。

（4）由于前面操作中，将"秋千"模型旋转了30°，所以"架子"模型加上"秋千"模型的尺寸，在z轴方向的参数会有变化，如图2-45所示。

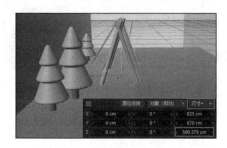

图2-45

3. "复位变换"按钮

"坐标"管理器上端还有一个"复位变换"按钮。该按钮的功能和"工具栏"中的"复位PSR"按钮的功能是相同的。单击该按钮可以将选择对象的移动和旋转参数全部变为0。

在场景中选择"架子"模型，然后在"坐标"管理器上端单击"复位变换"按钮，此时模型的位置和角度参数全部变为0。

2.3.3　项目案例——制作秋千循环动画

在案例的最后，为"秋千"模型设置循环动画。完成一个富有趣味的动画场景。

（1）在场景中选择"秋千"模型，移动"时间滑块"到第0帧位置，然后单击"记录活动对象"按钮，创建关键帧，如图2-46所示。

图 2-46

（2）移动"时间滑块"到第50帧的位置，将"秋千"模型的 y 轴旋转参数设置为-30°。

（3）单击"记录活动对象"按钮，在第50帧创建关键帧，如图2-47所示。

（4）移动"时间滑块"到第100帧位置，将"秋千"模型的 y 轴旋转参数设置为30°。

（5）单击"记录活动对象"按钮，在第100帧创建关键帧。此时动画就设置完成了，单击"向前播放"按钮播放动画，观察动画效果。

图 2-47

2.4　课时7：如何利用捕捉功能提高效率？

在C4D中，除了可以手动设置参数对模型进行控制以外，用户还可以借助捕捉功能对模型进行精准控制。捕捉功能可以辅助制图，C4D提供了强大、丰富的对象捕捉方式。熟练使用捕捉功能，可以提高绘图效率。对于初学者来讲，该功能是一个难点。下面我们来学习这些内容。

学习指导

本课内容重要性为【必修课】。

本课时的学习时间为40～50分钟。

本课的知识点是理解并掌握捕捉功能。

课前预习

扫描二维码观看视频，对本课知识进行学习和演练。

2.4.1　捕捉菜单

（1）在C4D的"模式工具栏"中单击"启用捕捉"按钮，即可打开捕捉功能。

（2）长按"启用捕捉"按钮，可以展开捕捉工具栏。

（3）捕捉工具栏非常长，我们可以将所有的捕捉工具分为两大类，分别为捕捉方式类和捕捉目标类，如图2-48所示。

 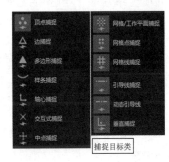

图 2-48

1. 捕捉方式类

上半部分命令可以设置捕捉的方式，例如，捕捉时沿三个轴进行捕捉，或者沿两个轴进行捕捉。

启用捕捉：执行该命令可以打开或关闭捕捉功能。

自动捕捉：执行该命令后，C4D会根据当前操作自动切换为3D或2D捕捉方式。

3D捕捉：执行该命令后，将沿 x、y、z 3个轴在场景中进行捕捉。

2D捕捉：执行该命令后，将沿当前视图的水平和垂直方向进行二维方向的捕捉。

工具特别捕捉：执行该命令后，可以配合当前使用的工具进行捕捉。

启用量化：执行该命令后，可以按照固定的倍增参数来设置当前的变换操作，如按每次增加5°的方式来旋转模型。

2. 捕捉目标类

设置捕捉方式后，接下来需要设置要捕捉的目标，如以模型的节点为目标进行捕捉，或者以网格的点为目标进行捕捉。

顶点捕捉：执行该命令后，可以以模型的节点为目标进行捕捉。

边捕捉：执行该命令后，可以以模型的边为目标进行捕捉。

多边形捕捉：执行该命令后，可以以模型的多边形面为目标进行捕捉。

样条捕捉：执行该命令后，可以以二维图形的路径形状进行捕捉。

轴心捕捉：执行该命令后，可以以模型的轴心点为目标进行捕捉。

交互式捕捉：执行该命令后，可以以引导线的交叉点为目标进行捕捉。

中心捕捉：该命令是一个辅助捕捉命令，当捕捉的目标具有长度或面积特点时，该命令就会被激活。例如，配合"边捕捉"命令，可以对模型边的中心点进行捕捉；配合"多边形捕捉"命令，可以对模型多边形面的中心点进行捕捉。

网格/工作平面捕捉：执行该命令后，可以以视图中的网格平面为目标进行捕捉。

网格点捕捉：执行该命令后，可以以视图中网格的交叉点为目标进行捕捉。

网格线捕捉：执行该命令后，可以以视图中的网格线为目标进行捕捉。

引导线捕捉：执行该命令后，可以以引导线为目标进行捕捉。

动态引导线：执行该命令后，在绘制二维路径时会产生动态的辅助引导线，以帮助用户绘制垂直或水平的线段。

垂直捕捉：执行该命令后，可以以三维模型或二维图形的边，生成垂直辅助线。

2.4.2 项目案例——制作立体构成画面

利用捕捉功能可以将对象的轴心放置在捕捉点上。用户可以使用多种捕捉方式来设置目标位置。在使用捕捉功能时，有时也需要修改模型对象的轴心位置，这样两组功能配合使用才能实现快速、精确的调整。下面我们通过案例进行学习。

1. 自定义对象坐标轴位置

首先我们学习如何调整对象的轴心。初学者需要注意的是，参数化模型是无法更改坐标轴位置的，若要修改，必须将参数化模型转变为可编辑网格模型。

（1）在本书附带文件中打开Chapter-02/立体构成素材.c4d文件。为了节省时间，场景中已经准备好了一些基础模型。

（2）选择"立方体1"对象，在"模式工具栏"中单击"启用轴心"按钮，在场景中拖动模型的坐标轴，更改坐标轴位置，如图2-49所示。

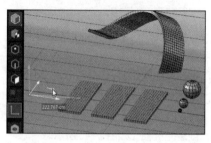

图2-49

使用"启用轴心"命令可以灵活调整对象的坐标轴位置，菜单中也提供了快速设置坐标轴的命令。这些命令被集中放置在"工具"菜单下的"轴心"子菜单中。它们的功能如下。

轴对齐：执行该命令，可以打开"轴对齐"对话框，在对话框中可以设置坐标轴位置。

轴居中到对象：执行该命令，可以将对象的坐标轴居中对齐到对象。

对象居中到轴：执行该命令，可以将对象与坐标轴居中对齐。

使父级对齐：执行该命令，可以将父级对象与当前选择对象的坐标轴对齐。

对齐到父级：执行该命令，可以将选择对象与父级对象的坐标轴对齐；如果没有设置父级对象，那么选择对象会与"世界坐标"对齐。

视图居中：执行该命令，可以将选择对象与当前视图中心对齐。

（1）选择"立方体1"对象，在菜单栏中执行"工具"→"轴心"→"轴居中到对象"命令。

（2）此时可以看到模型的轴心又回到了模型的中心位置，其他轴心调整命令都很简单直观，此处不展开叙述。

下面重点学习"轴对齐"对话框。

（1）在菜单栏中执行"工具"→"轴心"→"轴对齐"命令，打开"轴对齐"对话框。

（2）在对话框中单击"动作"选项栏，可以看到其中有五种对齐轴的方式。这些选项与"轴心"子菜单下的命令相同，默认是"轴对齐到对象"选项，如图2-50所示。

（3）在对话框中调整x、y、z参数，可以按百分比方式设置轴心在模型内所处的位置。默认的状态参数为0%。这表示轴心点处于该轴的中心位置。

图 2-50

（4）在对话框中，向右拖动 x 参数栏的滑块至100%，然后单击"执行"按钮。此时模型轴心沿 x 轴方向移至模型最右侧，如图2-51所示。

图 2-51

技巧

在设置 x、y、z 3个参数时，初学者如果搞不清楚3个轴对应的方向，可以在视图右上角观察场景坐标标注的轴的方向。

（5）在对话框中，向左拖动 z 参数栏的滑块至-100%，然后单击"执行"按钮。此时模型轴心沿 z 轴方向移至模型最下方。

（6）在对话框中，向左拖动 y 参数栏的滑块至-100%，然后单击"执行"按钮。此时模型轴心沿 y 轴移至模型的右下角，如图2-52所示。

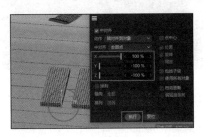

图 2-52

2. 3D 捕捉

学习自定义对象坐标轴位置的方法后，接下来使用捕捉功能准确放置对象。3D捕捉是常用的捕捉方式，该捕捉方式可以在三维空间捕捉目标点。

（1）为了便于设置捕捉功能，将捕捉菜单脱离工具栏。在"模式工具栏"中长按"启用捕捉"按钮展开捕捉菜单。

（2）在捕捉菜单上端单击控制柄，捕捉菜单将脱离"模式工具栏"。

（3）在捕捉菜单中执行"启用捕捉"命令，此时将打开捕捉功能。

（4）在捕捉菜单中执行"3D捕捉"命令，设置捕捉方式。然后执行"顶点捕捉"命令，设置捕捉的目标。

（5）使用"移动"工具拖动"立方体1"模型至"立方体2"模型的表面，此时C4D会自动捕捉模型表面的顶点来放置模型的轴心，如图2-53所示。

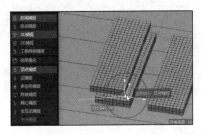

图 2-53

（6）使用相同的方法，更改"立方体3"模型轴心的位置，然后将其移至"立方体1"模型的上层，如图2-54所示。

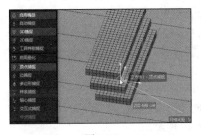

图 2-54

3. 2D 捕捉

2D捕捉只能在二维平面捕捉目标。该捕捉方式主要在正交视图（如"顶视图""正视图"等）中使用。下面我们来学习该捕捉方式。

（1）选择"球体1"模型，然后在菜单栏中执行"工具"→"轴心"→"轴对齐"命令，打开"轴对齐"对话框。

（2）在对话框中设置 y 参数为-100%，然后单击"执行"按钮，将"球体1"模型的轴心调整至最低端，如图2-55所示。

（3）在捕捉菜单执行"2D捕捉"命令，按键盘上的<F2>键，此时"透视视图"会切换为"顶视图"。

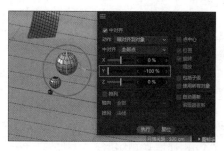

图 2-55

（4）在"顶视图"中移动"球体1"模型至"扭曲立方体"模型表面，此时可以捕捉"扭曲立方体"模型的顶点，如图2-56所示。

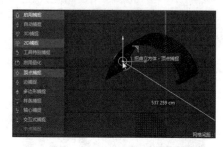

图 2-56

（5）按键盘上的<F1>键，将视图切换为"透视视图"，调整视图，观察移动后的球体模型，可以看到模型只是在 x 轴和 z 轴方向与目标点对齐，但在 y 轴方向并没有对齐到目标点。

（6）按键盘上的<Ctrl + Z>组合键，返回到移动球体模型之前的状态。

（7）在捕捉菜单中执行"3D捕捉"命令，再次在"顶视图"中移动球体模型至"扭曲立方体"模型表面。

（8）在"透视视图"中观察移动后的球体模型，可以看到球体模型 x、y、z 3个轴均与目标点对齐，如图2-57所示。

在捕捉菜单中执行"自动捕捉"命令，此时C4D会根据用户的操作，自动判断使用"3D捕捉"还是"2D捕捉"。

执行"自动捕捉"命令，在正交视图（如"顶视图""正视图"等）中进行捕捉操作时，会使用2D捕捉模式；在"透视视图"中捕捉操作时，会使用3D捕捉方式。大家可以选择"自动捕捉"命令，然后在视图中进行操作，体会"自动捕捉"命令的作用。

4. 启用量化

在捕捉菜单执行"启用量化"命令后，对象在变换时将会以整数数值进行调整。

（1）在捕捉菜单中执行"启用量化"命令，使用"旋转"工具，沿 z 轴对"球体1"模型进行旋转。

（2）此时可以看到旋转参数以5的倍数进行变化，如图2-58所示。

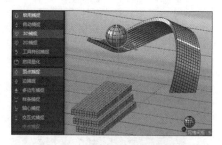

图 2-57

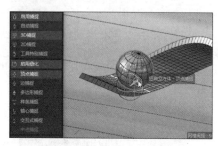

图 2-58

（3）使用"启用量化"捕捉方式时，参数的量化单位是可以修改的。在"属性"管理器的面板菜单中执行"模式"→"建模"命令，打开"建模设置"面板。

（4）在"建模设置"面板中启用"量化"选项，此时可以对量化单位进行设置。

（5）启用"量化"选项，将会打开"启用量化"捕捉功能，设置"移动""旋转""缩放""纹理"参数，可以更改量化单位，如图2-59所示。

图 2-59

5. 使用空白对象辅助捕捉

在对模型进行调整时，有时我们需要模型按照指定的坐标点进行变换，此时可以使用空白对象来辅助捕捉操作。

（1）在"工具栏"中单击"空白"按钮，在场景中建立一个空白对象。

（2）使用"3D捕捉"功能将空白对象与"立方体2"模型右下角的顶点对齐，如图2-60所示。

图 2-60

（3）在"对象"管理器中将空白对象的名称修改为"台阶"，然后将"立方体1""立方体2""立方体3"对象设置为空白对象的子对象，如图2-61所示。

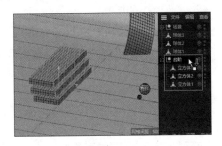

图 2-61

（4）在"对象"管理器中选择"台阶"空白对象，然后在视图中对其位置和角度进行调整，可以看到3个立方体模型按空白对象的轴心进行变换。

（5）最后使用捕捉功能，对场景内模型的位置和角度进行调整，完成案例，如图2-62所示。打开Chapter-02/立体构成.c4d文件，查看案例完成后的效果。

图 2-62

2.5　总结与习题

本章详细讲解了参数化模型的创建方法，以及对象坐标的控制方法。

参数化模型是日常工作中使用最频繁的模型对象。不同对象的内部参数设置方法会稍有区别，通过对本章的学习，读者要熟练掌握参数化模型的创建与编辑方法。

在虚拟三维环境中，所有对象都拥有独立的坐标系统。这样用户才能精准定义对象的位置、角度和体积。只有理解了坐标系统，才能掌握精准制图的方法。

习题：创建并精准放置参数化模型

使用参数化模型搭建模型组，对创建的模型进行精确的摆放。

习题提示

熟练地使用捕捉功能对模型进行摆放，掌握不同的捕捉方式。

C4D为用户提供了丰富的样条图形创建工具，使用这些工具可以创建出各种二维图形。很多初学者可能会奇怪为什么三维软件要包含二维图形绘制功能。其实二维图形在三维设计制作中的作用是很重要的。

首先，二维图形可以作为建立模型的图形资源，可以定义三维模型的外观特征。其次，二维图形还可以作为动画设置的辅助控件，让对象沿图形路径进行运动。本章将详细讲述这些功能。

3.1 课时 8：如何精确绘制样条图形？

本课将为大家讲解如何在C4D中精确绘制样条图形。使用"样条画笔"和"草绘"工具可以轻松绘制出任何样条图形。这两个工具在使用时还是有很多操作技巧的，合理使用相关功能可以提升绘图的速度和精度。下面我们就开始学习这些内容。

学习指导

本课内容重要性为【必修课】。

本课的学习时间为40~50分钟。

本课的知识点是熟练掌握样条图形的绘制方法与技巧。

课前预习

扫描二维码观看视频，对本课知识进行学习和演练。

3.1.1 样条工具的分类

C4D中包含的样条图形创建工具是非常丰富的，首先我们来整体了解这些工具的特点。在"工具栏"中长按"样条画笔"工具，这时会展开样条工具面板，如图3-1所示。在面板中，带有橙色图标的工具，用于创建不规则的自由样条图形；带有蓝色图标的工具，用于创建规则的参数化样条图形；而带有灰色图标的工具，则用于对选择的样条图形进行布尔运算，通过图形的相加或相减得到新的图形。

图 3-1

1. 自由样条图形绘制工具

自由样条图形绘制工具包含"样条画笔"和"草绘"工具。这两个工具都可以绘制不规则图形，只是绘制时的操作方法略有不同。

（1）在"工具栏"中单击"样条画笔"工具，按键盘上的<F2>键，将"透视视图"转变为"顶视图"。在视图中单击即可绘制图形。

（2）在绘制的过程中，可以看到"模式工具栏"的"模型"编辑模式将自动切换为"点"编辑模式，如图3-2所示。

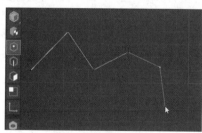

图 3-2

（3）绘制完毕后，按键盘上的<Esc>键退出图形绘制模式。接着在"模式工具栏"中单击"模型"按钮切换编辑模式。

（4）在"工具栏"中长按"样条画笔"工具，在展开的样条工具面板中选择"草绘"工具，在视图中拖动鼠标指针即可绘制样条图形，如图3-3所示。

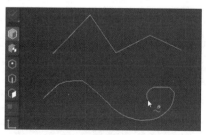

图 3-3

（5）在样条工具面板中选择"平滑样条"工具。该工具用于对已绘制的样条图形做平滑处理。

（6）选择"平滑样条"工具，在已绘制的图形上单击拖动鼠标指针，可以看到样条图形的转折变得非常平滑，如图3-4所示。

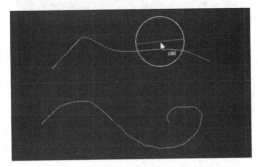

图3-4

2. 参数化图形绘制工具

选择参数化图形绘制工具后，场景中会自动创建一个参数化样条图形，在"属性"管理器中设置参数可以修改参数化样条图形的外观。

（1）在样条工具面板中选择"圆环"工具，此时视图中会产生一个圆环图形。

（2）选择"多边"工具，在视图中会产生一个多边形图形。

（3）选择多边形图形，使用"移动"工具对可以多边形图形的位置稍加调整，如图3-5所示。

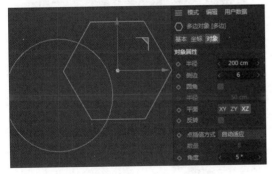

图3-5

（4）在"属性"管理器中可以看到多边形图形的设置参数。

3. 图形布尔运算工具

使用图形布尔运算工具，可以对两个或多个图形进行布尔运算操作，利用图形的相加、相减和相交操作，生成一个新的图形。

（1）在"对象"管理器中同时选择圆环和多边形图形。

（2）在样条工具面板中选择"样条并集"工具，此时所选择两个图形将会进行相加布尔运算，生成一个新样条图形，如图3-6所示。

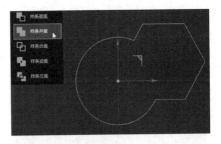

图3-6

3.1.2 掌握贝塞尔曲线

几乎所有计算机图形软件都包含贝塞尔曲线功能，利用贝塞尔控制柄可以准确、高效地管理路径的曲率。每个软件创建贝塞尔曲线的方法不同，但工作原理是相同的。

在C4D中使用"样条画笔"工具绘制样条图形时，就是在创建贝塞尔曲线。"样条画笔"工具的使用方法同Photoshop的钢笔工具类似，只是没有钢笔工具复杂。下面我们来学习贝塞尔曲线的创建与编辑方法。

1. 创建贝塞尔曲线

使用"样条画笔"工具可以快速创建和编辑贝塞尔曲线。

（1）在"工具栏"中选择"样条画笔"工具，接着按键盘上的<F2>键，将视图切换为"顶视图"。

（2）使用"样条画笔"工具在视图中单击可以创建样条图形的顶点。单击创建的是不带贝塞尔控制柄的顶点。

（3）选择"样条画笔"工具，拖动鼠标指针，可以创建带有贝塞尔控制柄的顶点，控制柄可以影响样条线的曲率，如图3-7所示。

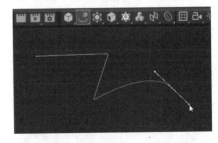

图3-7

（4）样条图形绘制完毕后，按键盘上的<Esc>键，可以退出绘图模式。

前面曾提到，使用"样条画笔"工具绘制样条图形时，C4D会自动切换至"顶点"编辑模式。这是因为使用"样条画笔"工具时可以边绘制边修改样条图形。

①在"模式工具栏"中单击"模型"按钮，可以切换编辑模式。

②选择"样条画笔"工具，在视图中单击样条线的顶点，"模型"编辑模式会自动切换至"点"编辑模式，如图3-8所示。此时就可以对样条图形的顶点进行修改了。

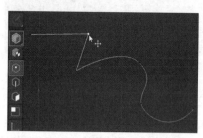

图3-8

2. 贝塞尔曲线的拐角

在C4D中，贝塞尔曲线的拐角分为3种类型，分别为硬相切拐角、软相切拐角、带有控制柄的尖突拐角。

（1）选择"样条画笔"工具，选择带有贝塞尔控制柄的顶点，然后右击，在弹出的快捷菜单中执行"硬相切"命令，如图3-9所示。

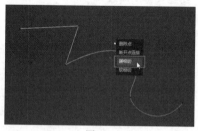

图3-9

（2）此时顶点的控制柄将会消失，同时顶点处的拐角将会变得硬朗笔直，这就是硬相切拐角。

（3）右击该顶点，在快捷菜单中执行"软相切"命令，此时顶点两侧会再次出现贝塞尔控制柄，拐角重新变为软相切拐角。

（4）贝塞尔控制柄与顶点处的曲线相切，所以可以形成光滑的拐角。调整顶点两端控制柄的位置，可以影响顶点两侧样条线的曲率，控制柄越远曲率越大，如图3-10所示。

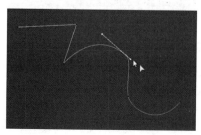

图3-10

（5）在按住键盘上的<Shift>键的同时，拖动贝塞尔控制柄，此时顶点两侧的贝塞尔控制柄将不

再保持水平关联，从而形成了带有贝塞尔控制柄的尖突拐角，如图3-11所示。

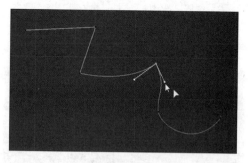

图3-11

正确理解贝塞尔曲线的绘图原理后，用户可以精确绘制出各种各样的自由图形。除了使用"样条画笔"工具编辑样条图形以外，使用"移动"工具在"点"编辑模式下也可以对样条线的顶点进行调整，调整方法与"样条画笔"工具完全相同。

3.1.3 项目案例——制作艺术花瓶

在学习样条图形绘制工具的基本使用方法后，接下来我们通过具体案例来学习样条图形绘制工具的使用方法和相关的绘图技巧，图3-12展示了案例完成后的效果。

图3-12

1. "样条画笔"工具

"样条画笔"工具是常用的工具。使用该工具时可以边绘制边调整样条图形。接下来我们使用"样条画笔"工具绘制装饰图案。

> **注意**
> 在开始绘制之前，需要对工程项目文档进行一些设置。

（1）在菜单栏中执行"文件"→"新建项目"命令，新建工程项目文档。按键盘上的<F4>键，将"透视视图"转换为"正视图"。

（2）为了准确绘制图形，需要将参考图片设置为视图背景，然后使用绘图工具对图片进行描摹。在"属性"管理器的菜单栏中执行"模式"→"视图设置"命令，打开"视图"面板进行设置，如图3-13所示。

图 3-13

（3）在"视图"面板中选择"背景"选项，接着在"图像"设置栏右侧单击设置按钮，打开"打开文件"对话框，导入本书配套文件Chapter-03/花瓶.png。

（4）添加文件后，图片会出现在"正视图"的背景中，在"视图"面板下端更改"透明"参数可以设置背景图片的透明度，如图3-14所示。

图 3-14

（5）在"工具栏"中选择"样条画笔"工具，根据背景图片在"前视图"绘制叶子图形，如图3-15所示。

图 3-15

技巧

在绘制样条图形时，顶点不能过多，过多的顶点在后期修改时非常麻烦；顶点也不能太少，太少会导致样条图形的形状不太精确。因此，我们应该根据绘制图形的特征，将顶点放置在图形的转折处。

（6）选择图形上端的尖突顶点，我们需要在该顶点位置制作柔和的过渡效果。

（7）在视图的空白处右击，在弹出的快捷菜单中执行"倒角"命令。

（8）在视图中向右横向拖动鼠标执行，可以看到选择的顶点变为了两个，并且形成了柔和的过渡效果，如图3-16所示。

图 3-16

注意

在执行倒角操作时，一定要注意单击的次数，每次拖动鼠标都会执行一次倒角操作，每次倒角操作都将选择的顶点分裂为两个；所以如果对倒角效果不满意，一定要按键盘上的<Ctrl + Z>组合键返回上一步，再进行倒角操作，而不能多次单击。

（9）完成第1个叶子图形的绘制后，在"模式工具栏"中单击"模型"按钮。

（10）按住键盘上的<Ctrl>键，选择"移动"工具，对图形执行移动复制操作。

（11）在"坐标"管理器中将复制图形的x轴缩放参数设置为-1，对图形执行水平镜像操作，如图3-17所示。

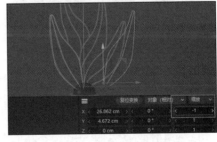

图 3-17

（12）选择"移动"和"旋转"工具，对复制图形的位置和角度进行调整，使其与右侧叶子大致对齐。

（13）接着使用"样条画笔"工具对复制图形的顶点进行调整，完成第2个叶子图形的绘制。在"模式工具栏"中单击"模型"按钮。

（14）按住键盘上的<Ctrl>键，移动复制第2个叶子图形，对复制图形的顶点进行调整，制作第3个叶子，如图3-18所示。此时大家会发现有些线条太长了，需要修剪。

图3-18

（15）下面我们使用添加顶点的方式对图形进行修剪。选择"样条画笔"工具，在路径的相交位置右击，在快捷菜单中执行"添加点"命令，添加新顶点，如图3-19所示。

图3-19

（16）选择"样条画笔"工具，移动鼠标指针至需要删除的线段上，当线段高亮显示时右击，在快捷菜单中执行"删除边"命令，删除边对象，如图3-20所示。

图3-20

（17）重复执行上述操作，对样条图形进行修剪，完成第3个叶子图形的制作。

（18）使用相同的方法制作出第4个叶子图形，整个图形就绘制完成了，在"对象"管理器中同时选择4个图形对象，如图3-21所示。

图3-21

（19）在"对象"管理器中右击选择的对象，在弹出的快捷菜单中执行"连接对象+删除"命令，将4个样条图形连接为1个图形对象。然后更改名称为"叶子"。

2."平滑样条"工具

使用"平滑样条"工具可以对样条图形的外形进行调整，让外形变得平滑柔顺。将"平滑样条"工具与"样条画笔"工具配合使用，可以快速绘制转折简单的样条图形。

（1）在"前视图"中使用"样条画笔"工具沿花瓶侧面勾勒其外形。

注意

绘制前一定要检查"对象"管理器，看看是否选择了样条图形。如果图形处于选择状态，新绘制的样条图形会和已经选择的图形合并为一个图形。

（2）利用单击的方式建立顶点，不需要建立贝塞尔控制柄，勾勒出花瓶的大致转折关系，如图3-22所示。

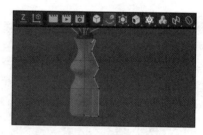

图3-22

（3）长按"样条画笔"工具，在展开的样条工具面板选择"平滑样条"工具。

（4）使用该工具可以对样条线进行平滑处理，将尖突的转折顶点变平滑。

（5）在"属性"管理器中，将"平滑样条"工具的"半径"参数设置为30，该参数用于设置工具的笔触范围。

（6）将"强度"参数修改为30%，该参数用于控制笔触的力度，参数值越大笔触力度越大。

（7）使用"平滑样条"工具在绘制的路径上进行涂抹，可以看到尖突顶点的转折部分变得平滑，如图3-23所示。

图3-23

（8）将"强度"参数修改为15%，对瓶口处的顶点进行平滑处理，制作瓶口处的转折效果，如图3-24所示。

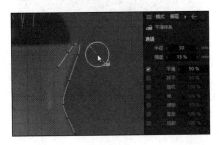

图3-24

使用不同的笔触力度对路径顶点进行平滑处理，可以发现在很短的时间内，就可以完成花瓶轮廓的描绘。

3."草绘"工具

使用"草绘"工具时可以通过拖动鼠标指针的方式绘制样条线。该工具的优点是绘制快速，缺点是绘制图形的精度不够。所以C4D为"草绘"工具提供了"重绘"功能来弥补其缺点。

（1）在"工具栏"的样条工具面板中选择"草绘"工具，在"正视图"的右侧对花瓶上端的气泡图案进行描绘。

（2）拖动鼠标指针沿气泡图案的外形进行勾勒，此时样条线可能会偏离图案轮廓，如图3-25所示。

图3-25

（3）使用"草绘"工具的"重绘"功能对样条线轮廓进行修正，在"属性"管理器中将"草绘"工具的"半径"参数设置为30。此时"草绘"工具外侧会显示一个笔触范围，标明了重绘时的修改范围。

（4）在样条线绘制错误的位置拖动鼠标指针，重绘正确的样条线。在绘制过程中要确保笔触范围覆盖原来错误的样条线，这样就可以将错误的样条线修正至正确的位置，如图3-26所示。松开鼠标左键时样条线会发生变化。

（5）重复上述方法，对整个样条线的外形进行修正，重绘有问题的线段。

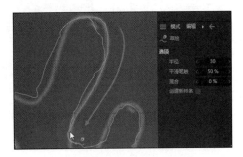

图3-26

（6）修正完毕后，虽然样条图形已经达到要求，但是整个样条线有很多转角，此时可以使用"平滑样条"工具对样条线进行平滑处理。大家会发现，用不了几分钟，一个看似非常复杂的图形就被绘制完成了。

样条图形绘制完毕后，就要配合生成器将二维图形生成三维模型，关于生成器的操作方法将在稍后的章节讲述。大家可以根据本课配套视频进行学习，完成案例的制作。打开本书配套文件Chapter-03/艺术花瓶.c4d，可以查看案例完成后的效果。

3.1.4 项目案例——制作礼品盒的丝带

自由样条图形绘制工具还包含一个"样条弧线工具"工具，该工具可以绘制连续且标准的弧线。下面就使用该工具制作礼品盒的丝带，图3-27展示了案例完成后的效果，礼品盒上端弯曲的丝带就是使用"样条弧线工具"工具绘制的。

图3-27

（1）在菜单栏上执行"文件"→"新建项目"命令，新建一个工程项目文档。

（2）按键盘上的<F4>键，切换视图为"正视图"。在"工具栏"的样条工具面板中选择"样条弧线"工具。

（3）在视图中找到"世界轴心"坐标点，在坐标点按住鼠标左键并向右拖动鼠标指针，确认弧线长度后松开鼠标左键，完成弧线的创建。此时还没有设置弧线半径，所以弧线呈现为直线段状态。

（4）将鼠标指针移至弧线的中心处，拖动弧线即可调整弧线的方向和弧度，如图3-28所示。

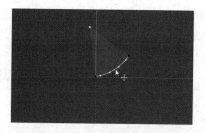

图 3-28

（5）调整完弧线的外形后，将鼠标指针移至弧线右侧，此时鼠标指针和弧线之间出现了将要绘制的弧线预览。

（6）拖动鼠标指针可以绘制第2段弧线，当前两段弧线是连接在一起的。

（7）将鼠标指针移至弧线下端的顶点，鼠标指针将变为移动鼠标指针，拖动顶点可以重新调整弧线的外形，如图3-29所示。

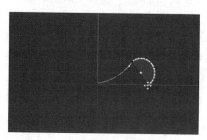

图 3-29

（8）如果调整连接两端弧线的顶点，那么两段弧线将会断开。

（9）将鼠标指针移至"世界轴心"坐标点下端，拖动鼠标指针创建第3段弧线，按键盘上的<Esc>键，退出弧线绘制模式，如图3-30所示。

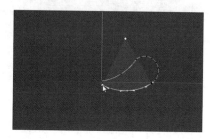

图 3-30

（10）细心的读者会发现，在使用"样条弧线"工具绘制样条线的过程中，会自动进入"点"编辑模式。

（11）在屏幕空白处右击，在弹出的快捷菜单中执行"创建轮廓"命令，然后在屏幕中向右拖动鼠标，将弧线生成轮廓图形，如图3-31所示。

（12）此时弯曲丝带的侧面图形已经制作完成，在"模式工具栏"中单击"模型"按钮退出"点"编辑模式。

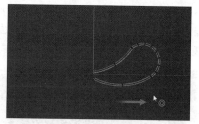

图 3-31

（13）按住键盘上的<Alt>键，在工具栏中单击"挤压"生成器按钮，将图形生成三维模型，完成丝带模型的制作，如图3-32所示。

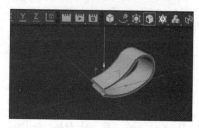

图 3-32

其余丝带模型可参考配套教学视频完成。

大家可以打开本书配套文件Chapter-03/礼品盒.c4d，查看案例完成后的效果。礼品盒场景中还有很多其他模型，这些模型的制作方法也非常简单，后面会进行详细讲解。

3.2 课时 9：快速创建样条图形的方法

除了自由样条图形绘制工具以外，C4D还包含丰富的参数化图形绘制工具。选择参数化图形绘制工具后，场景中会自动创建一个参数化样条图形，在"属性"管理器中设置参数可以修改参数化图形的外观。

由于参数化图形外形比较简单呆板，所以制作时往往会进行布尔运算操作。组合多种参数化图形，可以快速搭建出丰富的场景模型。

学习指导

本课内容重要性为【必修课】。

本课的学习时间为40～50分钟。

本课的知识点是熟练掌握样条图形的绘制方法与技巧。

课前预习

扫描二维码观看视频，对本课知识进行学习和演练。

3.2.1 设置参数化图形

参数化图形绘制工具非常丰富。在"工具栏"长按"样条画笔"工具，展开样条工具面板，图标包含蓝色的工具是参数化图形工具。选择工具即可创建对应的参数化图形。下面我们来看看参数化图形的具体设置方法。

1. 设置参数化图形的外观

建立参数化图形后，在"属性"管理器中选择"对象"选项，可以看到"对象属性"设置面板。修改面板中的参数即可调整图形的外观。下面我们通过具体操作来学习图形的设置方法。

（1）启动C4D软件，按键盘上的<F4>键，将"透视视图"切换为"正视图"。

（2）在"工具栏"中长按"样条画笔"工具，展开图形工具面板，单击"星形"工具，在视图中创建一个星形图形。

（3）在"属性"管理器中选择"对象"选项，在"对象属性"面板中修改参数即可调整图形的外形，如图3-33所示。

图3-33

"对象属性"面板中与图形外观相关的参数设置都非常简单，参数更改时图形会立即变化，大家可以尝试着将所有图形建立一遍，对外观设置参数进行学习和了解。

参数面板中有几项参数对于初学者而言比较难以理解，下面我们进行重点讲解。

2. 样条线的方向

在所有三维软件中创建的图形都是具有方向性的，样条线的方向与后续的建模和动画控制有着重要的关系。例如，如果我们设置对象沿路径移动的动画，此时对象会按照路径的方向进行移动。下面通过具体操作来进行讲解。

（1）使用"样条画笔"工具在视图中创建一条曲线。观察新绘制的图形，可以看到图形是有颜色变化的。图形的开始处是白色，其颜色逐步变为结束处的蓝色，如图3-34所示。

（2）样条线上由白至蓝的渐变色就是在向用户标明样条线的方向。

（3）如果想要改变样条线的方向，可以在菜单

栏中执行"样条"→"点顺序"→"反转序列"命令，此时样条线的方向就发生了反转。

图3-34

（4）我们创建的参数化图形也是带有方向性的。在"对象"管理器选择圆环图形，在"属性"管理器中勾选"反转"复选框可以反转图形的方向。

初学者可能会问，为什么参数化图形表面没有出现由白到蓝的颜色变化，这是因为只有在"点"编辑模式下才能显示方向。

选择参数化图形，按键盘上的<C>键，将图形转换为可编辑样条图形。此时在"模式工具栏"中单击"点"按钮，即可看见图形的方向。

3. 设置图形的平面坐标

如果参数化图形在不同的视图中进行创建，图形的坐标朝向是不同的。

（1）在前面的操作中，圆环图形是在"正视图"中创建的，圆环图形会按照x轴和y轴进行摆放。

（2）在"左视图"创建图形时，图形会按z轴和y轴进行摆放。

（3）在"顶视图"创建图形，则图形会按照x轴和z轴进行摆放。

> **注意**
> 大家可以试着在不同的视图创建图形，观察图形平面坐标的变化。图形的坐标朝向创建错误也没关系，可以选择图形，在"属性"管理器中的"平面"选项中进行修改。

4. 图形的步长值

在三维软件中，我们使用两个顶点即可创建一条弧线。但是大家仔细想想，如果一条线只有两个点的话，这条线是无法弯曲的，所以两个顶点间的弧线上是包含很多隐藏点的。只是这些点不需要操作者去设置，它们受贝塞尔控制柄的影响进行摆放。这些隐藏点的数量越多弧线的弯曲就越平滑。在三维软件中称隐藏点数量为步长值，步长值越大弧线就越平滑。

5. 步长值的设置方法

下面我们通过操作来学习步长值的设置方法。

（1）在图形工具面板中选择"文本样条"工具，在场景中创建"C4D"文字图形。

（2）为了便于大家直观观察到步长值的设置效果，我们可以将图形生成三维模型。选择圆环图形，在键盘上按住<Alt>键的同时，在"工具栏"单击"挤压"生成器按钮，此时图形被挤压成了三维模型。

（3）在将二维图形挤压为三维模型后，在模型的侧面可以看到，隐藏点全部显示出来了，形成了模型的分段，如图3-35所示。

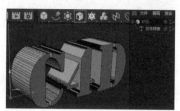

图3-35

图形的步长值设置得越大，模型的分段数就越多，模型表面就越平滑；反之模型的转折会非常粗糙。模型的分段数不是越多越好，太多分段数会消耗计算机内存资源。

C4D提供了多种设置步长值的方式，以满足图形在不同情况下的应用。下面我们逐一进行学习。

在"对象"管理器中单击"样条文字"对象，选择文字图形。在"属性"管理器下端可以看到"点插值方式"选项栏。在该选项栏中可以设置步长值的设置方法和数量。

默认情况下，文字图形使用的是"自动适应"的方式来设置步长值。选择该方式时下端的"角度"参数为激活状态，此时可以利用顶点处的转折角度来控制步长值的大小。

我们知道顶点两端的线段如果是水平的话，那顶点处的转折角是180°。此时"角度"参数为5°，那就表示当顶点处的转折角角度小于175°时，会自动增加步长值来减小顶点处的转折力度。"自动适应"选项就是利用角度参数让C4D自动设置步长值。角度值越小，步长值越大；角度值越大，步长值越小。在没有转角的直线段图形区域是不产生步长值的，如图3-36所示。

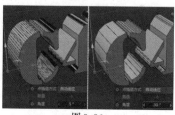

图3-36

与"自动适应"选项设置方式非常接近的是"细分"选项。在"点插值方式"选项栏中选择"细分"选项。此时"最大长度"参数激活，图形除了在转折处会增加步长值，在直线段处也会增加步长值，步卡值每次增加5 cm，如图3-37所示。

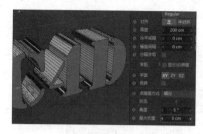

图3-37

"点插值方式"选项栏还有3种设置步长值的方式，分别为"无""自然"和"统一"，这3个选项非常简单。

无：选择该选项后，图形顶点间将不设置步长值。

自然：选择该选项后，"数量"参数将被激活，顶点与顶点间会按"数量"参数设置相同的步长值。顶点间距小，步长值就会显得密集；间距大，步长值就会显得稀疏。

统一：选择该选项后，C4D也会根据"数量"参数在顶点间设置步长值，与"自然"选项不同的是，插入顶点的间距会统一设置为相同的间距。"统一"选项是我们工作中较常用的选项，

在工作中具体使用什么方式对模型的步长值进行控制，关键是看模型在下一步如何使用。如果生成的模型不需要设置变形动画，那可以根据模型的精度要求来自由选择步长值的设置方法。如果模型需要设置变形动画，那对模型表面的分段数就会有较高要求，此时往往会使用"统一"选项来设置步长值。

6. 参数化图形的塌陷

参数化图形在创建完毕后，在"模式工具栏"单击"转为可编辑对象"按钮，可以将参数化图形塌陷为可编辑样条线图形。此时参数化图形的设置参数将会消失，如果要修改图形的外形，只能通过调整顶点位置的方法来修改。另外在对图形执行了布尔运算后，参数化图形也会转变为可编辑样条线。

参数化图形在塌陷后，"属性"管理器中的"对象属性"设置面板会发生改变。与图形外观相关的参数将消失，取而代之的是"类型"选项栏。在该选项栏中可以设置样条线的类型。其中包含5个选项，分别为"线性""立方""Akima""B-样条

和"贝塞尔"。不同类型的样条线的顶点管理方式会有所不同。不管是什么类型的样条线，都不影响后续的建模操作。最常用的是"贝塞尔"类型。

大多数参数化图形在塌陷后都会转变为"贝塞尔"类型的样条线，但是有些特殊的参数化图形在塌陷后会转变为特殊类型。例如，"公式"图形在塌陷后会转变为"线性"样条线，大家只需要在"属性"管理器将其类型修改为"贝塞尔"即可。

3.2.2 项目案例——制作拼贴画卡通场景

在对参数化图形有所了解后，本小节将通过一组案例操作对参数化图形的绘制方法进行演练。将丰富的参数化图形进行组合，并结合布尔运算命令，可以创建出丰富的图形。本小节还会对样条工具面板中的布尔运算命令进行学习。

1. 布尔运算

布尔运算是图形软件中的常用工具，其命令操作简单、逻辑清晰，它利用对象的相互组合快速得到新的形状。三维模型可以进行布尔运算，二维图形同样也可以进行布尔运算。

样条工具面板右侧包含灰色按钮的命令就是布尔运算命令。这5个命令分别为"样条并集""样条差集""样条合集""样条或集"和"样条交集"，图3-38展示了这5个命令对图形进行运算后的结果。

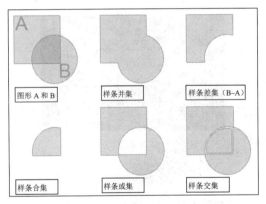

图 3-38

在5个布尔运算命令中，"样条或集"和"样条交集"命令在运算后，得到的图形好像是相同的，这是因为图形的外形重合的原因。"样条或集"命令会将图形间相交叠的区域移除，而"样条交集"命令会将图形交叠区域保留，并生成一个新的图形。

在使用"样条差集"命令对图形进行相减操作时，一定要注意图形的选择顺序，C4D会根据选择图形的先后顺序来决定修剪对象和被修剪对象。先选择的是修剪对象，后选择的是被修剪对象。

样条布尔运算命令非常简单，大家可以试着操作一下，对其进行学习。

2. 布尔运算常见的问题

对三维模型或样条线使用布尔运算时，有时会发生一些问题，问题是两个对象的顶点或边界完全重合导致的。下面我们通过一组操作来体验一下。

（1）在样条工具面板中分别选择"圆环"和"矩形"工具，建立两个图形。

（2）选择矩形图形，由于我们要修改图形的轴心位置，所以需要将矩形图形进行塌陷。按键盘上的<C>键，将矩形图形转变为可编辑样条图形。

（3）在菜单栏中执行"工具"→"轴心"→"轴对齐"命令，打开"轴对齐"对话框。

（4）在"轴对齐"对话框中将x轴和y轴的参数设置为100%，然后单击"执行"按钮，将矩形图形的轴心设置到对象的右上角，如图3-39所示。

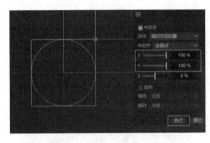

图 3-39

（5）在"模式工具栏"中单击"启用捕捉"按钮，然后长按该按钮，在捕捉设置菜单中设置捕捉对象为"捕捉顶点"。

（6）使用"移动"工具移动矩形图形的位置，将矩形的右上角顶点与圆环图形的上端顶点对齐。

（7）此时矩形图形右侧的两个顶点就和圆环图形上下两个顶点完全重合了。此时进行布尔运算就会发生错误。

（8）选择两个图形，在样条工具面板中单击"样条并集"或"样条差集"按钮，会得到意想不到的结果。

解决该问题的方法是让重合的顶点错开，不要叠在一起。选择矩形图形，在"坐标"管理器中调整位置参数，将x轴参数设置为0.01 cm，将矩形微微向右移动一段距离。先选择圆环图形，再选择矩形图形，单击"样条差集"按钮执行布尔运算，此时问题就解决了。

此时会发生第二个问题，因为图形的位置调整了，错开的顶点会在新的图形中产生多余顶点。在"模式工具栏"中单击"点"按钮，在"前视图"放大显示图形，在图形的右上角出现了两个顶点，这两个顶点就是偏移矩形图形后形成的，如图3-40所示。

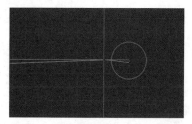

图3-40

这种多余的顶点在布尔操作中是常常遇到的，对图形的后续建模操作会产生很大影响。但是由于顶点距离非常接近，需要将视图放得很大才能看到，所以问题很难被发现。大家在操作中，如果发现样条线生成的三维模型表面出现了奇怪的分段面，先不要着急，返回"点"编辑模式，认真检查样条线的顶点，看看是否有错误的顶点，找到它并将其删除即可。

3. 使用布尔运算创建场景模型

在完成布尔运算的操作方法学习之后，接下来我们就结合图形工具和布尔运算命令，创建一组小剧场模型。图3-41展示了案例完成后的效果。

图3-41

背景图片制作：

（1）新建项目文档，按键盘上的<F4>键，将视图切换为"正视图"。

（2）在"属性"管理器的菜单中执行"模型"→"视图设置"命令，打开视图设置面板。

（3）在Windows资源管理器中打开本书附带文件Chapter-03/卡通小剧场.png，将文件直接拖动至C4D的"正视图"视窗窗口内，此时图片将会被设置为视图背景。

（4）在视图设置面板中，修改背景图片的透明度，如图3-42所示。

图3-42

此时我们就可以根据背景图片来创建场景模型了。观察图片中的图案会发现，所有图形都可以使用简单的参数化图形进行创建。下面我们就挑选一些可能对于初学者来讲有一定难度的模型进行讲解。

（1）创建图片下端的海浪模型。在样条工具面板中单击"公式"按钮，此时会出现一段S型的样条线。

（2）参照图3-43对公式图形的参数进行设置，可以生成波浪形图形。

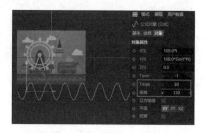

图3-43

（3）图形创建完毕后，按键盘上的<C>键，将其塌陷为可编辑样条图形。使用"缩放"工具对图形进行缩放，使其与波浪纹理相适配。

（4）在"工具栏"中选择"样条画笔"工具，在波浪图形的顶点处单击，以该顶点为起点继续绘制图形，连续单击，将波浪图形绘制成封闭图形，如图3-44所示。此时波浪图形就绘制完毕了。

图3-44

（5）下面我们来看看云朵图形的绘制方法。使用"圆环"和"矩形"工具创建图形，然后对图形进行缩放和复制操作，拼出云彩图形的轮廓，如图3-45所示。

图3-45

（6）将绘制的云彩轮廓图形全部选择，然后在样条工具面板中单击"样条并集"按钮，对图形进行相加布尔运算。

（7）图形相加后，其内部会产生多余顶点。在"模式工具栏"中单击"点"模式按钮，使用"实时选择"工具将多余顶点选择，然后按键盘上的<Delete>键，将其删除，如图3-46所示。

图3-46

（8）在样条工具面板中选择"样条平滑"工具，对图形中转角过于尖突的转折角进行平滑处理。这样云彩图形就制作完成了。

（9）图片中的草丛图案也可以使用云彩图形的制作方法来制作。

（10）使用"星形"工具可以快速制作出摩天轮的支架。在样条工具面板单击"星形"工具创建星形图形。

（11）将星形图形的中心与摩天轮的轴心对齐，设置星形角数为18，接着慢慢调整星形的"内部半径"和"外部半径"参数，使其与图案的轮廓对齐。

（12）将星形图形沿z轴旋转10°，使星形图形和图案纹理对齐，如图3-47所示。

图3-47

（13）使用"缩放"工具对星形图形执行缩放复制操作。按住键盘上的<Ctrl>键的同时将其尺寸微微放大，对两个星形执行"样条或集"命令，完成摩天轮支架的制作。

（14）下面制作摩天轮四周的轿厢图形。创建一个圆环图形，将其与最顶端的轿厢图案匹配，按键盘上的<C>键，对其进行塌陷操作。

（15）调整圆环图形的轴心位置。在"模式工具栏"中单击"启用轴心"按钮，此时可以调整轴心位置。

（16）打开捕捉功能，将捕捉目标设置为"轴心捕捉"，将圆环的轴心与星形的轴心对齐，如图3-48所示。

图3-48

（17）在"模式工具栏"中单击"启用轴心"按钮，将其关闭。退出轴心编辑模式。

（18）选择"旋转"工具，按键盘上的<Ctrl + Shift>组合键，对圆环执行旋转复制操作。每旋转30°就复制一个圆环图形，重复操作11次，完成轿厢图案的绘制。

图片中还有很多图案没有绘制，但是这些图案的绘制方法非常简单，就不一一讲述了，大家可以参考本小节配套视频完整地制作该案例。打开本书附带文件Chapter-03/卡通小剧场.c4d，查看案例完成后的效果。

3.3 总结与习题

本章详细讲解了C4D中样条线的绘制方法。样条图形绘制工具可以分为两类：一类是参数化样条图形绘制工具；另一类是自由样条图形绘制工具。这类工具通过创建顶点的方式绘制样条图形。结合布尔运算命令，可以使样条线组合出更为丰富的图形。以上这些功能都是建模工作中最为重要和常用的功能，初学者务必熟练掌握。

习题：绘制图形

使用"样条画笔"工具沿图稿绘制图形，结合布尔运算命令对图形进行更为细致的编辑与修改。

习题提示

在使用"样条画笔"工具绘制图形时，一定要注意准确设置顶点的位置和顶点类型，这样有助于下一步的图形修改。

在C4D中，生成器是重要的功能组件，利用生成器可以快速搭建模型。生成器分为两组，分别是模型生成器和样条生成器，从名称大家就可以明白它们分别针对的对象。模型生成器用于对三维模型进行编辑、复制、变形等操作；而样条生成器则用于将样条图形生成三维模型。本章将对生成器和变形器做详细的讲解。

4.1 课时10：如何利用生成器增加模型分段？

生成器分为两类，分别被编排在"模型生成器"和"样条生成器"两个面板中。模型生成器共包含13个命令，这些命令用于对三维模型进行修改和调整。下面我们按照生成器的相关性进行分组学习。

本课将要为大家讲解"细分曲面"和"布料曲面"生成器。这两个生成器可以为模型的网格面增加分段，使模型表面转折更为平滑柔顺。下面我们开始学习。

学习指导

本课内容重要性为【必修课】。

本课的学习时间为40～50分钟。

本课的知识点是掌握"细分曲面"和"布料曲面"生成器。

课前预习

扫描二维码观看视频，对本课知识进行学习和演练。

4.1.1 为什么要增加模型分段？

使用"细分曲面"和"布料曲面"都可以增加模型的网格分段，使模型拥有更多的转折面，这样模型表面的转折将会变得非常平滑。

1. "细分曲面"生成器

在使用网格建模时，开始阶段往往会将模型的分段数设置得较少。当模型的基本型创建完毕后，再使用"细分曲面"生成器增加模型的分段，可以使模型的表面变得平滑圆润。

（1）打开本书附带文件Chapter-04/小草.c4d。在场景视图中选择"小草"模型。

（2）在工具栏中单击"细分曲面"生成器，将该生成器添加至场景中。

（3）在"对象"管理器单击拖动"小草"对象至"细分曲面"生成器下端，使其成为生成器的子对象。这样生成器就添加完毕了。

> **技巧**
>
> 选择模型后，在按住<Alt>键的同时单击生成器按钮，可以快速为模型添加生成器。

（4）添加"细分曲面"生成器后，小草原来粗糙的表面变得圆润平滑，如图4-1所示。

图4-1

在使用网格建模时，通常都会使用上述方法来增加网格表面的分段。关于网格建模的方法，本书会在稍后的章节进行讲述。

2. "布料曲面"生成器

"布料曲面"生成器可以将模型转换为布料模型，为下一步设置布料动画做准备。

（1）打开本书附带文件Chapter-04/桌布.c4d。当前场景的模型已经添加了布料标签。

（2）单击"向前播放"按钮，播放动画，可以看到桌布垂直落到了桌面模型上。当前桌布模型的网格分段太少，布料动画看起来非常生硬，如图4-2所示。

（3）下面使用"布料曲面"生成器，对桌布模型的网格分段进行调整。单击"向前播放"按钮，停止动画播放，然后在其左侧单击"转到开始"按钮，将"时间滑块"拖动至第0帧位置。

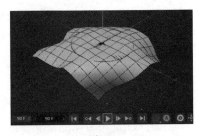

图 4-2

（4）选择"桌布"模型，并按住键盘上的 <Alt> 键。在"工具栏"中长按"细分曲面"生成器，在展开的模型生成器面板中单击"布料曲面"生成器按钮，为模型添加生成器。

（5）在"属性"管理器中对"布料曲面"生成器的参数进行设置，将"细分数"参数设置为2，可以看到桌布模型的网格分段变得更为细密了。

（6）在三维软件中，模型面是单面的。使用"布料曲面"生成器可以为模型面设置一个厚度，使单面模型转变为立体模型。设置"厚度"参数为0.3 cm，此时桌布模型产生了厚度，如图4-3所示。

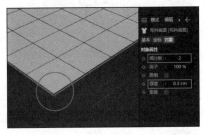

图 4-3

（7）在"对象"管理器中右击"布料曲面"生成器，在弹出的快捷菜单中执行"连接对象+删除"命令，将模型塌陷。

再次播放动画，此时桌布模型的网格面依然显得很粗糙，但是已经可以很好地模拟布料动画的效果了，如图4-4所示。在此操作中，如果布料模型的细分曲面设置过多，会导致计算机运行缓慢，甚至死机。

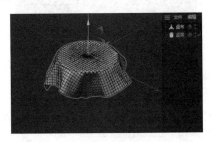

图 4-4

4.1.2 "细分曲面"生成器的工作原理

"细分曲面"生成器在工作中是非常重要的，

下面对该生成器的工作原理进行讲解。

1. 模型面如何被细分？

在使用网格建模时，开始创建的模型网格都比较简陋粗糙，这样做是因为较少的点、线、面便于操作和控制。在模型结构搭建完成后，最后会使用"细分曲面"生成器对模型的表面进行细分，生成更多转折面，这样模型表面就可以呈现出平滑细腻的转折效果。接下来我们来看看模型网格面细分过程中发生了什么。

（1）在工具栏中单击"矩形"工具，在视图中创建一个矩形模型。

（2）按住键盘上的 <Alt> 键，在"工具栏"中单击"网格平滑"生成器，为模型添加生成器，此时模型将被平滑成一个球体。

（3）在"属性"管理器中将"编辑器细分"参数分别设置为0、1、2，观察模型表面网格分段的变化，如图4-5所示。

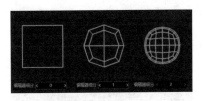

图 4-5

从操作中可以看出，"编辑器细分"参数设置为0，模型表面不进行细分；设置为1，模型所有的边从中心一分为二；设置为2，模型表面会在上一次细分的基础上，将所有边再一分为二。通过上述操作，我们可以知道，每次细分曲面都会将模型的现有边一分为二。

在这里要特别强调一点，模型面的数量不是越多越好，因为面数多意味着占用的系统资源也越多，会导致系统运行卡顿，另外也会大大增加渲染的时间。所以模型的面数控制到刚好够用就行，渲染时看不到的区域、模型面可以直接删除。

2. 设置技巧

细分曲线生成器有时候也会扭曲模型的造型特征。在进行网格细分时，由于都是在模型边线的中心进行分段，所以有时会将模型的转角平滑得过于圆润，导致模型走样变形。此时就需要人为对模型分段进行调整，以达到强化转角角度的目的。

（1）在"对象"管理器的"细分曲面"生成器右侧单击绿色的钩，将其关闭，这时生成器效果将会隐藏，立方体模型恢复至初始状态。

（2）选择立方体模型，按键盘上的 <C> 键对其执行塌陷操作。

（3）在"模式工具栏"中单击"边"按钮，对多边形模型的边进行修改。

（4）在视图空白处右击鼠标，接着在弹出的快捷菜单中执行"循环/路径切割"命令。

（5）在靠近立方体顶面垂直边的位置单击，建立新的分段，如图4-6所示。

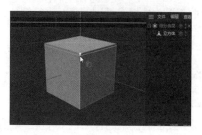

图4-6

（6）在"属性"管理器中单击"细分曲面"生成器右侧的叉，将生成器效果显示。此时观察立方体模型，模型上端由于增加了分段，从而限制了细分曲面的平滑效果，所以立方体的上端转折夹角被保留了下来，如图4-7所示。

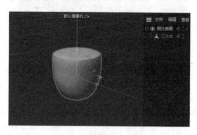

图4-7

（7）重复上述操作，在立方体模型的z轴方向添加分段，细分曲面后的结果如图4-8所示。

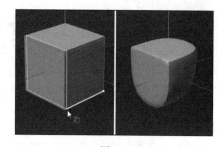

图4-8

在操作中可以看到，立方体在添加分段后，缩短了边的长度。网格在细分曲面时都是按边线的中心进行细分，并进行转角平滑处理的。所以立方体在分段增加的位置，边线变短，转角在平滑处理时被约束。在网格建模时，我们常常使用增加分段的方式来最大化保留模型的转折形态。

4.1.3 项目案例——制作奇妙的镂空球体

下面我们将使用"细分曲面"和"布料曲面"生成器制作一个华丽的镂空金属球模型，图4-9展示了案例完成后的效果。该案例的制作过程非常简单，主要目的是让大家练习并掌握"细分曲面"和"布料曲面"生成器。

图4-9

（1）新建一个项目文档，在建模工具面板单击"球体"按钮，创建一个球体模型。

（2）在"属性"管理器中对球体模型的参数进行设置，如图4-10所示。

图4-10

（3）按键盘上的<C>键，对球体模型执行塌陷操作。在"模式工具栏"单击"点"按钮，进入"点"编辑模式。

（4）按键盘上的<Ctrl + A>组合键，将模型的顶点全选，在视图空白处右击，在弹出的快捷菜单内执行"倒角"命令。

（5）在视图中向右拖动鼠标指针，对顶点执行倒角操作。此时选择的顶点将会生成新的面，如图4-11所示。

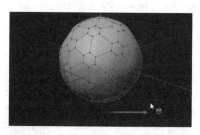

图4-11

（6）在"模式工具栏"中单击"多边形"按钮，进入"多边形"编辑模式。

（7）按键盘上的<Ctrl + A>组合键，将模型的多边形面全部选中，在视图空白处右击，在弹出的快捷菜单内执行"嵌入"命令。

（8）在"属性"管理器中将"保持群组"选项

设置为不启用，在视图中向左拖动鼠标指针，对选择面执行嵌入操作。此时选择面内部会向模型内部生成新的分段面，如图4-12所示。

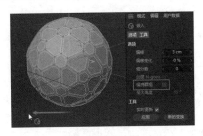

图4-12

（9）按键盘上的<Delete>键，将选择面删除，球体模型表面出现了规则的栅格面片。

（10）当前的模型面是面片，我们可以使用"布料曲面"生成器，为栅格面片添加厚度。

（11）在"模式工具栏"中单击"模型"模式按钮，退出"多边形"编辑模式。

（12）按住键盘上的<Alt>键，在工具栏长按"细分曲面"生成器按钮，接着在展开的生成器面板单击"布料曲面"生成器按钮，为球体模型添加生成器。

（13）参照图4-13对"布料曲面"生成器参数进行设置，为栅格球体模型添加厚度。

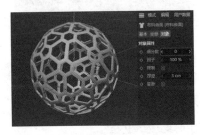

图4-13

（14）按住键盘上的<Alt>键，在工具栏中单击"细分曲面"生成器按钮，为球体模型添加生成器。此时球体栅格结构变得更为平滑柔和。这样整个案例就制作完成了。

大家可以尝试建立不同类型的多面体（如六面体、八面体等），重复上述操作，可以制作出不同镂空形态的多面体模型。打开本书附带文件/Chapter-04/镂空球体.c4d，查看案例完成后的场景。

4.2　课时11：用生成器复制对象有何技巧？

在C4D的生成器中，有些生成器是专门用于复制三维模型的，这些生成器分别为"对称""实例"和"阵列"生成器。根据建模工作的需求不同，我们可以选择不同的复制生成器对模型进行复制。下面对这些生成器进行讲解。

学习指导

本课内容重要性为【必修课】。

本课的学习时间为40～50分钟。

本课的知识点是掌握"对称""实例"和"阵列"生成器的使用方法。

课前预习

扫描二维码观看视频，对本课知识进行学习和演练。

4.2.1　3种复制生成器的区别

"对称""实例"和"阵列"生成器都可以对模型进行复制操作，只是它们的作用各有不同。

"对称"生成器可以制作具有对称特征的模型，建模时只需要制作出模型的一侧，另一侧使用"对称"生成器制作即可。"实例"生成器可以在场景中复制出一个与原对象相关联的模型，复制得到的模型会随着原模型的变化而改变。"阵列"生成器可以快速复制出一组环状排列的阵列模型，还可以为阵列模型设置动画效果。

4.2.2　"对称"生成器的设置技巧

在建立具有对称特征的模型时，如人体、动物等，我们可以只建立模型的一侧，然后另一侧使用"对称"生成器制作。这样的优点是模型可以做到绝对对称，并且为建模工作减少工作量。下面通过具体操作来进行学习。

①打开本书附带文件Chapter-04/小鸡.c4d。场景中已经准备了一个小鸡模型。

②当前小鸡模型的一侧已经编辑完成，下面使用"对称"生成器完成模型。

③选择小鸡模型，按住键盘上的<Alt>键，在生成器面板中单击"对称"生成器按钮，为模型添加生成器，如图4-14所示。

图4-14

④此时对称复制出了小鸡模型的另一侧，整个模型就完成了。

下面我们一起来看看"对称"生成器的设置参数。

选择"对称"生成器，在"属性"管理器中可以对其参数进行设置。

在"镜像平面"选项组中可以设置模型在对称复制时参考的坐标平面。更改该选项组的选项，会修改对称复制的方向，产生上下对称或前后对称效果。

启用"焊接点"选项后，模型和对称模型中间重合的顶点将被焊接，该选项下端的"公差"参数用于设定焊接顶点的间距，小于该间距的顶点都会进行焊接。

"建模"卷展栏提供了建模操作中的辅助选项。利用这些选项可以提高建模操作的效率。下面通过具体操作来进行学习。

（1）在"建模"卷展栏中启用"在轴心上限制点"选项，接着在"对象"管理器选择小鸡模型。

（2）在"模式工具栏"中单击"点"按钮，此时可以对小鸡模型的顶点进行修改。

（3）选择对称复制部分中缝处的顶点，对其执行移动操作，会发现顶点是无法移动的。这就是"在轴心上限制点"选项的作用，这样做的目的是避免出现因移动轴心顶点而使中缝无法重合的问题。

（4）在"对象"管理器中选择"对称"生成器，在"属性"管理器下端启用"删除轴心上的多边形"选项。启用该选项后，可以自动删除对称复制轴心处不正确的多边形面。

（5）接着启用"自动反转"选项。该选项是非常重要的，它可以提升建模操作的效率。

（6）启用"自动反转"选项后，在"对象"管理器中选择小鸡模型，继续对模型的顶点进行编辑。

（7）在视图中选择小鸡模型右侧翅尖的顶点，然后旋转"透视视图"观察小鸡模型的左侧，会发现此时会自动反转选择小鸡模型左侧翅尖的顶点，如图4-15所示。这就是"自动反转"选项的作用。

图4-15

启用了"自动反转"选项后，可以同时调整模型和复制模型，而且随着视图的转动，会自动反转选择需要调节的顶点，提高了建模操作的灵活性。

4.2.3 项目案例——制作童话卡通森林

"实例"生成器可以在场景中复制一个与原模型相关联的实例模型。当原模型被修改后，实例模型也会发生变化，这样就可以将修改应用到所有关联实例对象了。场景中有多个相同对象时，就可以用"实例"生成器来提高模型的管理效率。下面通过案例来学习该生成器。

（1）打开本书附带文件Chapter-04/卡通森林.c4d。该场景需要搭建更多的松树模型。

（2）在"对象"管理器中选择"松树"模型，在生成器面板单击"实例"生成器按钮，此时C4D会根据选择的模型创建实例对象，并且实例对象的名称也会带有原对象的名称。

（3）新创建的实例对象会与原对象完全重合，所以场景看起来没有变化，使用"移动"工具对实例对象的位置进行调整，如图4-16所示。

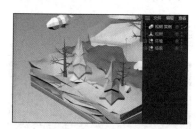

图4-16

（4）重复上述操作，使用"实例"生成器在场景中复制更多的松树模型。

（5）在场景中对实例对象的位置和角度进行调整，使其在场景中的摆放更加自然。

（6）选择"缩放"工具，对"松树"模型进行缩放操作，可以看到场景中所有实例对象都会发生变化。

（7）此时案例就完成了，图4-17展示了案例完成后的效果。打开本书附带文件Chapter-04/卡通森林.c4d，查看案例完成后的场景。

图4-17

4.2.4 项目案例——制作卡通冰激凌

使用"阵列"生成器可以将选择的对象按圆形阵列复制，并且还可以为阵列模型设置动画。下面就使用该生成器制作一个卡通冰激凌。图4-18展示了案例完成后的效果。

图4-18

1. 添加"阵列"生成器

"阵列"生成器可以应用于大部分模型对象。

（1）新建一个项目文档，在模型工具面板单击"胶囊"按钮，在场景中建立胶囊模型。

（2）在"属性"面板中对胶囊模型的参数进行设置，如图4-19所示。

图4-19

（3）按住键盘上的<Shift>键，在"工具栏"单击"弯曲"按钮，为胶囊模型添加"弯曲"变形器，在"属性"管理器将"强度"参数设置为100°。

（4）在"对象"管理器中选择胶囊模型，按住键盘上的<Alt>键，在生成器面板单击"阵列"生成器按钮，为模型添加"阵列"生成器。

（5）参照图4-20对"阵列"生成器的参数进行设置。"半径"参数用于设置阵列圆形的半径，"副本"参数用于设置阵列复制产生的模型数量。

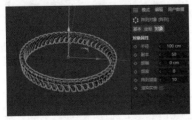

图4-20

（6）将"振幅"和"频率"参数配合使用可以让阵列模型产生动画效果。将"振幅"参数设置为5 cm，可以看到阵列模型产生了有规律的起伏变化。

（7）将"频率"参数设置为10，单击"向前

播放"按钮播放动画，可以看到阵列模型产生了有起伏的动画效果。"频率"参数用于控制阵列模型振动的速度，参数越大速度越快。

（8）停止播放动画，对"阵列频率"参数进行设置。该参数用于设置阵列模型起伏的次数，图4-21展示了"阵列频率"参数分别为3和5时，阵列模型产生的变化。

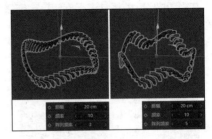

图4-21

（9）将"振幅"和"频率"参数设置为0，关闭振动效果。"属性"管理器下端还有一个"渲染实例"选项，启用该选项，此时所有阵列复制模型都将变为实例对象，而不再是单独的模型。这样可以大大降低渲染时的内存消耗。

2. 制作冰激凌模型

下面使用"阵列"生成器制作冰激凌模型。在为胶囊模型添加"阵列"生成器后，胶囊模型将无法进行变换操作，也就是无法进行移动和旋转。因为模型的坐标轴被生成器绑定了，阵列模型的角度和方向由生成器控制。

为了解决这个问题，可以为胶囊模型添加一个父对象，让生成器绑定父对象的坐标轴，作为子对象的胶囊模型就可以移动和旋转了。通过对胶囊模型角度的调整，可以使阵列模型的外观产生很多变化。

（1）在"对象"管理器中单击"胶囊"对象，按键盘上的<Alt+G>组合键，为选择的对象创建分组。此时"胶囊"对象就变为了空白对象的子对象。

（2）在"对象"管理器中选择"胶囊"对象，使用"旋转"工具将其在视图中沿y轴进行旋转，可以看到阵列模型组产生了变化。沿z轴进行旋转，阵列模型组可以产生开合的变化，如图4-22所示。

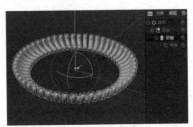

图4-22

（3）在"对象"管理器中单击"阵列"生成器，然后在"属性"管理器将其"半径"参数设置为50 cm，此时就制作出冰激凌模型的第一层。

（4）按住键盘上的<Ctrl>键，使用"移动"工具沿y轴向上移动阵列模型组，对其执行移动复制操作。复制出冰激凌的第二层。

（5）在"对象"管理器中选择第二层的"胶囊"对象，在视图中沿z轴将其进行旋转，改变模型组的形态，如图4-23所示。

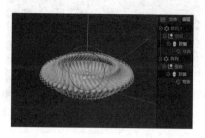

图4-23

整个冰激凌模型看似非常复杂，其实就是使用上述方法生成的。由于后续制作方法是相同的，本书就不展开讲解了，大家可以打开本书附带文件Chapter-04/冰激凌.c4d，查看案例完成后的效果。

4.3 课时12：如何使用生成器修改网格结构？

在建模工作中，有时需要对模型的网格结构进行修改。在生成器中，用于修改网格结构的生成器分别为"重构网格""LOD""减面"和"融球"生成器。这些生成器都可以修改模型表面的网格结构，但是其使用方法各有不同。本课将对这些生成器做详细的讲解。

学习指导

本课内容重要性为【必修课】。

本课的学习时间为40～50分钟。

本课的知识点是掌握"重构网格""LOD""减面"和"融球"生成器的使用方法。

课前预习

扫描二维码观看视频，对本课知识进行学习和演练。

4.3.1 重构网格的工作原理

在C4D中，有时需要将外部资源导入模型，如导入3ds Max生成的模型。导入模型的网格结构可能不符合当前的工作要求，如模型的网格结构是三角面。这样就需要对模型的网格进行重新生成，将三角面结构转变为四边面结构，因为三角面无法很好地设置UV贴图。此时就可以使用"重构网格"生成器，对模型的网格结构进行修改。下面通过一组操作进行学习。

（1）打开本书附带文件Chapter-04/蚂蚁.c4d，场景中已经为大家准备了所需模型。

（2）场景中的蚂蚁模型就是从外部导入的模型，模型的精度非常高，生动逼真。

（3）依次按键盘上的<N>键和<B>键，设置为线框显示模式，观察模型表面的网格布线，可以看到都是三角面，如图4-24所示。

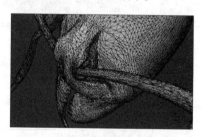

图4-24

（4）这些三角形的网格面会对模型的贴图设置，以及动画控制，会产生很大影响，所以需要对模型的网格面进行修改。

（5）选择蚂蚁模型，按住键盘上的<Alt>键，在生成器面板中单击"重构网格"生成器按钮，为模型添加生成器。在"属性"管理器中将"网格密度"参数设置为20%。

（6）添加"重构网格"生成器后，系统需要进行一段时间的运算。运算完毕后，将会用四边形网格重新生成模型，如图4-25所示。

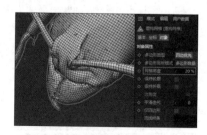

图4-25

（7）"网格密度"参数用于控制生成模型的网格的细密程度，密度越高网格数量越多，密度越小网格数量越少。

（8）在"多边形目标形式"选项栏中选择"多边形数量"选项，此时就会按照生成网格的数量来控制网格的密度。设置"多边形数量"参数为

30 000，此时模型的表面由30 000个网格面组成，如图4-26所示。

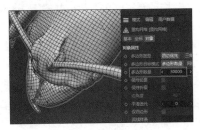

图4-26

（9）在"多边形类型"选项栏中选择"三角"选项，此时模型表面的网格面全部转变为三角面。一般情况下是很少用到该选项的，因为模型的网格结构最好为四边面结构。

通过上述操作，可以看出，"重构网格"生成器能够快速且精准地对模型的网格结构进行重构，这极大提升了建模工作的效率。

4.3.2 项目案例——制作华丽的 UI 图标

"融球"生成器可以将多个模型融合在一起。下面将使用该生成器制作一个UI图标。图4-27展示了案例完成后的效果。

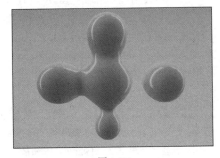

图4-27

（1）打开本书附带文件Chapter-04/融球.c4d，按键盘上的<F4>键，将视图切换为"前视图"。

（2）在模型工具面板中单击"球体"按钮，在场景中创建一个球体模型，参考图4-28对球体模型的参数进行设置。

图4-28

（3）按住键盘上的<Ctrl>键，使用"移动"工具对球体模型进行移动复制操作，对复制出的4个球体模型进行摆放，将最后一个球体模型的"半径"参数设置为60 cm，如图4-29所示。

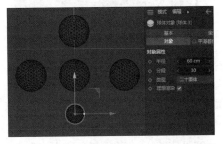

图4-29

（4）在生成器面板中单击"融球"生成器按钮，在"对象"管理器将5个球体模型拖动至"融球"生成器的下端，使其成为生成器的子对象。此时"融球"生成器根据5个球体模型，形成了水滴连接的融球模型，在视图中可以看到融球模型的外表非常简陋粗糙，如图4-30所示。

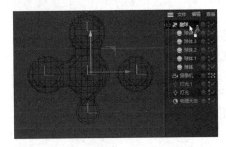

图4-30

（5）按键盘上的<Shift + R>组合键，对摄像机视图进行渲染，渲染出的融球模型表面是非常光滑的。

在"融球"生成器的参数面板中，可以对融球在视图显示和渲染状态中设置两种网格分布数量。

在"属性"管理器中，"编辑器细分"参数用于控制融球模型在工作视图中显示时的网格分布，默认值为40 cm。"渲染器细分"参数用于控制融球模型在渲染时的网格分布，默认值为5 cm。通常情况下，视图显示时网格分布较少，这样可以提高工作时模型的显示速度。

"外壳数值"参数用于设置融球模型的融合形态，参数值越大融球模型就越贴近被包裹模型；参数越小则越接近一个融球体。

（6）在视图下端的"材质"管理器中，拖动"塑料"材质到融球模型上，对其指定材质，如图4-31所示。此时案例就制作完成了，按键盘上的<Shift + R>组合键查看模型渲染效果。大家可以打开本书附带文件Chapter-04/融球完成.c4d，查看案例完成后的效果。

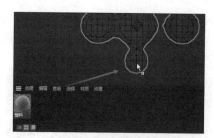

图 4-31

4.3.3 "LOD"生成器的应用技巧

在三维软件当中，模型网格面的数量会直接影响场景的渲染时间。网格面越多渲染时间越长，网格面越少渲染时间则越短。网格面数量同时也决定了模型的外观细节。网格面越多模型的表面就越光滑，细节也越丰富；网格面越少模型就越粗糙简陋。网格面较多的模型称为高精模型，网格面较少的模型称为低精模型。

当对模型进行近距离特写渲染时，必须使用高精模型，才能展现更多细节。当模型距离摄像机较远时，可以使用低精模型进行渲染，因为距离远，模型形态较小，即便使用高精模型，其细节也无法呈现出来。

当我们明白模型精度与渲染之间的关系时，就会产生一个想法，是否能根据观察距离自动切换显示高精模型和低精模型。

"LOD"生成器可以很好地解决上述问题。LOD是英文Level of Detail（细节级别）的缩写。该生成器可以根据观察模型的距离自动在不同精度的模型间进行切换显示。下面通过一组操作进行学习。

（1）打开本书附带文件Chapter-04/戒指.c4d，场景中已经为大家准备了3个不同精度的模型。

（2）依次按键盘上的<N>键和<B>键，设置为线框显示模式。观察3个戒指模型的网格结构，从左至右依次为高精模型、标准模型和低精模型。

（3）下面使用"LOD"生成器来切换显示3个模型，需要先将3个模型放置在相同位置，选择模型，在"坐标"管理器中将位置参数中的x轴参数设置为0 cm，此时3个模型会完全重合，如图4-32所示。

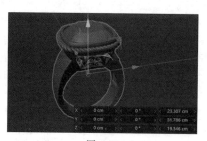

图 4-32

（4）在生成器面板中单击"LOD"生成器按钮，添加生成器。在"对象"管理器同时选择3个戒指模型，将其拖动至"LOD"生成器的下端，使其成为生成器的子对象。

（5）在"对象"管理器中选择"LOD"生成器，此时"属性"管理器会展示该生成器的参数设置。

1. 手动切换模型显示

"标准"选项栏可以设置"LOD"生成器显示模型的方式，默认选择"用户LOD级别"选项。选择该选项时需要用户手动设置当前显示的模型，在"当前级别"选项栏内选择当前显示的模型，如图4-33所示。

图 4-33

在"标准"选项栏选择"用户LOD值"选项，此时选项栏下端会出现LOD条。LOD条分3种颜色，从左至右分别代表高精模型、标准模型和低精模型。在LOD条下端拖动滑块可以在3个模型间进行切换。

2. 根据视图缩放切换模型显示

在"标准"选项栏选择"屏幕尺寸H""屏幕尺寸V"或"屏幕面"选项后，模型周围会出现一个矩形框，矩形框的颜色与LOD条的色彩相同。在透视视图滚动鼠标中键，对视图进行缩放，可以看到放大视图时，显示高精模型；缩小视图时，显示低精模型。

"屏幕尺寸H"选项是将矩形框与视图高度的比例作为切换模型的参考。"屏幕尺寸V"选项则是将与宽度的比例作为参考。

"屏幕面"选项将矩形框面积与视图面积的比例作为切换模型的参考。

以上3种选项虽然参考内容不同，但是切换模型显示的原理是相同的。

3. 根据摄像机距离切换模型显示

首先要将当前视图设置为摄像机视图。在"对象"管理器内，单击"摄像机"对象右侧的视图切换按钮。当按钮高亮显示时，透视视图将切换为摄像机视图，如图4-34所示。

在"标准"选项栏中选择"摄像机距离"选项，此时LOD条下端的滑块变成了摄像机图标。"最小距离"和"最大距离"参数用于设置摄像机的移动距离，这时将"最小距离"参数设置为50 cm。

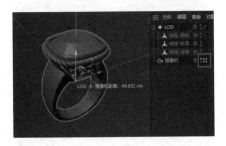

图4-34

在LOD条下端拖动摄像机图标，可以看到摄像机视图产生拉进或推远变化，同时模型也会进行切换，如图4-35所示。

图4-35

4. 对全局设置模型切换

在"标准"选项栏中选择"全局"选项，此时可以对整个场景中的"LOD"生成器进行统一设置。在选择该选项后，可以通过视图菜单中的命令进行控制。

在"细节级别"子菜单中的命令用于对整个场景中的"LOD"生成器的显示方式进行设置，如图4-36所示。

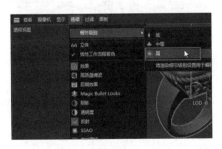

图4-36

4.3.4 项目案例——制作卡通山顶小屋场景

"减面"生成器可以将模型的网格面数量减少。模型网格面数量减少后，渲染速度会提高。在上一小节我们使用的低精戒指模型就是通过"减面"生成器制作出来的。另外，该生成器还可以对模型塑形，制作出折纸模型效果。下面我们就在案例中学习该生成器，该案例还会介绍"布尔"和"晶格"生成器的使用方法。图4-37展示了案例完成后的效果。

图4-37

1. "减面"生成器

使用"减面"生成器制作卡通山峰。

（1）打开本书附带文件Chapter-04/山顶小屋.c4d。

（2）在"工具栏"的模型工具面板中单击"地形"按钮，在场景中创建一个山峰模型，参照图4-38对山峰模型的参数进行设置。

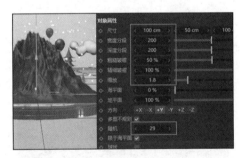

图4-38

（3）使用"减面"生成器对山峰模型的网格结构进行修改。按住键盘上的<Alt>键，在生成器面板单击"减面"生成器按钮，在"属性"管理器将"减面强度"参数设置为98%。

（4）"减面"生成器的设置方法非常简单，可以通过"减面强度"参数控制减少面数的程度，也可以直接在"三角数量""顶点数量"和"剩余边"参数栏输入点、线、面的数值，以此来达到减面效果，如图4-39所示。

图4-39

模型减面后，表面网格的转折看起来非常不舒服，这是因为对较少的面设置光滑组后产生了不自然的转折。在"对象"管理器中选择"地形"模型右侧的"平滑着色"标签，按键盘上的<Delete>键将其删除，此时卡通山峰模型就制作完成了，如图4-40所示。

图4-40

2."布尔"生成器

使用"布尔"生成器对山峰模型的4个边角进行修剪。

（1）创建用于修剪山峰模型的圆柱体模型。按键盘上的<F2>键，将视图切换为顶视图。

（2）在模型工具面板中单击"圆柱体"按钮，创建圆柱体模型。参照图4-41对圆柱体模型的参数和位置进行设置，使圆柱体模型与场景中的底盘模型对齐。

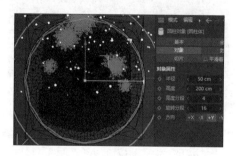

图4-41

（3）在生成器面板中单击"布尔"生成器按钮，添加生成器。在"对象"管理器中同时选择"圆柱体"对象和"减面"对象，将其拖动至"布尔"生成器下端成为子对象。此时，两个对象就添加了"布尔"生成器。

（4）在"对象"管理器中选择"布尔"生成器，接着在"属性"管理器对生成器的参数进行设置。

"布尔"生成器是按照子对象的排列顺序来定义A和B对象的，上方的为B对象，下方的为A对象。在"布尔类型"选项栏中可以设置布尔运算的类型。布尔运算逻辑非常简单，图4-42展示了4种布尔运算类型。下面使用"布尔"生成器对山峰模型进行修剪。

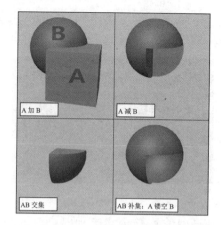

图4-42

（1）按键盘上的<F1>键，将视图切换为摄像机视图。在"对象"管理器中选择"布尔"生成器，在"属性"管理器将"布尔类型"选项栏设置为"AB交集"选项。

（2）此时山峰模型四周的折角消失，如图4-43所示。

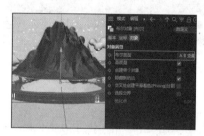

图4-43

（3）在"坐标"管理器的"缩放"参数栏内，将y轴参数设置为-1，按键盘上的<Enter>键，山峰模型将会沿y轴进行垂直镜像，如图4-44所示。

图4-44

（4）在"材质"管理器中拖动"绿色"材质至山峰模型上，为模型指定材质。至此，山峰模型就制作完成了。

3."晶格"生成器

"晶格"生成器可以根据模型的边的结构生成栅格模型。下面使用该生成器制作栏杆模型。

（1）按键盘上的<F2>键，切换为顶视图，在模型工具面板中单击"圆柱体"工具，创建圆柱体模型。参照图4-45，对圆柱体模型的参数和位置进行设置，将圆柱体模型与底盘模型对齐。

图4-45

（2）在"属性"管理器中单击"封顶"按钮，在"封顶"设置面板将"封顶"选项设置为不启用状态。此时圆柱体模型的上下封顶将消失。

（3）按住键盘上的<Alt>键，在生成器面板中单击"栅格"生成器按钮，为圆柱体模型添加生成器。

（4）按键盘上的<F1>键将视图切换为摄像机视图，在"属性"管理器中对"栅格"生成器的参数进行设置，制作出栏杆模型，如图4-46所示。

图4-46

"晶格"生成器的参数设置非常简单。"球体半径"参数用于设置晶格模型中球体的半径，"圆柱半径"参数用于设置晶格模型中圆柱体的半径，"细分数"参数用于设置晶格模型的网格分段。在"材质"管理器拖动"金"材质到栏杆模型，对其指定材质。

相信细心的读者会发现，场景中的云朵模型是使用"融球"生成器制作的，大家也可以根据自己的喜好在场景中制作出更多的云朵模型。

至此，整个案例就制作完成了。大家可以打开本书附带文件Chapter-04/山顶小屋完成.c4d，查看案例完成后的效果。

4.4 课时13：延展样条图形建模

本章开始处有提到，生成器分为两类，前面学习的生成器都是模型生成器，接下来将学习样条生成器。样条生成器可以将二维的样条图形生成三维的实体模型。它们被集中放置在样条生成器面板中。

本课依旧按生成器的类型分组进行讲解，下面将学习"挤压"和"旋转"生成器。这些生成器的共同特点是都能对样条图形进行延展，从而将二维图形拉伸成三维模型。本课所讲的生成器都是按以上原理进行建模的，只是在延展方式上有所不同。下面通过操作来了解这些生成器的特点。

学习指导

本课内容重要性为【必修课】。

本课的学习时间为40～50分钟。

本课的知识点是掌握"挤压""旋转"生成器的使用方法。

课前预习

扫描二维码观看视频，对本课知识进行学习和演练。

4.4.1 项目案例——制作立体文字

"挤压"生成器是工作中非常常用的生成器。该生成器可以将二维样条图形，沿第三轴延展生成三维模型。下面使用"挤压"生成器制作一组立体文字。图4-47展示了案例完成后的效果。

图4-47

1. 设置挤压高度

添加"挤压"生成器后，在"属性"管理器的"对象属性"设置面板内可以设置挤压操作效果。

（1）打开本书附带文件Chapter-04/立体文字.c4d。为了节省时间，场景中已经准备了一组文字样条图形，大家也可以根据自己的喜好建立文字样条图形。

（2）在"对象"管理器中选择"文本"对象，接着按住键盘上的<Alt>键，在"工具栏"中单击"挤压"生成器，添加生成器。

（3）参照图4-48，在"属性"管理器中对"挤压"生成器的参数进行设置。依次按键盘上的<N>键和<B>键，设置为线框显示模式，观察字体模型的网格分段。

图 4-48

（4）在"方向"选项栏中，可以设置挤压操作的方向，默认选择"自动"选项。通常来讲，C4D 可以自动识别出二维样条图形所在坐标轴以外的第三个轴。

（5）但是如果样条图形是手动绘制的，且图形角度发生了变化，在挤压操作中挤压方向可能会产生偏差，此时就需要在"方向"选项栏手动设置挤压方向。

（6）调整"细分数"参数可以在挤压高度上设置更多的分段。

2. 设置封盖

"挤压"生成器除了挤压生成模型的侧面高度，还在模型前后两端生成了封盖，使模型完全封闭起来。在模型的封盖处，还可以设置各种倒角效果，使模型的边角转折产生更多变化。

（1）在"属性"管理器中选择"封盖"选项，打开"封盖"设置面板。

（2）启用"起点封盖"和"终点封盖"选项，挤压模型前后两端将产生封盖。关闭这两个选项，挤压模型将只保留挤压高度，形成一个桶状的环带模型，如图 4-49 所示。

（3）观察完毕，再次启用"起点封盖"和"终点封盖"选项。

图 4-49

在"属性"管理器最下端可以对封盖的网格结构进行设置，这一块功能非常重要，初学者一定要注意学习和掌握。挤压模型的封盖网格结构可以设置为不同的样式，具体选择哪种样式取决于下一步对模型的操作需求。如果下一步挤压模型还需要进行细分曲面操作或动画扭曲操作，就必须认真处理封盖网格结构，否则后期工作无法正常进行。

在"属性"管理器下端，调整"封盖类型"选项栏可以对封盖的网格结构进行设置。

"封盖类型"选项栏共包含 5 种封盖类型，前 3 种分别是"三角面""四边面"和"N-gon"类型。这 3 种类型代表 3 种网格面，根据选择类型，封盖会产生对应的网格分布，如图 4-50 所示。

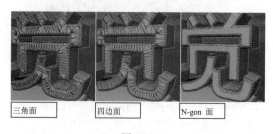

三角面　　　四边面　　　N-gon 面

图 4-50

提示

在 C4D 中，边数超过 4 个的面称为 N-gon 面，默认"挤压"生成器以 N-gon 面设置封盖的网格结构，该类型的面会产生平整的模型表面，缺点是模型在进行细分曲面操作和扭曲动画控制时，封盖处会产生不自然的变形。

"封盖类型"选项栏下还有"Delaunay"和"常规网格"两个选项，都可以对封盖的网格分段进行设置。

选择"Delaunay"选项，封盖网格会以三角刨分算法，生成四周细密、中心松散的网格分段。这种分段适合制作中心微微向外鼓起的圆润效果，如图 4-51 所示。

选择"常规网格"选项，封盖网格会以三角面或四边形面均匀进行分段。该选项是工作中常用的选项，如图 4-51 所示。

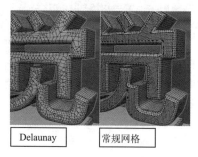

Delaunay　　　常规网格

图 4-51

选择"Delaunay"选项后，单击选项左侧的面板展开按钮，在展开的设置面板内可以对网格密度进行设置。

"常规网格"选项也有展开面板，在展开面板中选择"四边面优先"选项，网格结构将以四边面分布，设置"尺寸"参数可以控制网格分段的间距，如图 4-52 所示。

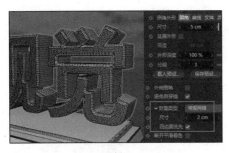

图4-52

3. 设置倒角

"挤压"生成器可以对模型设置丰富的倒角，而且设置方法灵活多样。启用"独立斜角控制"选项，其下端的"两者均倒角"卷展栏将会分为"起点倒角"和"终点倒角"两组卷展栏。此时可以为挤压模型在"起点封盖"和"终点封盖"两个模型面设置不同的倒角效果。默认状态下，该选项是不启用的，也就是前后两个倒角样式是相同的。在"两者均倒角"卷展栏可以对挤压模型的倒角外观进行设置。

（1）将"尺寸"参数设置为5 cm，此时模型四周会产生5 cm宽度的倒角。同时，模型前后的封盖将向外各延展5 cm。

（2）如果对封盖向外延展的距离有要求，可以启用"延展外形"选项。此时可以通过该选项下端的"高度"参数控制倒角向外延展的距离。

（3）"高度"参数可以设置为正数，也可以设置为负数。如果是负数，倒角将向内进行延展，如图4-53所示。观察完毕后，关闭"延展外形"选项。

图4-53

（4）设置"外形深度"参数可以对倒角向外鼓起的圆滑度进行控制。如果设置默认值是100%，此时倒角向外鼓起；如果设置默认值为-100%，倒角将向内凹陷。

（5）设置"分段"参数可以控制倒角转折的分段数量，分段越细密，倒角的转折就越平滑。

在"倒角外形"选项组中可以设置倒角外形的控制方法，默认选择"圆角"选项。选择"曲线"选项，C4D将会以曲线的转折形态控制倒角的

外观。选择"实体"选项，倒角不会产生平滑转折，只是增加细分分段。选择"步幅"选项，将会产生台阶状的倒角。

（1）在"倒角外形"选项组中选择"曲线"选项，此时设置面板中会出现曲线设置窗口。

（2）按住键盘上的<Ctrl>键，在曲线上单击即可创建控制顶点，调整顶点的位置可以改变曲线的形态，此时倒角的形态也会随曲线产生变化，如图4-54所示。

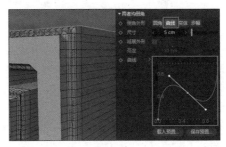

图4-54

（3）单击曲线设置窗口下端的"载入预置"按钮，可以载入更多的曲线样式，从而使倒角的形态产生更丰富的变化。此时应注意，倒角形态变化丰富时，要配以足够的分段数量。这样才能够使倒角的转折效果呈现出来。

（4）在"倒角外形"选项组中选择"步幅"选项，此时倒角可以以台阶的方式呈现，设置"分段"参数可以控制台阶的层数大家可以参照图4-55设置倒角参数，完成案例的制作。大家可以打开本书附带文件Chapter-04/立体文字完成.c4d，查看案例完成后的效果。

图4-55

4.4.2 项目案例——制作青花瓷瓶

"旋转"生成器也是通过延伸二维图形生成三维模型的。与"挤压"生成器不同，"旋转"生成器是根据指定轴方向对样条线进行旋转延伸的，这样就可以制作出柱状的三维模型。所以"旋转"生成器非常适合制作茶杯、瓷瓶等模型。下面将使用该生成器制作一个青花瓷瓶，图4-56展示了案例完成后的效果。

图 4-56

1. "旋转"生成器的工作原理

在开始案例制作之前，先来学习一下"旋转"生成器的工作原理。一般来讲，在使用"旋转"生成器创建模型之前，要创建样条线。很多初学者在该环节对绘制的图形缺少规划与安排，这会导致对样条线使用"旋转"生成器建模时，产生意料之外的结果。下面来学习正确的样条线绘制方法。

（1）创建新的项目文档，按键盘上的<F4>键，切换为正视图。在"工具栏"选择中"样条画笔"工具，准备在正视图中绘制样条线。

（2）新绘制的样条线会参考场景的"世界轴心"坐标点，而"旋转"生成器默认也会围绕"世界轴心"坐标点进行旋转操作。如果没有很好地考虑坐标轴的位置，会导致"旋转"生成器生成的模型产生错误。图4-57展示了正确和错误的样条线绘制方法。

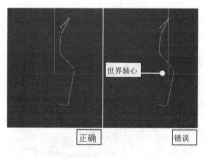

图 4-57

（3）对错误的样条线添加"旋转"生成器后，可以看到模型产生了穿插现象，如图4-58所示。

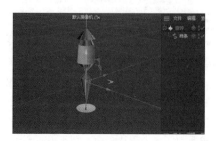

图 4-58

（4）如果出现了上述问题，解决方法也很简单。一共有两种解决方法：一种是调整样条线的顶点，另一种是调整样条线与旋转轴的距离。

①调整顶点的位置，在"对象"管理器单击"样条"对象，在"模式工具栏"单击"点"按钮。

按键盘上的<Ctrl+A>组合键，将样条顶点全选，使用"移动"工具在正视图中调整顶点的位置，参考图4-57，将顶点与"世界轴心"坐标点相匹配。

在"模式工具栏"中单击"模型"按钮，在"对象"管理器单击"旋转"生成器，此时模型的穿插问题就解决了。

有很多初学者肯定会问，如果不调整顶点的位置，重新定义样条线的坐标位置是否可行？这当然也是可以的，但是在建模时，一般最好将坐标位置定在"世界轴心"坐标点上，这样便于之后的操作。下面我们来看第二种方法。

②调整样条线与旋转轴的距离。在"对象"管理器中选择"样条"对象，直接在正视图中沿x轴对其位置进行调整，使样条线与"旋转"生成器的旋转轴匹配。

总结一下，在建立模型前，一定要对图形的位置比例进行规划，充分考虑旋转轴的位置。这样才能避免后期产生不必要的修改。

2. 正确设置参考图片

在使用样条线建模时，一般会在视图背景中设置一个图片，参考图片使用样条线工具进行描摹，这样绘图工作会比较快捷高效。在我们明白旋转轴相关问题后，在设置参考图片时，也要合理摆放图片。

（1）打开本书附带文件Chapter-04/瓷瓶.png。将其直接拖动至C4D的前视图中，将该图片设置为视图背景。

（2）在"属性"管理器菜单中执行"模式"→"视图设置"命令，然后选择"背景"选项，打开"背景"设置面板。

（3）根据场景的比例调整图片的图幅，绘制前一定要记得调整，否则可能导致绘制的样条线比例不符合要求。

（4）注意观察正视图右下角的"网格间距：50 cm"参数，该参数标明当前场景中每个网格的间距是50 cm，而一个瓷瓶的高度一般也就50 cm。

（5）现在的瓷瓶图片跨过了将近20个网格，参考这个图片将绘制出一个高度为10 m的巨型瓷瓶的轮廓线，所以这肯定是不合理的。

（6）参考图4-59对背景图片的尺寸进行缩小，使瓷瓶的尺寸接近生活中正常的水平。

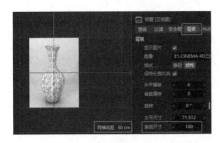

图 4-59

（7）设置图片的显示比例后，接下来还要将图片与旋转轴进行对齐。也就是将图片中瓷瓶的中轴线，与场景中的"世界轴心"坐标点进行对齐。避免图形在绘制完成后，进行旋转操作时产生错误。

将"水平偏移"参数设置为2，此时瓷瓶的中轴线就与"世界轴心"坐标点对齐了。如果觉得在C4D中设置非常麻烦，可以在Photoshop中将瓷瓶的中轴线与图片的中轴线对齐，图片在导入C4D时会自动对齐"世界轴心"坐标点。

（8）设置完图片的尺寸和位置后，把图片的透明度设置一下，使其透明显示，这样可以降低图片纹理对绘图的干扰。设置"透明"参数可以调整图片的透明度，大家可根据具体需求调节。

3. 创建瓷瓶

参考图片设置完毕后，接下来的绘制工作就非常轻松了。

（1）选择"样条画笔"工具，在正视图中创建基础图形，然后在样条工具面板选择"平滑样条"工具，对样条线做平滑处理。这样可以快速绘制出瓷瓶的轮廓线，如图4-60所示。

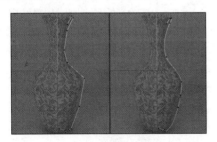

图 4-60

> **技巧**
>
> 使用"平滑样条"工具进行操作时，可以把"强度"参数调小，这样可以较为柔和地进行修改。

（2）在"模式工具栏"中单击"模型"按钮，切换到"模型"编辑模式。在样条生成器面板中单击"旋转"生成器按钮，为样条线添加生成器。

（3）在"属性"管理器中可以对"旋转"生成器的参数进行设置。该生成器的参数含义还是非常简洁明了的。

（4）设置"角度"参数可以控制旋转操作的旋转角度，默认值是360°。用户也可以根据需要设置特定的角度，这时会形成一个开放的柱体模型。

（5）设置"细分"参数可以控制模型在旋转时产生的分段。

（6）设置"移动"参数可以向上移动旋转挤压图形；设置"比例"参数可以缩放挤压图形。利用这两个参数可以快速制作出一个类似海螺的模型，图4-61是利用开放半圆样条线制作出的海螺模型，大家也可以尝试一下。

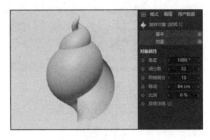

图 4-61

"旋转"生成器也可以对生成的模型设置封盖和倒角。在"属性"管理器中单击"封盖"按钮，打开"封盖"设置面板，可以看到其中的选项与"挤压"生成器完全相同。此处就不再赘述了。使用"旋转"生成器生成瓷瓶模型后，本案例就制作完成了。大家可以打开本书附带文件Chapter-04/青花瓷瓶.c4d，查看案例完成后的效果。

4.5 课时14：使用多个样条图形建模

上一课学习的生成器是由单个样条图形创建模型，本课将介绍使用多个样条图形组合建模的方法。使用"放样"和"扫描"生成器可以根据多个样条图形生成模型。由于参与建模的图形增多，模型的外观也会产生更多变化。下面开始本课的学习。

学习指导

本课内容重要性为【必修课】。

本课的学习时间为40~50分钟。

本课的知识点是掌握"放样"和"扫描"生成器的使用方法。

课前预习

扫描二维码观看视频，对本课知识进行学习和演练。

4.5.1 项目案例——制作蘑菇森林插图

"放样"生成器可以连接多个样条图形，利用样条图形的形状来定义放样图形的截面形状。下面通过案例来学习"放样"生成器的使用方法。图4-62展示了案例完成后的效果。场景中的蘑菇模型就是使用"放样"生成器制作的。

图4-62

1. "放样"生成器的工作原理

案例开始前，需要先学习一下"放样"生成器的工作原理，以及在操作过程中可能出现的问题。

（1）新建一个项目文档。按键盘上的<F2>键，切换为顶视图。

（2）在样条工具面板中，依次单击"圆形"和"星形"按钮，在视图中创建图形。

> **提示**
> 在顶视图创建图形的目的是让新创建的图形沿 x 轴和 z 轴摆放。

（3）按键盘上的<F1>键，切换为透视视图，选择"星形"样条图形，在"坐标"管理器的位置参数栏中，设置 y 轴参数为400 cm，如图4-63所示。

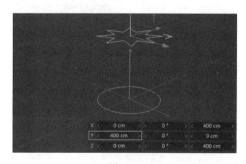

图4-63

（4）在样条生成器面板中单击"放样"生成器按钮，添加生成器。

（5）在"属性"管理器中拖动"圆形"和"星形"对象至"放样"生成器下端，使其成为生成器的子对象，"放样"生成器添加完毕。此时"放样"生成器利用样条图形生成了三维模型。模型的横剖面逐步由星形过渡为圆形，如图4-64所示。

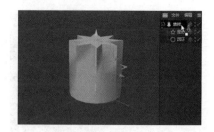

图4-64

前面在讲解样条工具时，提到样条线是具有方向性的，排在第一个位置的顶点被称为首顶点。在放样操作中，样条线的首顶点对放样结果起着重要的作用。放样图形是按照首顶点的位置进行对齐的。下面来看一下首顶点对放样操作的影响。

（1）在"属性"管理器中单击"放样"生成器右侧的钩，将其隐藏。然后在管理器中选择"星形"对象。

（2）按键盘上的<C>键，对"星形"对象执行塌陷操作。在"模式工具栏"中单击"点"按钮，进入"点"编辑模式。此时可以看到表示样条方向的渐变色，如图4-65所示。

图4-65

（3）封闭图形的开始顶点同时也是结束顶点。处在白色与蓝色相交位置的顶点就是首顶点。选择首顶点对侧的顶点，然后在视图空白处右击，在快捷菜单中执行"点顺序"→"设置起点"命令，将选择的顶点设置为首顶点。

（4）在"属性"管理器中单击"放样"生成器右侧的叉，将生成器显示出来。此时可以看到，模型的中部发生了变形，如图4-66所示。

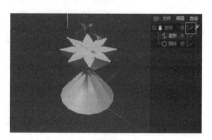

图4-66

在使用"放样"生成器时，经常会出现这个问题。原因是样条线的首顶点有偏差。解决办法也很

Cinema 4D 三维艺术与设计 50课（慕课版）

简单，就是在"点"编辑模式下，检查首顶点的位置，然后将正确位置的顶点设置为首顶点。

2. 放样图形的排列顺序

在"放样"生成器中，子对象的排列顺序会影响放样操作的结果。下面通过具体操作来了解该知识点。

（1）按键盘上的<Ctrl+Z>组合键，将星形图形还原至修改首顶点之前，在"模式工具栏"单击"模型"按钮，切换到"模型"编辑模式。

（2）按住键盘上的<Crtl>键，使用"移动"工具沿 y 轴向上移动复制星形图形，此时放样模型的表面产生了穿插问题，如图4-67所示。

图4-67

（3）出现这种问题的原因是，放样图形的排列顺序有误。"放样"生成器是按照子对象的排列顺序，由上至下依次进行放样连接的。当前"星形"对象先放样连接了下端的"圆形"对象，接着又放样连接了上端的"星形1"对象，使得模型面在模型内部产生了折叠，所以就产生了该问题。如果希望"星形1"对象先连接"星形"对象，再连接"圆形"对象，那么按上述顺序调整"放样"生成器子对象的顺序即可，如图4-68所示。

图4-68

综上所述，大家应该能够看出放样图形的排列顺序对放样结果产生的直接影响。在使用"放样"生成器建立模型前，应先对模型进行结构设计，然后按顺序添加放样图形。

3. 制作蘑菇模型

在了解"放样"生成器的工作原理后，接下来使用该生成器制作一个蘑菇模型，同时也对放样操作的设置参数进行学习。

（1）新建一个项目文档，按键盘上的<F2>键，切换视图为顶视图。在样条工具面板单击"圆环"工具，创建圆环图形。

（2）在"属性"管理器中将圆环图形的"半径"参数设置为50 cm。按键盘上的<F1>键，切换为透视视图。

（3）按住键盘上的<Alt>键，在样条生成器面板单击"放样"生成器按钮，为圆环添加生成器。

（4）此时由于只有一个图形，所以放样操作建立了一个面片模型，如图4-69所示。

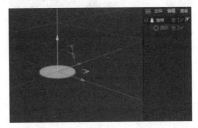

图4-69

（5）使用复制的方式添加放样图形。在"对象"管理器中选择"圆环"对象，按住键盘上的<Ctrl>键，使用"移动"工具沿 y 轴将圆环向上移动，复制出第二个放样图形。

（6）再次沿 y 轴复制出两个圆环图形。在"对象"管理器中可以看到，新复制得到的圆环对象会出现在"放样"生成器的子对象中，如图4-70所示。

图4-70

（7）因为放样图形都是尺寸相同的圆环，所以放样对象看起来像个圆柱体。下面对圆环图形的尺寸进行设置。为了便于查看和选择对象，需要先将"放样"生成器隐藏。在"属性"管理器中单击"放样"生成器右侧的钩，将其隐藏。参考图4-71对4个圆环图形的尺寸和位置进行调整。

图4-71

（8）在"属性"管理器中单击"放样"生成器右侧的叉，将其显示。此时蘑菇的菌柄就制作好了。

（9）重复上述操作，复制出4个圆环图形，并对它们的尺寸和位置进行调整，制作出蘑菇的菌盖，如图4-72所示。

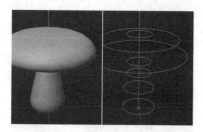

图4-72

（10）选择蘑菇模型上端的3个放样图形，在"坐标"管理器的旋转设置栏内设置y轴参数为10°，为蘑菇菌盖制作出微微倾斜的效果，如图4-73所示。

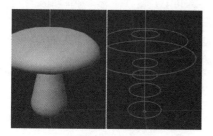

图4-73

（11）在"属性"管理器中设置"网孔细分U"和"网孔细分V"参数，增加放样模型在横向和纵向上的网格分段，如图4-74所示。

图4-74

至此，蘑菇模型就制作完毕了。大家可以打开本书附带文件Chapter-04/蘑菇森林.c4d，查看案例完成后的效果。场景中的蘑菇模型就是使用上述方法制作的。

4.5.2 项目案例——制作卡通生日贺卡

"扫描"生成器可以将一条样条线设置为路径，然后让另一条样条线沿路径进行延展，从而生成新的模型。下面通过案例来学习该生成器。图4-75展示了案例完成后的效果。

图4-75

1."扫描"生成器的工作原理

开始案例制作前，先来学习一下"扫描"生成器的工作原理。

（1）打开本书附带文件Chapter-04/火炬冰激凌.c4d。为了节省时间，场景中已经为大家准备了绘制好的样条线。

（2）在正视图中观察两个图形，将"路径"图形作为扫描路径，"星形"图形则是扫描图形。

（3）在样条工具面板中单击"扫描"生成器，接着在"对象"管理器中将"路径"和"图形"对象设置为生成器的子对象，生成扫描模型，如图4-76所示。

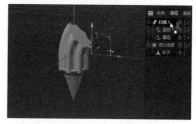

图4-76

（4）需要注意的是，"扫描"生成器子对象的排列顺序会影响模型的生成结果。子对象中上端是扫描图形，下端是扫描路径。如果子对象的排列顺序搞错了，会得到错误的扫描结果。

（5）在"属性"管理器中可以对"扫描"生成器的参数进行设置，选择"对象"选项，打开"对象属性"设置面板。

（6）设置"终点缩放"参数可以调整扫描模型结束处的缩放效果。调整"结束旋转"参数可以设置扫描模型的旋转角度，如图4-77所示。

图4-77

（7）将"终点缩放"和"结束旋转"参数恢复

至初始状态。

（8）设置"开始生长"或"结束生长"参数可以使扫描对象在开始位置逐渐消失，或在结束位置逐渐消失。调整这些参数可以设置动画，制作出植物生长的效果。

（9）在设置面板底部展开"细节"卷展栏，在卷展栏内可以通过曲线对扫描对象进行缩放等编辑操作。

（10）按住键盘上的<Ctrl>键的同时，在曲线上单击，可以创建新的顶点。参照图4-78对"缩放"曲线进行调整，使冰激凌的外观产生变化。

图4-78

（11）将"旋转"曲线的右侧端点拖动到窗口最底端，为冰激凌添加旋转扭曲效果，如图4-79所示。

图4-79

至此，冰激凌模型就制作完成了。该模型的上半部分也是本课案例"卡通生日贺片"中第二层蛋糕上的奶油卷。

2. 建立双轨扫描

"扫描"生成器里可以添加两条扫描路径。扫描图形会参考两条扫描路径的形状和位置，生成外形变化更为丰富的模型。

（1）打开本书附带文件Chapter-04/牛奶壶.c4d。为了节省时间，场景中已经为大家准备了模型和样条线。

（2）在"扫描"管理器中选择"路径2"对象，将其拖动至"路径1"对象的下端。当出现左箭头时松开鼠标左键，为扫描对象添加第二条路径，如图4-80所示。

图4-80

（3）当前"路径1"图形控制圆柱体的轴心，"路径2"图形影响模型的侧面造型。在视图中移动"路径2"对象的位置，模型的宽度也会变化。

（4）在"对象"管理器中选择"扫描"生成器，在"属性"管理器中打开"对象属性"设置面板。

（5）在面板中有3个选项与双轨扫描相关，分别是"使用围栏方向""使用围栏比例"以及"双轨扫描"选项。

（6）启用"使用围栏方向"选项后，扫描图形会按照第二条路径的形状产生方向上的匹配。关闭该选项后，模型的扭曲网格将消失。

（7）启用"使用围栏比例"选项后，模型的侧面造型会尽量贴合路径形状。此时模型看起来像一个花瓶，如图4-81所示。

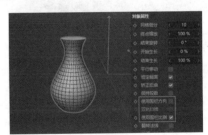

图4-81

（8）当"使用围栏方向"和"使用围栏比例"选项都不启用时，将取消双轨扫描功能，即便添加两条路径，模型也只按路径1进行扫描。

（9）在启用"双轨扫描"选项后，扫描图形会在两条路径之间进行扫描；关闭该选项后，路径1会成为扫描轴心，路径2影响模型侧面造型，如图4-82所示。

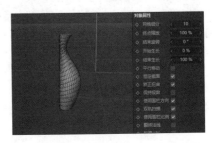

图4-82

3.扫描图形的坐标朝向

"扫描"生成器是按照z轴方向对扫描图形进行延展的，所以应该以x轴和y轴所在平面建立扫描图形，也就是以正视图为平面创建扫描图形。如果以其他轴所在平面建立图形，在进行扫描操作时，图形的z轴会和扫描方向发生冲突，从而产生错误的扫描结果。

4.制作贺卡

学习"扫描"生成器的使用方法后，接下来开始制作案例。打开本书附带文件Chapter-04/生日贺卡.c4d。整个场景看起来非常复杂，但是模型的制作方法是非常简单的。大部分模型都是使用样条生成器命令制作的。图4-83标注了各个模型使用的生成器。

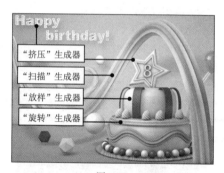

图4-83

大家可以在场景中选择目标对象，然后在"对象"管理器中查看模型所添加的生成器，从而分析模型的建立方法。由于该案例的制作方法非常简单，此处就不展开叙述了，大家可以参考案例文件自行完成。同时，大家可以将本案例作为样条生成器的综合训练，对前面的知识进行练习与巩固。

4.6 课时15：如何使用生成器生成样条图形？

在样条图形生成器中，"样条布尔"和"矢量化"生成器可以帮助用户生成样条图形。"样条布尔"生成器可以对样条图形进行相加、相减和相交的布尔运算。而"矢量化"生成器可以根据位图图片的纹理生成样条图形。在工作中，这两个生成器都有重要的作用。下面开始本课的学习。

学习指导

本课内容重要性为【必修课】。

本课的学习时间为30～40分钟。

本课的知识点是掌握"样条布尔"和"矢量化"生成器的使用方法。

课前预习

扫描二维码观看视频，对本课知识进行学习和演练。

4.6.1 项目案例——制作文字生长动画

"样条布尔"生成器可以对多个样条图形进行布尔运算操作，将图形相加、相减，以及相交后生成新的图形。此时初学者一定会问，为什么样条工具面板中已经有布尔运算命令了，还要再设置一个生成器？

虽然使用"样条布尔"生成器和样条布尔命令对图形进行操作得到的结果是相同的，但是两者在工作中的用途是有区别的。样条布尔命令执行后可以快速得到一个新的图形，但是布尔运算的过程是无法保留的。"样条布尔"生成器可以保留布尔运算的过程，并且可以把这个过程设置为动画。本小节将使用"样条布尔"生成器制作文字生长动画。图4-84展示了案例完成后的效果。

图4-84

1.应用"样条布尔"生成器

开始制作案例前，先来学习"样条布尔"生成器的使用方法。

（1）打开本书附带文件Chapter-04/文字动画.c4d。为了节省时间，在场景中已经准备好了样条图形。

（2）按键盘上的<F4>键，切换为正视图。在样条生成器面板单击"样条布尔"生成器按钮，添加生成器。

（3）在"对象"管理器中，将"矩形"和"文本"对象拖动至"样条布尔"生成器下端，使其成为生成器的子对象，为其添加生成器，如图4-85所示。

图4-85

（4）在"对象"管理器中选择"样条布尔"生成器，接着在"属性"管理器对生成器的参数进行设置。

（5）"样条布尔"生成器的参数非常简单，主要就是对布尔运算方式和图形的轴向进行设置。在"模式"选项栏内可以设置布尔运算的运算方式。其中包含6个选项，这些选项和样条工具面板中布尔命令的使用方法完全相同，此处就不再一一讲述。

（6）"样条布尔"生成器根据子对象的排列顺序来定义A对象和B对象，从而匹配布尔运算的逻辑。生成器将上端的对象定义为B对象，将下端的对象定义为A对象。

（7）在"模式"选项栏内选择"B减A"选项，可以看到"文字"图形被"矩形"图形修剪，如图4-86所示。

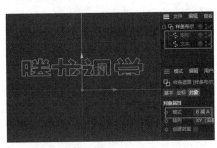

图4-86

（8）在"轴向"选项栏中可以设置布尔运算图形时参考的视图轴向，在C4D中一般是在正视图绘制样条图形，所以"样条布尔"生成器将"XY（沿着Z）"选项设为默认选择项。该选项的含义是将x轴和y轴构成的平面摆放的图形沿着z轴进行布尔运算。如果在其他视图创建了图形，则根据图形所在的轴，在"轴向"选项中进行设置。

（9）启用"创建封盖"选项后，进行布尔运算后的图形会转变为面片。一般不启用该选项，启用该选项后创建的模型的网格结构非常混乱。

2. 将布尔运算生成动画

"样条布尔"生成器最大的优点就是可以保留布尔运算的过程，随时可以对布尔运算的方式进行修改。另外，布尔运算的过程可以被设置为动画。

（1）在"对象"管理器中选择"矩形"对象，然后在"属性"管理器中单击"坐标"按钮，打开"坐标"设置面板，在位置参数组中将y轴参数设置为0 cm。

（2）此时矩形图形将文字图形完全修剪，视图中看起来像是没有任何内容，如图4-87所示。

图4-87

（3）确认"时间滑块"处于第0帧位置，在"坐标"设置面板的位置参数组中，单击y轴参数左侧的动画设置按钮，使其变为红色，在第0帧创建关键帧，如图4-88所示。

图4-88

（4）将"时间滑块"拖动至第30帧位置，设置y轴参数为220 cm，然后单击左侧动画设置按钮，使其变为红色，在第30帧创建关键帧。

（5）在"对象"管理器中选择"样条布尔"生成器，按住键盘上的<Alt>键，在样条生成器面板单击"挤压"生成器按钮，将布尔图形生成三维模型。

（6）按键盘上的<F1>键，切换为透视视图。单击"向前播放"按钮播放动画，查看文字动画效果。

此时文字动画就制作完成了。打开本书附带文件Chapter-04/文字动画完成.c4d，可以查看案例完成后的效果。附带文件中的动画比当前制作的动画要稍复杂些，但方法是完全一致的，都是通过记录布尔运算过程来制作的。关于动画设置的相关知识，本书将在后面详细讲述。

4.6.2 项目案例——制作卡通古建筑

使用"矢量化"生成器可以根据位图中的纹理生成样条图形，这大幅提升了绘图工作的效率。下面通过案例对该生成器进行学习。图4-89展示了案例完成后的效果。

图4-89

1. 添加"矢量化"生成器

"矢量化"生成器的添加和设置方式都是非常简洁的。

（1）创建一个新的项目文档，在样条生成器面板单击"矢量化"生成器按钮，添加生成器。

（2）在"属性"管理器中可以对生成器参数进行设置，单击"纹理"选项右侧的功能按钮，此时会弹出"打开文件"对话框。

（3）打开本书附带文件Chapter-04/古塔.png。此时"矢量化"生成器会根据导入的图片纹理生成矢量图形，如图4-90所示。

图 4-90

（4）设置"宽度"参数可以调整样条图形的宽度，调整样条图形的尺寸。

（5）设置"公差"参数可以调整位图描摹的精确性。"公差"参数的值越大，生成的样条图形就越圆润，同时图形中的很多细节将会消失。参数的值越小，生成的样条图形就越精确，但是样条线会产生锯齿，如图4-91所示。

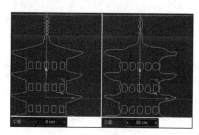

图 4-91

（6）将"公差"参数设置为0 cm。在"平面"选项中可以设置样条图形的坐标朝向。启用"反转"选项，样条线的方向会产生反转。

（7）按键盘上的<C>键，将"矢量化"生成器塌陷为样条图形。在"模式工具栏"中单击"点"按钮，进入"点"编辑模式。

（8）选择"实时选择"工具，将样条图形四周的方框顶点选择，按键盘上的<Delete>键将顶点删除。

（9）按住键盘上的<Alt>键，在样条生成器面板中单击"挤压"生成器按钮，使样条图形生成三维模型。

至此，案例已经制作完成了。打开本书附带文件Chapter-04/卡通古建筑.c4d，可以查看案例完成后的效果。场景中的古塔模型就是使用上述方法制作的。整个场景的模型非常丰富，但是制作方法都非常简单，都是通过对样条图形执行挤压操作生成的。

2. "矢量化"生成器的使用技巧

在使用"矢量化"生成器生成样条图形时，导入图片的质量是关键。如果导入的位图图片本身有问题，那么生成器将无法正确描摹纹理。导入的位图需要符合以下3点要求。

（1）尽量使用黑白两色来标示图案的轮廓。如果图片中有灰色或其他颜色，生成器将无法准确判断轮廓。

（2）图片的尺寸要尽量大，分辨率要足够高。小尺寸、低质量的图片会导致生成器无法准确判断轮廓。

（3）"矢量化"生成器无法识别图片的透明区域。图片中的透明区域在看图软件中会显示为白色。

当图片看起来正常，但生成器无法生成样条图形时，应该检查上述问题。

4.7　总结与习题

本章结合实际工作对C4D的生成器做了详细讲解。

生成器分为两组，分别为模型生成器和样条生成器。模型生成器可以对三维模型进行编辑、复制、变形等操作；而样条生成器则可以将样条图形生成三维模型。生成器是设计工作中非常重要的功能模块，尤其是样条生成器命令，这些命令是将二维图形生成三维模型的关键。大家一定要明白其工作原理，并能够熟练进行操作。

习题：使用生成器建立模型

使用本章介绍的样条生成器命令，精确地创建各类模型。

习题提示

在使用样条生成器进行建模时，一定要注意参数设置，确保模型的网格面的数量合理。

建立模型后，可以使用变形器对模型的外形进行修改，使模型产生更为丰富的变形效果，如弯曲、扭曲等。利用变形器进行建模具有快捷、准确的优点。变形器包含的种类丰富，有些变形器是配合建模操作使用的，而有些变形器则是用来设置动画效果的。本章将重点介绍与建模操作相关的变形器。

5.1 课时 16: 如何利用变形器调整模型?

本课将学习一些简单、基础的变形器，包括"弯曲""膨胀""斜切""锥化"和"扭曲"等变形器。这些变形器使用简单，效果明显，在日常工作中较常用。将这些变形器应用于参数化模型，可以快速搭建出丰富的场景。本课将学习这些变形器的使用方法，并利用这些变形器制作可爱的卡通小岛模型。

学习指导

本课内容重要性为【必修课】。

本课的学习时间为 40~50 分钟。

本课的知识点是理解变形器的工作原理，掌握基础变形器的使用方法。

课前预习

扫描二维码观看视频，对本课知识进行学习和演练。

5.1.1 变形器的工作原理

变形器命令都被集中放置在变形器面板中。在"工具栏"中长按"弯曲"变形器按钮，会展开变形器面板。在面板中可以看到所有变形器命令。变形器图标都是紫色的，对模型应用变形器时，需要将变形器设置为模型的子对象。因此，在开始使用之前，先学习变形器的一些基本工作原理。

1. 添加变形器

添加变形器的方法非常灵活，下面通过具体操作进行讲述。

（1）打开本书附带文件 Chapter-05/ 小

草.c4d。场景中准备了一个"金字塔"模型。

（2）在"工具栏"中单击"弯曲"变形器按钮，添加变形器。此时变形器与模型之间还没有任何关联。

（3）在"对象"管理器中将"弯曲"变形器拖动至"金字塔"对象的下端，使其成为子对象。这样就为模型添加了变形器，如图5-1所示。

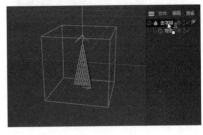

图 5-1

（4）此时模型外侧有一个紫色的变形框，在"属性"管理器单击"匹配到父级"按钮，变形框将会与模型的外形进行匹配。

除了上述方法，还可以配合快捷键，快速为模型添加变形器。

（1）在"对象"管理器中选择"弯曲"变形器，按键盘上的<Delete>键将其删除，然后选择"金字塔"模型。

（2）按住键盘上的<Shift>键，在"工具栏"中单击"弯曲"变形器，为模型添加变形器。

（3）在"对象"管理器中可以看到，变形器直接成了模型的子对象，并且模型外侧的变形框也自动进行了匹配，如图5-2所示。

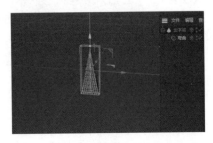

图 5-2

除了设置父子层级关系以添加变形器外，还可以为变形器和模型建立一个分组，组内所有模型都会受到变形器的影响。

2. 变形框的作用

添加变形器后，模型的外侧有一个紫色的变形框。变形框会展现模型的变形状态。同时变形框的体积、位置和形态会对模型产生不同的影响。

（1）在"对象"管理器中选择"弯曲"变形器，在"属性"管理器中将"强度"参数设置为90°。此时模型将会产生弯曲变化。

（2）选择"移动"工具，在视图中沿x轴对变形框进行移动，变形框的位置变化会直接影响模型的弯曲效果，如图5-3所示。

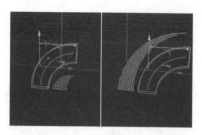

图 5-3

（3）使用"缩放"工具对变形框的尺寸进行调整。随着变形框体积的变化，模型也会产生相应的变化，如图5-4所示。

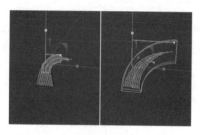

图 5-4

（4）通过上述操作，可以看出变形框的体积、位置和形态会对模型产生直接影响。在"属性"管理器中单击"匹配到父级"按钮，将变形框恢复至初始状态。

3. 添加多个变形器

在C4D中，模型可以添加多个变形器，变形器之间相互作用，使模型产生更为灵活的变化。添加的变形器按排列顺序，由上至下对模型进行影响。

（1）在"工具栏"中长按"弯曲"变形器按钮，展开变形器面板，在面板内单击"扭曲"变形器按钮。

（2）在"对象"管理器中将"扭曲"变形器拖动至"弯曲"变形器下端，当出现向左的横向箭头时松开鼠标左键，此时模型就添加了两个变形器。

（3）在"属性"管理器中将"扭曲"变形器的"角度"参数设置为180°，可以看到模型在弯

曲变形后，又产生了180°的扭曲变形，如图5-5所示。

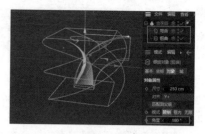

图 5-5

（4）软件是按变形器在"对象"管理器中的顺序，由上至下对模型进行变形的。现在可以试着将"扭曲"变形器调整至"弯曲"变形器的上端。此时模型会先进行扭曲变形然后再进行弯曲变形，如图5-6所示。

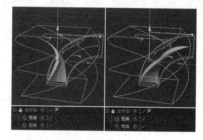

图 5-6

初学者在编辑一些复杂的模型时，如果用到了多个变形器，一定要注意变形器的工作顺序。顺序不同，模型的外形会产生非常大的差别。

将场景中的"金字塔"模型复制两份，然后分别设置不同的弯曲和扭曲力度，制作出小草模型。

5.1.2 项目案例——制作卡通小岛场景

学习变形器的工作原理后，接下来将带领大家使用基础变形器制作卡通小岛场景。图5-7展示了案例完成后的效果。场景中的模型看似复杂，其实都是使用参数化模型并配合基础变形器生成的。

图 5-7

1. "弯曲"变形器

"弯曲"变形器可以对模型进行弯曲变形。下面通过操作进行学习。

（1）新建一个项目文档，接着在模型工具面板中单击"圆柱体"按钮，在场景中建立圆柱体模型。

（2）在"属性"管理器中对圆柱体模型的参数进行设置，如图5-8所示。

图 5-8

（3）按住键盘上的<Shift>键，在工具栏单击"弯曲"变形器，为圆柱体模型添加变形器。

（4）在"属性"管理器中可以设置"弯曲"变形器的各项参数。该变形器的使用方法非常简单。

（5）在"尺寸"参数栏中可以设置变形器在x、y、z 3个轴方向的尺寸，目前变形器的尺寸与圆柱体匹配。

（6）在"对齐"选项栏中可以设置变形器的弯曲方向，变形器默认沿y轴弯曲变化。如果选择x轴或z轴，弯曲方向会发生变化。轴后面的"+"和"–"两个符号用于标明弯曲的正方向和反方向。

注意

在"对齐"选项栏修改弯曲方向后，需要单击"匹配到父级"按钮，重新匹配变形框后，变形器的方向才能改变。

（7）"弯曲"变形器有3种模式，分别是"限制""框内"和"无限"，在"模式"选项中可以设置。为了看出3种模式的区别，需要对变形器的参数做出修改。

（8）参照图5-9所示，对"弯曲"变形器的"尺寸"和"强度"参数进行设置。

图 5-9

（9）默认情况下"弯曲"变形器以"限制"模式进行弯曲变形。模型根据变形框弯曲后，变形框以外的区域自然向外延展。

（10）在"模式"选项组中选择"框内"选项，此时模型处于变形框的区域会发生弯曲变形，其他区域保持不变，如图5-10（左）所示。

（11）在"模式"选项组中选择"无限"选项，变形框对模型的弯曲力度会无限向外延展，处于变形框以外的区域也会发生弯曲变形，如图5-10（右）所示。

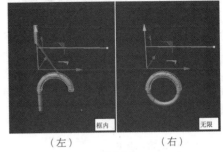

（左）　　　　（右）

图 5-10

（12）设置"强度"和"角度"参数可以调整弯曲变形的力度和角度。

（13）模型在弯曲过程中会产生拉伸形变，选择面板最下端的"保持长度"选项，此时模型会严格按自身长度进行弯曲。

（14）参照图5-11对"弯曲"变形器的参数进行设置，完成椅子腿模型的制作。

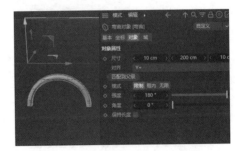

图 5-11

（15）重复上述的建模方法，再次创建一个弯曲的圆柱体模型，制作长椅的靠背模型，将椅子腿和靠背模型复制，完成长椅支架的制作，如图5-12所示。

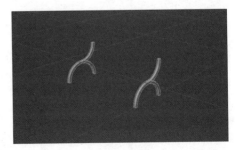

图 5-12

（16）在场景中创建立方体模型，并将其搭建在支架模型上端，完成长椅的制作，如图5-13所示。此时小岛模型组中的椅子就制作好了。

图 5-13

2. "膨胀"与"锥化"变形器

学习"弯曲"变形器后，再学习其他基础变形器就变得简单了。因为它们的工作原理非常相似。下面使用"膨胀"与"锥化"变形器制作卡通小树。

（1）新建一个项目文档，在模型工具面板单击"球体"按钮，创建球体模型。

（2）在"属性"管理器中将球体模型的分段设置为50，较高的分段数有利于模型的变形。

（3）按住键盘上的<Shift>键，在变形器面板中单击"锥化"变形器按钮，为模型添加变形器。

（4）在"属性"管理器中可以对"锥化"变形器的参数进行设置。我们可以看到很多参数、选项和"弯曲"变形器是相同的。

（5）将"强度"参数设置为60%，此时球体模型上端产生了锥化变形，如图5-14所示。

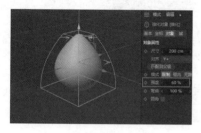

图 5-14

（6）设置"弯曲"参数可以调整锥化变形时模型侧面的弯曲力度。启用"圆角"选项后，锥化弯曲的形态会变为S形，如图5-15所示。此时卡通小树的树冠就制作好了。

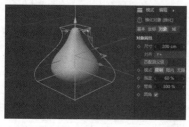

图 5-15

（7）在模型工具面板中单击"圆柱体"按钮，在场景中创建圆柱体模型。在"属性"管理器中将其高度分段设置为50。

（8）按住键盘上的<Shift>键，在变形器面板中单击"锥化"变形器按钮，为圆柱体添加变形器，参照图5-16所示，在"属性"管理器中设置变形器参数。

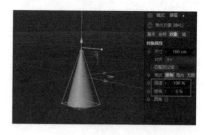

图 5-16

（9）在"对象"管理器中选择"圆柱体"对象，按住键盘上的<Shift>键，在变形器面板中单击"膨胀"变形器按钮，为模型添加第二个变形器。

（10）"属性"管理器陈列了"膨胀"变形器的各项参数，设置"强度"参数可以调整膨胀变形的程度。设置参数为正数则模型向外膨胀，参数为负数则向内膨胀。

（11）设置"弯曲"参数可以调整膨胀变形的弯曲程度，如图5-17所示。设置为0%将不产生弯曲，当参数大于100%时，膨胀弯曲将变为M型弯曲。此时卡通小树的树干就制作好了，调整球体模型和圆柱体模型的位置，组合出小树模型。

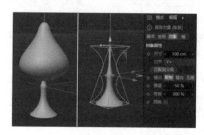

图 5-17

3. "扭曲"和"斜切"变形器

"扭曲"变形器可以让模型产生螺旋状的扭曲变形。"斜切"变形器可以让模型向一侧产生斜切变形。下面通过操作对两个变形器进行学习。

（1）打开本书附带文件 Chapter-05/绳子.c4d。为了节省时间，场景中已经准备了4个圆柱体模型，并对其进行了分组。

（2）在之前的操作中，都是对单个模型添加变形器，下面对多个模型添加同一变形器。在变形器面板中单击"扭曲"变形器，在场景中添加变形器。在"对象"管理器中拖动"扭曲"变形器至"绳子"对象组内，使其成为"绳子"对象组的子对象。此时变形器可以同时影响对象组内的所有模型。

（3）在"属性"管理器中设置"强度"参数为

1 200％，组内的4个圆柱体同时产生扭曲变形，如图5-18所示。

图 5-18

（4）仔细观察模型的两端，可以看到模型的两端没有发生扭曲变形，这是因为变形框没有完全覆盖模型。

（5）单击"匹配到父级"按钮，"弯曲"变形器的变形框不会发生变化，因为当前变形器的父对象是空白对象，而空白对象是没有体积的。如果要调整变形框的范围，只能对"尺寸"参数进行设置。

（6）为了解决这个问题，可以将当前的"模式"选项栏设置为"无限"，这样模型没有被变形框覆盖的区域也能产生扭曲变形。

（7）使用相同的方法，在"绳子"对象组中添加"斜切"变形器，在"属性"管理器中设置"强度"参数为100％，"弯曲"参数为0％，可以看到绳子模型产生了斜切变形，如图5-19所示。

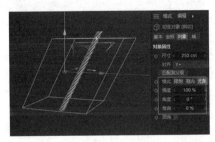

图 5-19

（8）设置"角度"参数可以更改切变变形的方向，设置"弯曲"参数可以使切变变形产生弯曲变形。

本次只制作了3组模型，卡通小岛场景中还有其他的一些模型。其制作方法都很简单，在下一节课将继续制作卡通小岛场景。

5.2 课时 17：使用特殊变形器建立模型

变形器除了可以用于制作弯曲、扭曲等变形效果，还可以用于制作特殊的外形变形效果。"风力"变形器可以让模型产生被风吹动变形的效果。"球化"变形器可以将模型变形为一个球体。"置换"变形器可以根据图片的纹理使模型产生变形效果。

本课将讲述以上这些特殊的变形器。

学习指导

本课内容重要性为【必修课】。

本课的学习时间为40～50分钟。

本课的知识点是掌握"风力""球化"和"置换"变形器的使用方法。

课前预习

扫描二维码观看视频，对本课知识进行学习和演练。

5.2.1 项目案例——制作飞舞的旗帜

使用"风力"变形器可以让模型产生被风吹动变形的效果。该变形器设置简单，表现效果生动。下面将使用该变形器制作旗帜飞舞的动画。另外，本案例还会讲解"倒角"变形器的使用方法。

1. 添加"风力"变形器

下面使用"风力"变形器使模型产生被风吹动变形的效果。

（1）打开本书附带文件Chapter-05/舞动的旗帜.c4d。为了节省时间，场景中已经为大家准备了案例所需的模型，这些模型都是参数化模型。

（2）在"对象"管理器中选择"旗帜"对象，按住键盘上的<Shift>键，在变形器面板中单击"风力"变形器按钮，为模型添加变形器。

（3）在"属性"管理器中可以对"风力"变形器的参数进行设置。设置"振幅"参数可以控制旗帜摆动的宽度，设置"尺寸"参数可以控制旗帜摆动的长度，如图5-20所示。

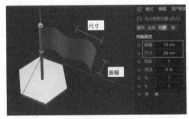

图 5-20

（4）设置"湍流"参数可以增加旗帜摆动的随机性，该参数的默认值为50％。设置"频率"参数可以让变形器产生动画，该参数的值越大旗帜摆动频率就越快。

（5）设置"fx"参数和"fy"参数可以控制旗帜摆动的幅度，增大参数值，旗帜会在横向和纵向增大摆动幅度。

（6）启用"旗"选项，此时模型会由变形器坐标轴开始产生变形，而坐标轴位置处的模型不会产生变形。

（7）在"正视图"中将"风力"变形器的坐标轴移至旗杆模型处，这样旗帜就如同绑在了旗杆上。

（8）单击"向前播放"按钮，播放动画，观察旗帜的摆动效果，如图5-21所示。

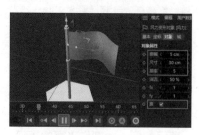

图 5-21

2."倒角"变形器

"倒角"变形器是在建模过程中常用的变形器，该变形器可以让模型的转角产生圆角效果。

（1）在"对象"管理器中选择"台阶"对象。该模型是由"圆柱体"工具建立的，因此将圆柱体的"旋转分段"参数的值减小，可以得到简易多面体。

（2）在"属性"管理器的"封顶"选项中，可以为圆柱体封盖侧边设置倒角效果，但是圆柱体立面的转角是无法设置倒角的，如图5-22所示。

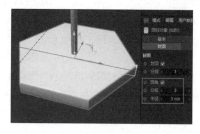

图 5-22

（3）此时就可以使用"倒角"变形器，为模型整体添加倒角变形效果。在"封顶"选项中将"圆角"选项设置为不启用状态。按住键盘上的<Shift>键，单击变形器面板的"倒角"变形器按钮，为模型添加变形器。

（4）在"属性"管理器中打开"选项"设置面板，在该面板对倒角的方式和形态进行设置。

（5）在"构成模式"选项组中可以设置倒角模式，分别可以对模型的"点""边"和"多边形"进行倒角变形，默认选择是对模型的"边"进行倒角。如果选择"点"选项，会在模型转折点产生倒角；选择"多边形"选项，会以转折多边形产生倒角。

（6）模型表面是有很多边的，并不是所有的边都需要倒角变形。"使用角度"选项可以根据"角

度阈值"参数值判断哪些边需要倒角。当模型边的夹角大于"角度阈值"参数值时才会产生倒角变形。如果未启用"使用角度"选项，那么模型的所有边都会进行倒角变形。

（7）设置"偏移"参数可以控制倒角的宽度，调整"细分"参数可以增加倒角的转折分段，如图5-23所示。

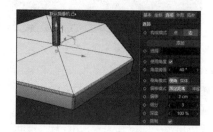

图 5-23

对模型的边添加倒角变形的方法有很多，在后面讲到高级建模知识时，还会提及相关内容。使用"倒角"变形器对模型添加倒角的优点是不会破坏模型原有的网格结构，模型随时能回到最初的状态。另外，"倒角"变形器还可以为模型倒角变形过程设置动画效果。

至此，本案例就制作完毕了。

5.2.2 项目案例——制作卡通枫树模型

"球化"变形器可以使一个或多个模型整体产生球化的变形效果。本小节将利用该变形器制作一个可爱的卡通枫树模型。

（1）打开本书附带文件Chapter-05/卡通枫树.c4d。为了节省时间，场景中已经创建好了本案例需要的参数化模型。

（2）在"工具栏"中长按"弯曲"变形器，在展开的变形器面板中单击"球化"变形器按钮，添加变形器。

（3）在"对象"管理器中将"球化"变形器拖动至"树冠"模型组中，此时变形器将会影响分组内的所有模型。

（4）在视图内移动"球化"变形器的位置，将其中心点尽量与树冠模型组的中心点对齐，如图5-24所示。

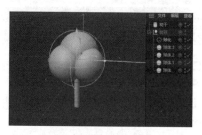

图 5-24

（5）在"属性"管理器中设置"强度"参数可以控制模型球化的程度。"强度"参数为100%时，模型将变成一个标准的球体。

（6）设置"半径"参数可以调整"球化"变形器的变形框范围。变形框的范围也会影响球化的变形效果。

（7）参照图5-25对"球化"变形器的参数进行设置，完成树冠的制作，如图5-25所示。

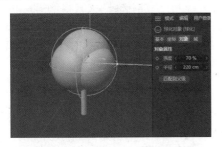

图 5-25

至此，卡通枫树模型就制作好了。

5.2.3 项目案例——制作卡通花坛模型

使用"置换"变形器可以根据位图图片使模型产生变形效果。本小节将使用该变形器制作一个卡通花坛模型。

（1）打开本书附带文件Chapter-05/卡通花坛.c4d。为了节省时间，场景创建好了本案例需要的参数化模型。

（2）在"对象"管理器中单击"地面"对象，按住键盘上的<Shift>键，在变形器面板中单击"置换"变形器按钮，为对象添加变形器。

（3）在"属性"管理器中打开"着色"设置面板，在该面板上可以为变形器添加位图。单击"着色器"选项右侧的功能按钮，此时会弹出"打开文件"对话框。

（4）打开本书附带文件Chapter-05/tex/湖心小岛-圆形山.jpg。该文件是一个黑白图片，"置换"变形器会根据图片的黑白区域对模型进行变形，白色的区域会凸起，黑色的区域会凹陷。

（5）此时会发现模型表面并没有产生变形效果，如图5-26所示。

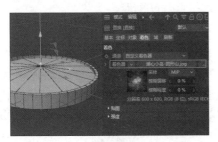

图 5-26

（6）出现上述问题的原因是，当前模型的网格分段数量不够，需要增加分段数量。在"对象"管理器中选择"地面"对象，在"属性"管理器中对"圆盘分段"和"选转分段"参数进行设置，如图5-27所示。此时地面模型产生了起伏变形。

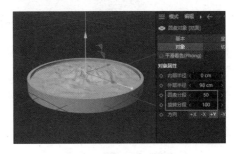

图 5-27

（7）在"对象"管理器中选择"置换"变形器，接着在"属性"管理器中打开"对象属性"设置面板。

（8）设置"强度"参数可以调整变形程度，该参数的默认值为100%。如果设置为负数，模型将会朝相反的方向进行变形。

（9）设置"高度"参数可以设置置换变形的整体高度。

至此，卡通花坛模型就制作完成了，卡通读者可以利用复制粘贴的方法将所有模型拼合在一个场景中，完成卡通小岛场景的制作。

在卡通小岛中还有两簇花冠模型，它们的创建需要用到"阵列"生成器，相关知识在前面已经讲过，此处就不再赘述。大家可以打开本书附带文件Chapter-05/卡通小岛.c4d，查看案例完成后的效果。

5.3 课时18：使用变形器修改模型的网格结构

C4D还提供了对模型网格结构进行修改的变形器，使用这些变形器可以对模型的点、线、面进行调整，从而使模型产生更为自由的变形效果。这极大提升了建模的灵活性。本课主要介绍3种变形器命令，分别是"FFD""修正"和"网格"变形器。这些变形器调整模型的方式虽然有所不同，但是其核心工作原理都是相同的，都是通过调整模型的网格结构来影响模型的外观形态。

学习指导

本课内容重要性为【必修课】。

本课的学习时间为40～50分钟。

本课的知识点是掌握"FFD""修正"和"网格"变形器的使用方法。

扫描二维码观看视频，对本课知识进行学习和演练。

5.3.1 项目案例——制作苹果模型

"FFD"变形器可以在模型周围设置控制柄，用户可以通过调整控制柄的位置来影响模型的网格结构，从而使参数化模型变为所需形状。下面利用该变形器制作一个苹果模型，如图5-28所示。

图5-28

（1）打开本书附带文件Chapter-05/苹果.c4d。为了节省时间，场景中已经创建好了本案例需要的参数化模型。

（2）在"对象"管理器中选择"球体"对象，按住键盘上的<Shift>键，在变形器面板中单击"FFD"变形器按钮，为模型添加变形器。

（3）在"属性"管理器中可以对"FFD"变形器的参数进行设置。该变形器的设置非常简单，主要就是两组参数。设置"栅格尺寸"参数可以调整"FFD"变形器的变形框，设置"网点"参数可以调整变形框在x、y、z 3个轴方向上的控制点数量。

（4）将"垂直网点"参数设置为4，此时FFD变形框的y轴方向将增加一个分段，如图5-29所示。

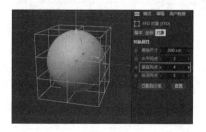

图5-29

（5）在"模式工具栏"中单击"点"按钮，进入"点"编辑模式。此时就可以对"FFD"变形器的控制顶点进行调整了。

（6）在变形框上表面选择中心处的顶点，使用"移动"工具，沿y轴向下调整顶点的位置，此时球体上表面将向下凹陷，如图5-30所示。

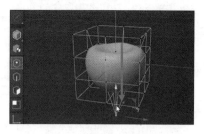

图5-30

（7）使用"实时选择"工具将变形框顶层顶点全部选中，然后使用"移动"工具将顶点向上移动，接着使用"缩放"工具将选择顶点稍微向内收缩，如图5-31所示。

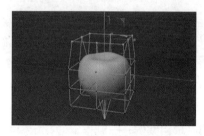

图5-31

（8）选择变形框第二排的顶点，将顶点沿y轴稍微向上调整，并对顶点组稍微进行缩放，如图5-32所示。

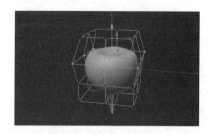

图5-32

此时苹果模型就制作完成了。在"对象"管理器中修改"枝叶"模型组的显示方式，将其在场景中显示出来，查看完整的案例效果。果蒂模型和叶子模型的制作方法也非常简单。果蒂模型的制作使用的是"锥化"和"弯曲"变形器，而叶子模型的制作使用的是"弯曲"变形器。本书附带文件/Chapter-05/苹果完成.c4d，是该案例的完成文件，读者可以打开查看。

5.3.2 项目案例——制作辣椒模型

对参数化模型执行坍塌操作后，就可以对模型的点、线、面进行修改了。模型在坍塌后，原始数据会全部消失。如果想要保留模型的原始数据，同时又想对模型的点、线、面进行编辑，此时可以使用"修正"变形器。

为模型添加"修正"变形器后，就可以进入

"点""边"和"多边形"编辑模式对模型进行修改了。删除"修正"变形器后，模型会恢复至原始状态。下面使用该变形器制作一个辣椒模型，如图5-33所示。

图 5-33

（1）打开本书附带文件Chapter-05/辣椒.c4d。为了节省时间，场景中已经工具创建好了本案例需要的参数化模型。

（2）在"对象"管理器中选择"圆柱体"对象，按住键盘上的<Shift>键，在变形器面板中单击"修正"变形器按钮，为模型添加变形器。

（3）为模型添加"修正"变形器后，就可以进入编辑模式进行修改了。在"模式工具栏"中单击"点"按钮，进入"点"编辑模式。

（4）使用"框选"工具，在正视图中将圆柱体模型最上端一排顶点选择，然后使用"缩放"工具，将选择的顶点组进行缩小，如图5-34所示。

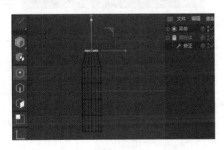

图 5-34

（5）使用"框选"工具在正视图中选择圆柱体模型第二排顶点，使用"移动"工具将顶点组沿 y 轴向上移动，如图5-35所示。

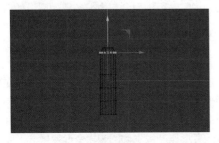

图 5-35

（6）重复上述操作，对圆柱体的顶点进行移动和缩放调整，如图5-36所示。

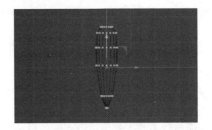

图 5-36

（7）完成基础模型的创建后，为模型添加"弯曲"变形器，使模型产生弯曲变形，如图5-37所示。

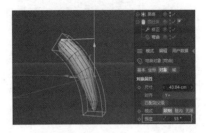

图 5-37

（8）此时还需要为模型添加"细分曲面"生成器，使模型表面产生平滑转折效果。在"对象"管理器中选择"圆柱体"对象，按住键盘上的<Alt>键，在"工具栏"中单击"细分曲面"生成器按钮，为模型添加生成器，如图5-38所示。

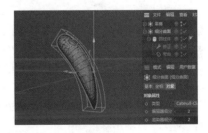

图 5-38

（9）在"对象"管理器中对"果蒂"对象的显示方式进行修改，使其在视图中正常显示。果蒂模型也是利用"修正"变形器制作的。最后对模型的角度和位置进行调整，完成整个案例的制作，如图5-39所示。

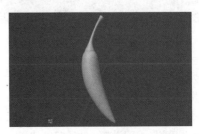

图 5-39

至此，整个案例就制作完毕了。

5.3.3　项目案例——制作弹跳的卡通汽车

"网格"变形器与"FFD"变形器非常相似，它也可以在模型四周建立控制顶点，不同之处是"网格"变形器利用网格模型来建立控制顶点。"网格"变形器将一个网格模型设置为控制顶点来控制另一个网格模型。下面通过具体的案例来学习"网格"变形器，本案例利用"网格"变形器制作一个弹跳的卡通汽车。图5-40展示了案例完成后的效果。

图 5-40

1."网格"变形器的工作原理

开始案例的制作前，先要学习一下"网格"变形器的工作原理。

（1）新建项目文档，在模型工具面板中分别单击"球体"和"矩形"按钮，在场景内新建一个球体和立方体模型。

（2）此时球体模型在立方体模型内，为球体添加"网格"变形器，可以将立方体模型设置为变形框来影响球体模型的外形。在"对象"管理器中选择"球体"对象，按住键盘上的<Shift>键，在变形器面板中单击"网格"变形器按钮，为模型添加变形器，如图5-41所示。

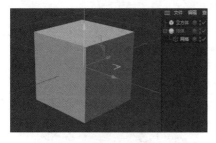

图 5-41

（3）在"属性"管理器中展开"网格"变形器的设置参数，在"对象属性"设置面板的"网络"设置栏内可以添加变形框模型。

（4）在"对象"管理器内，将"立方体"对象拖动至"网络"设置栏内，然后单击"初始化"按钮。此时立方体模型将变为球体模型的变形框，如图5-42所示。

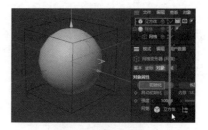

图 5-42

（5）立方体模型成为变形框后，在视图中显示的方式会发生变化。为了便于观察，系统将其设置为网格显示模式。此时调整立方体模型的顶点将会影响球体模型的外形。

（6）在"对象"管理器中选择"立方体"对象，按键盘上的<C>键对模型执行塌陷操作。

（7）在"模式工具栏"中单击"点"按钮，进入"点"编辑模式，调整立方体模型的顶点位置，可以看到立方体模型的形状变化会影响球体模型的外形，如图5-43所示。

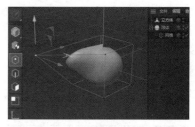

图 5-43

通过上述操作，相信大家已经了解了"网格"变形器的操作方法和工作原理。"网格"变形器可以将模型A指定为模型B的变形框，用户通过调整模型A即可影响模型B的外形。"网格"变形器通常用于设置动画，而非建模工作。下面就使用该变形器为模型添加弹跳动画效果。

2.设置弹跳动画

在场景中对单独模型设置弹跳动画是非常简单的，只需要为模型添加"模拟标签"，即可自动生成碰撞动画效果。但是工作中的模型往往是非常复杂的，通常一组模型会包含很多子模型，如汽车模型包含了车身、配件等。如何让一组模型产生整体、统一的碰撞动画呢？这时就需要用到"网格"变形器。

在设置碰撞动画时，可以利用"网格"变形器将模型组绑定在一个网格对象内部，然后对绑定的网格变形框设置碰撞动画。这样变形框内的模型组会跟随变形框产生生动的碰撞变形效果。下面通过操作来进行学习。

（1）打开本书附带文件Chapter-05/卡通汽车.c4d。场景中已经创建好了案例所需的模型。

（2）在顶视图和正视图中，可以看到汽车模型组在立方体模型内。下面将利用立方体模型的碰撞变形来整体影响玩具汽车的变形。

（3）在变形器面板内单击"网格"变形器按钮，可以在场景内创建变形器。按住键盘上的<Ctrl>键，在"对象"管理器中同时选择"网格"变形器和"汽车"模型组。

（4）按键盘上的<Alt + G>组合键，为选择对象建立分组。当变形器和模型处于一个分组内，变形器就可以影响模型了，如图5-44所示。

图5-44

（5）选择"网格"变形器，然后在"属性"管理器中打开"对象属性"设置面板。

（6）在"对象"管理器中将"立方体"对象拖动至"网络"设置栏内，然后单击"初始化"按钮，为模型添加变形器，如图5-45所示。单击"初始化"按钮后，立方体模型的显示方式也会发生改变。

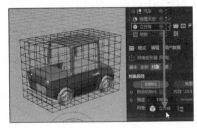

图5-45

（7）在"对象"管理器中右击"立方体"对象，在弹出的快捷菜单中执行"新增标签"→"模拟标签"→"柔体"命令，为模型添加标签。

（8）单击"向前播放"按钮播放动画，可以看到立方体模型下落，与地面模型发生碰撞，产生了柔体变形效果，同时汽车模型组也产生了碰撞变形，如图5-46所示。

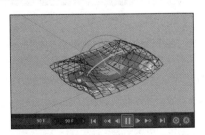

图5-46

（9）此时模型添加的是"柔体"标签，模型产生的变形程度非常大，所以还需要对"柔体"标签的参数进行修改。

（10）在"对象"管理器中，单击"立方体"对象右侧的"柔体"标签。此时"柔体"标签的设置参数会出现在"属性"管理器中。

（11）选择"柔体"选项，在"保持外形"参数组中将"硬度"参数设置为20。此时再播放动画，可以看到汽车的下落碰撞效果就设置好了，如图5-47所示。

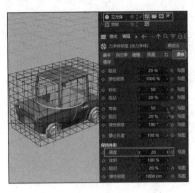

图5-47

至此，汽车的弹跳动画就制作完成了。相信读者已经对"网格"变形器的使用方法有了深入了解。虽然"网格"变形器也在调整模型的网格结构，但它主要用于设置动画，而非建模工作。在变形器中，很多变形器也都是用于辅助设置动画的。

打开本书附带文件Chapter-05/卡通汽车.mp4，可以查看动画渲染后的效果。关于本小节涉及的动画知识，将在本书稍后的相关章节进行讲述。

5.4　课时19：变形器如何模拟物理变形？

在变形器当中，有些变形器是用于模拟现实世界的物体变形效果的，如模拟物体爆炸碎裂效果。本课将为读者讲解模拟物理世界变形效果的变形器，它们分别是"爆炸"和"包裹"变形器。下面通过具体案例来进行学习。

学习指导

本课内容重要性为【选修课】。

本课时的学习时间为40～50分钟。

本课的知识点是掌握"爆炸"和"包裹"变形器的使用方法。

课前预习

扫描二维码观看视频，对本课知识进行学习和演练。

5.4.1 项目案例——制作新年贺卡

使用"爆炸"变形器可以制作出彩纸散落效果。在一些节日贺卡中，这些炸裂的纸片模型可以起到烘托气氛的作用。下面就使用"爆炸"变形器来制作该效果，图5-48展示了案例完成后的效果。

图 5-48

（1）新建项目文档，接着在模型工具面板中单击"球体"按钮，创建球体模型。

（2）为了使爆炸动画更生动，需要增加模型的网格分段。在"属性"管理器中将"球体"模型的"分段"参数设置为100。

（3）按住键盘上的<Shift>键，在变形器面板中单击"爆炸"变形器按钮，为球体模型添加变形器。

（4）该变形器的设置方法是非常简单的，在"属性"管理器中将"强度"参数设置为20%，此时球体模型产生了爆炸效果，模型变形为碎裂的面片，如图5-49所示。

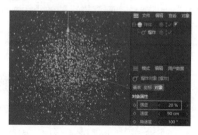

图 5-49

（5）设置"强度"参数可以控制爆炸效果的强度。调整"速度"参数可以控制爆炸碎片飞离的距离。

（6）设置"角度"参数可以调整爆炸碎片在飞离时的翻滚角度。设置"终点尺寸"可以更改爆炸碎片在爆炸结束时的尺寸，该参数的默认值为0，碎片在爆炸结束时会消失；如果设置为1，在爆炸结束时碎片尺寸不变；如果大于1，在爆炸结束时碎片将会放大。

（7）最后设置"随机特性"参数。设置该参数可以增加爆炸碎片在飞行时方向的随机性。

学习"爆炸"变形器后，就可以轻松制作出纸片散落的效果了。打开本书附带文件Chapter-05/新年贺卡.c4d，可以查看利用"爆炸"变形器制作的纸片效果。由于案例的制作方法非常简单，就不另做演示了。

5.4.2 项目案例——制作饮料包装效果图

使用"包裹"变形器，可以模拟现实生活中标签包裹在瓶子上的效果。本小节将使用"包裹"变形器制作饮料标签包裹在瓶子上的效果，图5-50展示了案例完成后的效果。

图 5-50

（1）打开本书附带文件Chapter-05/饮料瓶.c4d。场景中已经为大家准备好了案例所需的模型。

（2）在"对象"管理器中选择"包装纸"对象，按住键盘上的<Shift>键，在变形器面板中单击"包裹"变形器按钮，为模型添加变形器。

（3）添加"包裹"变形器后，"包装纸"对象将会包裹在"饮料瓶"对象周围，如图5-51所示。

图 5-51

（4）"包裹"变形器的变形框很好地展示了变形器的变形范围。矩形线框代表需要进行包裹变形的模型尺寸，与矩形线框相切的半圆柱线框代表发生包裹变形后的模型状态。

（5）将视图放大，在瓶身侧面可以看到"包装纸"对象与"饮料瓶"对象并没有完全贴合，如

图5-52所示。

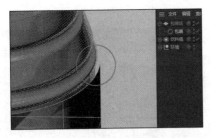

图5-52

（6）在"属性"管理器中展开"对象属性"设置面板，将"半径"参数设置为165 cm。包装纸模型和饮料瓶模型将贴合在一起。

"包裹"变形器的参数设置比较简单。设置"宽度"和"高度"参数可以调整模型的基础尺寸，单击"匹配到父级"按钮后，"宽度"和"高度"参数会自动与模型的高度和宽度相匹配。

设置"半径"参数可以调整模型的包裹半径，默认参数是按照模型在进行180°弯曲变形后产生的包裹半径设置的。如果包裹模型与被包裹模型不匹配，就需要对"半径"参数进行调整。

设置"经度起点"和"经度终点"参数可以调整模型在包裹变形时，水平方向的起点位置和终点位置，如图5-53所示。

图5-53

当"包裹"选项组切换为"球状"包裹方式后，包裹变形方式会切换为球形包裹方式。同时"纬度起点"和"纬度终点"参数将激活。

"纬度起点"和"纬度终点"参数用于设置模型在包裹时，垂直方向的起点位置和终点位置，如图5-54所示。

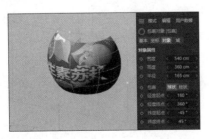

图5-54

设置"移动"参数可以使包裹变形产生切变效果，如图5-55所示。切变效果可以使模型模拟螺旋包裹效果。

图5-55

当前的包裹变形模型是没有厚度的"平面"模型。此时设置"缩放Z"参数，包裹模型将不会发生变化。如果当前进行包裹变形的模型是具有厚度的三维模型，调整"缩放Z"参数会更改包裹模型的厚度，如图5-56所示。

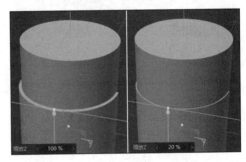

图5-56

修改"张力"参数可以调整包裹变形的程度。如果将该参数设置为0%，模型将不会发生包裹变形。

通过上述操作，相信读者对"包裹"变形器的工作原理和使用方法能够熟练掌握了。

5.5 课时20：变形器如何利用路径进行变形？

在变形器中，有些变形器是利用样条路径对模型进行变形调整的。"导轨"和"样条约束"变形器是工作中较为常用的，它们就是利用样条路径对模型进行变形调整的。本课将为大家讲解这两个变形器的使用方法。

学习指导

本课内容重要性为【选修课】。

本课的学习时间为40～50分钟。

本课的知识点是掌握"导轨"和"样条约束"变形器的操作方法。

扫描二维码观看视频，对本课知识进行学习和演练。

5.5.1 项目案例——制作小鱼饼干

"导轨"变形器可以利用多条样条路径对模型的轮廓进行变形，使模型的外形与路径的形状相匹配。下面通过案例来学习"导轨"变形器的使用方法，图5-57展示了案例完成后的效果。

图 5-57

（1）打开本书附带文件Chapter-05/小鱼饼干.c4d。为了节省时间，场景中已经准备好了所需的模型和样条线。

（2）场景中心是一个参数化立方体模型，在模型的四周有4条样条线，"导轨"变形器可以利用模型四周的样条线对模型的外形进行修改。

（3）选择"立方体"模型，按住键盘上的<Shift>键的同时，在变形器面板中单击"导轨"变形器按钮，为模型添加变形器。

（4）在"属性"管理器中可以对变形器的参数进行设置。调整"尺寸"参数组，将变形器的尺寸与模型外形相匹配，如图5-58所示。

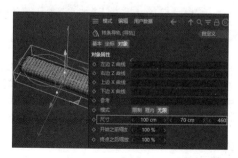

图 5-58

（5）在"属性"管理器上端的曲线设置栏内可以添加样条线。添加样条线时，一定要在对应的位置，否则模型将会产生错误的变形。

（6）在"对象"管理器内拖动"z左"对象至

"左边Z曲线"设置栏内，此时可以看到模型贴合到"z左"对象上，如图5-59所示。

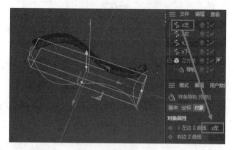

图 5-59

（7）根据样条线的名称，拖动其他样条线对象至变形器对应的曲线设置栏内，如图5-60所示。

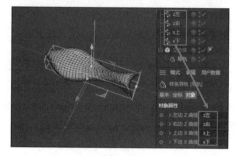

图 5-60

（8）在视图内调整样条线对象的形状和位置，立方体模型的外形也会发生改变。"导轨"变形器就是利用模型四周的样条线来控制模型外形的。

至此，小鱼饼干模型就制作完成了。读者可以打开本书附带文件Chapter-05/小鱼饼干完成.c4d，查看案例最终完成后的效果。文件该为小鱼饼干模型设置了自然下落到盘子里的动画，该动画的设置方法将在本书讲述动画知识的相关章节中进行讲述。

5.5.2 项目案例——制作笔触飞扬的字体

使用"样条约束"变形器可以将模型约束至指定的样条对象上，使模型跟随样条对象形状的改变产生扭曲变形。使用该变形器不仅可以制作出漂亮的字体特效，还可以制作出模型沿路径移动的动画效果。下面通过案例来学习"样条约束"变形器的使用方法，图5-61展示了案例完成后的效果。

图 5-61

（1）新建项目文档，在"工具栏"中长按"样条画笔"按钮，在展开的样条工具面板中选择"文本样条"工具。

（2）在"属性"管理器中输入要创建的文字，并对文字的字体和尺寸进行设置，如图5-62所示。

图5-62

（3）在模型工具面板中单击"地形"按钮，在场景中创建一个地形模型，参照图5-63对地形模型的参数进行设置。

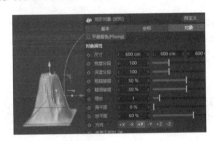

图5-63

（4）选择地形模型，在按住键盘上的<Shift>键的同时，在变形器面板中单击"样条约束"变形器按钮，为模型添加变形器。在"属性"管理器中可以对变形器的参数进行设置。

（5）在"对象"管理器中拖动"文字样条"对象至"样条"设置栏，然后在"轴向"选项栏中选择"+Y"选项。此时地形模型将沿y轴与文字路径进行匹配，如图5-64所示。

图5-64

（6）在"对象"管理器中展开"尺寸"卷展栏，

对"样条尺寸"曲线的形状进行调整，改变曲线形状，模型沿路径匹配的形状也会发生改变，如图5-65所示。

图5-65

（7）在"对象"管理器中展开"旋转"卷展栏，对"旋转"和"样条旋转"的曲线形状进行调整，此时模型沿路径产生旋转变形，如图5-66所示。

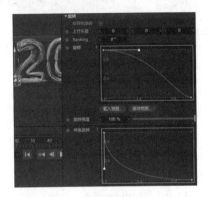

图5-66

（8）此时字体笔画的中部稍微显得有些臃肿，需要将笔画的宽度设置得细一些。在"尺寸"卷展栏内对"尺寸"曲线进行调整，在按住键盘上的<Ctrl>键的同时，在曲线上单击，建立一个控制点，将控制点向下稍稍移动，可以减小模型在路径上的宽度，如图5-67所示。

图5-67

（9）目前字体模型的网格面过少，所以模型表面显得非常粗糙，需要为模型添加"细分曲面"生成器来优化网格表面的转折效果。在"对象"管理器中选择"地形"对象，按住键盘上的<Alt>键，在"工具栏"中单击"细分曲面"生成器按钮，为模型添加生成器。添加"细分曲面"生成器后，模型的表面转折就变得更加柔和了。

至此，案例就制作完成了。读者可以打开本书附带文件Chapter-05/笔触字效.c4d，查看案例完成后的效果。在完成的案例中，字体模型添加了材质，关于材质的设置方法，将在本书讲述材质的相关章节中进行讲解。

5.5.3 项目案例——制作火箭飞行的动画

"约束路径"变形器除了可以让模型沿路径产生变形以外，还可以将模型沿路径进行滑动。下面利用该变形器，制作火箭飞行的动画。图5-68展示了案例完成后的效果。

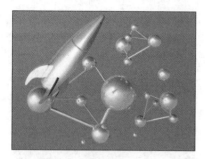

图 5-68

（1）打开本书附带文件 Chapter-05/ 火箭.c4d。为了节省时间，场景中已经准备好了所需的模型和样条线。

（2）在"对象"管理器中选择"飞行器"对象，按住键盘上的<Shift>键，在变形器面板中单击"样条约束"变形器按钮，为模型添加变形器。在"属性"管理器中可以对变形器的参数进行设置。

（3）在"对象"管理器中拖动"螺旋线"对象至"样条"设置栏内，在"轴向"选项栏中选择"+Y"选项，此时火箭沿 y 轴与样条图形进行匹配。

（4）在"模式"选项组中选择"保持长度"选项，此时火箭模型在路径上以原有长度进行匹配，如图5-69所示。

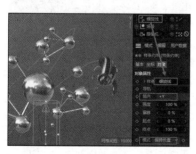

图 5-69

（5）设置"强度"参数可以调整模型与样条图形的匹配程度。若将"强度"参数设置为0，模型不发生变形。

（6）设置"起点"和"终点"参数可以修改火箭在路径上所处的起点位置和终点位置。

（7）设置"偏移"参数，可以调整火箭模型在样条图形上所处的位置。对该参数设置关键帧可以制作出模型沿路径移动的动画。

（8）将"时间滑块"拖动至第0帧位置，设置"偏移"参数为0%，然后单击该参数前端的动画设置按钮，设置关键帧，如图5-70所示。

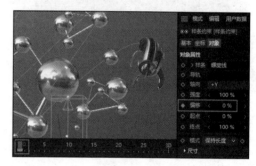

图 5-70

（9）将"时间滑块"拖曳至第90帧位置，设置"偏移"参数为72%，接着单击参数前端的动画设置按钮，设置关键帧。

（10）单击"向前播放"按钮播放动画。

5.6 总结与习题

变形器可以对模型的外形进行修改，使模型产生更为丰富的变形效果，如弯曲、扭曲等。变形器是基础建模中最常用的建模工具，具有快捷、准确的优点。变形器包含的种类丰富，但是使用方法简单直接。作为初学者要熟练掌握常用变形器的工作原理和设置方法。

习题：使用变形器编辑模型

发挥想象力，使用本章介绍的变形器对参数化模型进行编辑，创建出各种形态的模型。

习题提示

在使用变形器对模型进行编辑的过程中，要注意变形器的排列顺序，不同的排列顺序可能会形成不同的模型形态。

前面学习的建模方法都属于参数化的基础建模方法，调整参数即可修改模型的外观。C4D还提供了多种高级建模方法，分别是多边形建模、细分曲面建模、雕刻、体积生成器建模等。使用这些高级建模方法，可以制作工业产品模型、建筑效果图模型以及复杂的角色动画模型。本章将对这些建模方法进行详细讲解。

6.1 课时21：多边形建模有何特点？

多边形建模方法属于曲面建模方法。在建模时进入模型的子层级，对模型的点、边、面直接进行调整，刻画出模型的细节。本课将通过具体操作讲解多边形建模的工作原理。

学习指导

本课内容重要性为【必修课】。

本课的学习时间为40~50分钟。

本课的知识点是理解多边形建模的原理，熟练掌握子对象的选择方法。

课前预习

扫描二维码观看视频，对本课知识进行学习和演练。

6.1.1 多边形建模的工作原理

在开始学习多边形建模的具体操作之前，先要学习多边形建模的工作原理，明白多边形对象是如何管理自身的点、线、面的。

1. 多边形建模的工作流程

多边形建模的工作流程可以分为4个环节，分别是规划模型的拓扑结构，建立基础模型，刻画模型细节，对模型进行平滑细化处理。图6-1大致展示了使用多边形建模方法创建模型的流程。下面对4个环节中的重点工作和注意事项进行讲解。

图6-1

（1）规划模型的拓扑结构。建模的第一步是准确规划模型的拓扑结构。在开始具体的建模操作之前，一定要根据模型形体的转折特征，分析出模型的拓扑结构。然后在建模操作时，按分析出的结构进行准确布线。很多初学者在建模时都忽略了这个步骤。模型在建立完毕后，如果网格面的拓扑结构不合理，有可能会导致贴图无法正常适配，或者模型动画无法正常设置。

（2）建立基础模型。使用多边形建模时首先要建立一个基础模型，然后使用建模命令对基础模型的点、线、面进行延展、缩放等操作，逐步刻画出模型的细节。基础模型可以使用参数化模型创建，可以使用二维图形生成，也可以由其他类型的模型转换生成。需要初学者注意的是，不管使用哪种方法创建基础模型，都要根据模型拓扑结构合理设置基础模型表面的网格结构。

（3）刻画模型细节。多边形建模方法包含丰富的命令和工具，用户几乎可以毫无限制地对模型的点、线、面进行编辑，使得建模过程简洁高效。用户可以根据模型的外形特征调整点、线、面的结构关系，逐步刻画出模型的外形。

（4）对模型进行平滑细化处理。在建模初期，一般不会为模型设置很多网格面，这样可以更为高效地编辑和管理模型网格面。在模型基础形体建立完毕后，一般会使用"细分曲面"生成器对模型面进行细化，使模型的转折更为柔和平滑。

2. 模型的拓扑结构

什么是拓扑结构？简单地讲，在三维空间中，点、线、面的摆放位置决定了模型的形体结构。这些点、线、面之间的相互排列和连接就构成了模型的拓扑结构，如图6-2所示。

图6-2

因为曲面建模是自由度很高的建模方法，用户在操作中是直接对点、线、面进行修改和编辑的。所以在建模之前，要先规划点、线、面的位置，这样后续的建模操作才会更加轻松和顺畅。

3. 分段数量的控制

前面曾提到，模型建立后分段数目的设置取决于下一步如何编辑模型。分析模型的拓扑结构，才能对模型设置合理的分段数量。初始模型的分段数量建立多了或者少了都不好，要根据模型的拓扑结构合理建立。

例如，要建立一个手的模型，需要在长方体的x轴方向上建立4个分段，这4个分段对应了向前伸出的四个手指；在y轴方向上建立2个分段，这对应了向侧面伸出的拇指，如图6-3所示。

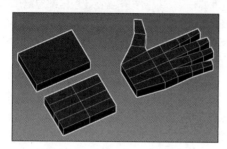

图6-3

4. 步长值的设置

有些时候，需要利用二维图形建模方法获得基础模型，这时要注意二维图形步长值的设置。前面曾讲过，步长值越大，曲线转折越柔和；反之转折越明显。如果用步长值较高的二维图形生成基础模型，会导致模型的分段数量过多，这样在多边形建模环节将不好控制。图6-4展示了不同步长值下模型面的生成效果。

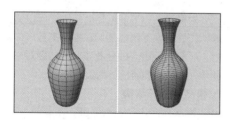

图6-4

5. 如何获得多边形对象？

在使用多边形建模方法之前，要创建多边形对象。在C4D中，可以将参数化模型直接转换为多边形对象。另外，二维图形也可以直接转换为多边形对象。获得多边形对象的方法主要有以下两种。

（1）对模型执行塌陷操作。对参数化模型执行塌陷操作后，即可进入模型的点、线、面层级进行编辑。

（2）从外部程序导入。C4D支持多种外部程序的文件格式。常用的文件格式包括3ds Max生成的.3ds格式，以及Wavefront生成的.obj格式。

6. 多边形对象的子对象

多边形对象的子对象包含"点""边"和"多边形"。这3种子对象分别对应了模型的顶点、边线、网格面。

在"模式工具栏"中分别单击"点""边""多边形"按钮，可以进入子对象编辑模式。此时就可以对模型的点、边、多边形进行编辑和修改了，如图6-5所示。

图6-5

7. 四边形网格面

在虚拟的三维环境中，模型的网格面可以分为三角形面、四边形面，以及多边形面3种。边大于4时的网格面为多边形面，如图6-6所示。

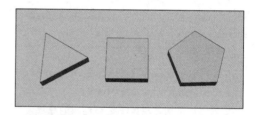

图6-6

在使用多边形建模时，应尽量让模型的网格面成为四边形面，避免出现三角形面和多边形面。因为三角形面和多边形面在添加"细分曲面"生成器时，模型表面会出现扭曲的网格面，从而产生不自然的褶皱纹理，如图6-7所示。

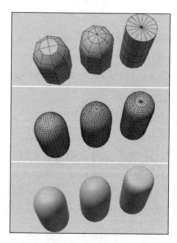

图6-7

6.1.2　子对象的选择方法

如果遇到要对多边形的子对象进行编辑的情

况，首先要选择子对象。C4D提供了丰富的子对象选择方法，以满足工作中的需要。

在C4D的"选择"菜单中包含了所有与选择操作相关的命令。使用这些命令可以灵活多样地对多边形子对象进行选择。本小节将详细讲述这些命令。

1. 循环选择命令

循环选择命令可以快速选择模型表面具有循环关系的边线。循环选择命令包括"循环选择""环装选择"以及"路径选择"。

（1）打开本书附带文件Chapter-06/兔子.c4d，场景中已经准备了可供操作的模型。

（2）在"对象"管理器中选择"身体"对象。

（3）在"模式工具栏"中单击"边"按钮，进入"边"编辑模式。

（4）在菜单栏中执行"选择"→"循环选择"命令，在兔子模型胸部位置单击，即可循环选择一圈边线，如图6-8所示。

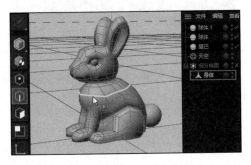

图6-8

（5）在菜单栏中执行"选择"→"环状选择"命令，在模型胸部位置单击。此时也可以选择一圈边线，但是与"循环选择"命令不同，当前选择的是环状排列的一圈边线，如图6-9所示。

图6-9

（6）在菜单栏中执行"选择"→"路径选择"命令，在模型胸部顶点位置单击，然后向右移动鼠标指针。此时C4D会根据鼠标指针移动的位置，自动判断所需要选择的边线。

（7）确认选择的目标路径后，在结束位置单击，

完成选择操作，如图6-10所示。

图6-10

（8）使用"路径选择"命令也可以创建出类似于"循环选择"命令的选择效果。

"循环选择"命令在建模操作中是常用的命令，通常用于选择模型的点和边。

2. 区域选择命令

区域选择命令用于快速选择目标区域的子对象。区域选择命令包括"填充选择"命令和"选择平滑着色断开"命令。

（1）在"模式工具栏"中单击"多边形"按钮，进入"多边形"编辑模式。

（2）在菜单栏中执行"选择"→"循环选择"命令，在兔子模型的胸部位置单击，即可选择一圈网格面，如图6-11所示。此时模型的网格面被分为上下两个区域。

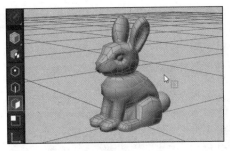

图6-11

（3）在菜单栏中执行"选择"→"填充选择"命令，在模型上端单击可以选择上端未选择的区域。在模型下端单击可以选择模型下端未选择的区域，如图6-12所示。

图6-12

如果没有选择模型的任何区域，执行"填充选择"命令并单击模型，将会填充选择所有多边形面。

（4）在菜单栏中执行"选择"→"选择平滑着色断开"命令。此时模型表面将根据网格平滑组分为多个区域，单击其中一个区域即可选择多边形面，如图6-13所示。

图6-13

区域选择命令在建模操作中通常用来选择多边形网格面。

3."镜像选择"与"轮廓选择"命令

"镜像选择"命令可以根据已选择的区域，选择与其对称的区域。

（1）使用"实时选择"工具在兔子模型的一侧选择多边形面，如图6-14所示。

图6-14

（2）在菜单栏中执行"选择"→"镜像选择"命令，执行命令后会发现模型对称区域的面并没有被选择。

（3）"镜像选择"命令的右侧有一个选项按钮。单击该按钮，打开"镜像选择"对话框。

（4）在"镜像选择"对话框，将"空间"选项栏设置为"世界"选项，接着把"镜像平面"选项栏设置"ZY"，单击"确定"按钮。此时模型两侧的区域都将被选择，如图6-15所示。

在"选择"菜单中执行"轮廓选择"命令，此时可以对模型的开口边界进行选择。该命令在稍后相关操作中再进行讲解。

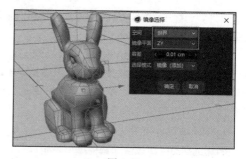

图6-15

4.常规选择命令

"选择"菜单还包含多组常规选择命令，如图6-16所示。这些命令的使用方法都很简单。

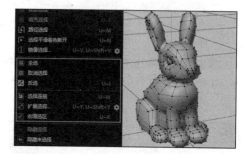

图6-16

全选：该命令用于将当前子对象的全部选择操作。

取消选择：该命令用于取消选择已选对象。

反选：该命令用于在已选择和未选择对象间切换。

"选择连接""扩展选择"和"收缩选区"命令用于对当前选择范围进行调整。下面通过操作来进行学习。

（1）在"模式工具栏"中单击"点"按钮，使用"实时选择"工具在模型表面单击，选择一个顶点。

（2）在"选择"菜单中执行"选择连接"命令，此时与选择顶点连接的所有顶点都会被选择，如图6-17所示。

图6-17

（3）选择"实时选择"工具，在模型表面拖动鼠标指针，选择一组顶点。

（4）在"选择"菜单中执行"扩展选择"命令，

此时选择范围会向外侧扩展一层，如图6-18所示。

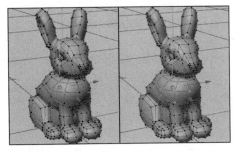

图6-18

（5）与"扩展选择"命令相反，在"选择"菜单中执行"收缩选区"命令，此时选择范围会向内侧收缩一层。

5. 选择命令快捷键

在"选择"菜单中，观察选择命令，命令的右侧标明了该命令的快捷键。如"循环选择"命令在键盘上的快捷键是<U—L>键。按键盘上的<U>键，此时在视图中会弹出提示菜单，菜单中展示了与<U>键相关的所有工具；接着按键盘上的<L>键，此时将执行"循环选择"命令，如图6-19所示。

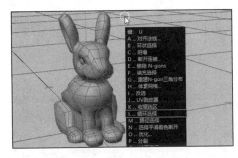

图6-19

对于常用的选择命令，初学者要尽量记住其快捷键，这样在建模操作中可以提升工作效率。

6. 子对象的隐藏与显示

在建模操作中，如果想确保某些子对象不受影响，可以对子对象进行隐藏。这样就可以对隐藏的子对象进行保护。

（1）在"模式工具栏"中单击"点"按钮，在"工具栏"中选择"框选"工具。

（2）在视图中将兔子模型头部的顶点全部框选，如图6-20所示。

（3）在"选择"菜单中执行"隐藏选择"命令，此时选择的顶点将会隐藏。

（4）在"选择"菜单中执行"隐藏未选择"命令，此时所有顶点都将会隐藏。

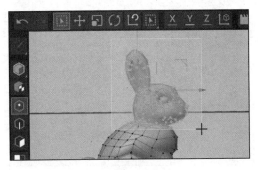

图6-20

（5）在"选择"菜单中执行"全部显示"命令，此时所有顶点将会取消隐藏，如图6-21所示。

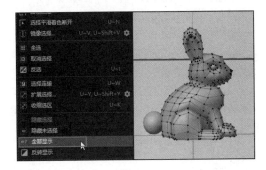

图6-21

（6）在"选择"菜单中执行"反转显示"命令，可以将隐藏的子对象显示，将未隐藏的子对象隐藏。

上述4个命令的效果非常直观，读者可以自行操作，进行演练。隐藏子对象命令可以对所有子对象进行操作。这些命令在复杂的建模操作中是经常使用的，所以初学者要熟练掌握。

7. "存储选集"命令

"存储选集"命令是一个非常重要的命令。该命令可以为当前选择的子对象建立一个选集，从而为下一步设置动画、指定材质做准备。

（1）在"模式工具栏"中单击"多边形"按钮，接着在"工具栏"中选择"框选"工具。

（2）在视图中将兔子模型的头部网格面全部框选。

（3）在"选择"菜单中执行"存储选集"命令，此时在"对象"管理器中，"身体"对象的标签栏内会增加一个"多边形选集"标签，如图6-22所示。

在"对象"管理器中，单击"多边形选集"标签，在"属性"管理器中可以对选集进行设置。

选择：单击该按钮，可以选择选集的子对象。

取消选择：单击该按钮，可以取消当前选择内容。

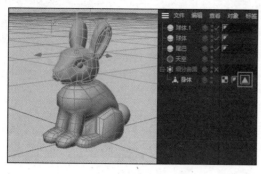

图 6-22

隐藏：单击该按钮，可以将选集对象隐藏。

显示：单击该按钮，可以将隐藏的对象显示。

独显：单击该按钮，可以单独显示选集内容。

全部显示：单击该按钮，可以取消独显状态。

以上这些命令都很简单，读者可以尝试操作，很快就可以熟练掌握。

在"属性"管理器中单击"更新"按钮，可以更新选集的选择范围。下面通过操作来学习该按钮。

（1）使用"框选"工具在视图中将模型上半部分网格面选中。

（2）在"对象"管理器中，单击"身体"对象右侧的"多边形选集"标签。

（3）在"属性"管理器中单击"更新"按钮，此时选集的选择范围被更新，如图 6-23 所示。

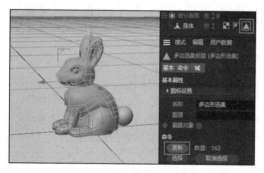

图 6-23

（4）在"属性"管理器中可以依次单击"选择"和"取消选择"按钮，观察更新后的选集。

很多初学者可能会疑问，建立选集有什么作用？在工作中选集的作用主要体现在以下 3 方面。

①辅助建模。在建模时，可以将模型附着至指定的选集表面，或由指定的选集向外喷射粒子。

②指定材质。当模型表面需要指定多种材质时，可以通过建立选集，然后为每个选集指定不同的材质。

③动画设置。当模型需要在局部产生动画效果时，可以在需要设置动画的区域建立选集。

下面通过具体的操作来学习选集的作用。

（1）在"工具栏"内展开模型工具面板，单击"球体"按钮，创建一个球体模型。

（2）在"属性"管理器中将新建球体的"半径"参数设置为 5 cm。

（3）按住键盘上的 <Alt> 键，在"工具栏"中单击"克隆"效果器按钮，为球体模型添加效果器。

（4）此时场景内的球体模型产生克隆效果，如图 6-24 所示。

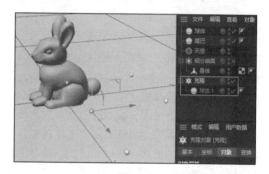

图 6-24

（5）在"属性"管理器中可以对"克隆"效果器的参数进行设置。

（6）将"模式"选项栏中选择"对象"选项，然后在"对象"管理器中，将"身体"对象的"多边形选集"标签拖动至"对象"设置栏内。

（7）此时球体模型会在模型选集表面分布，如图 6-25 所示。

图 6-25

以上操作体现出的只是选集在建模工作中的作用，其他相关功能在用到时再进行讲解。

8. 关于快捷键

选择命令在建模过程中是常用的命令，都具有快捷键。C4D 的快捷键与其他软件稍有区别，需要依次按下两个字母键。本课所讲的选择工具快捷键都包含 <U> 键。按键盘上的 <U> 键，鼠标指针位置会弹出提示菜单，再按下对应的键即可执行相应的命令。

6.2 课时22：如何使用网格编辑命令？

C4D中包含丰富的子对象编辑命令，这些命令可以对顶点、边线，以及网格面灵活地进行编辑和调整，从而达到快速建模的目的。

与多边形建模相关的命令都集中放置在"网格"菜单中。为了便于用户操作，C4D也提供了快捷菜单。在子对象编辑模式下，右击视图，会弹出快捷菜单。快捷菜单包含了常用的网格编辑命令。

网格编辑命令非常丰富，整体来讲可以分为5部分，分别为"添加""移除""克隆""剪切"和"移动"命令组。本节将对"添加"命令组进行讲解。下面结合具体操作来学习这些命令。

学习指导

本课内容重要性为【必修课】。

本课的学习时间为40～50分钟。

本课的知识点是熟练掌握"添加"命令组的操作方法。

课前预习

扫描二维码观看视频，对本课知识进行学习和演练。

6.2.1 "多边形画笔"与"创建点"命令

使用"多边形画笔"命令，可以通过创建顶点的方式，直接绘制多边形网格面。使用"创建点"命令，可以在边线或网格面上直接创建顶点，增加顶点后，网格面的结构会发生改变。

1. "多边形画笔"命令

（1）打开本书附带文件Chapter-06/海豚1.c4d。为了节省时间，场景中已经建立了圆柱体模型。

（2）在场景中选择圆柱体模型，按键盘上的<C>键，将模型塌陷为可编辑模型。

（3）在"模式工具栏"中单击"多边形"按钮，此时可以对模型的网格面进行编辑。

（4）进入子对象编辑模式后，右击视图会弹出快捷菜单，其中包含了常用的网格编辑命令。

（5）打开"网格"菜单，可以看到C4D将常用的几个命令放到菜单上端。菜单的子菜单中也包含了很多命令，如图6-26所示。

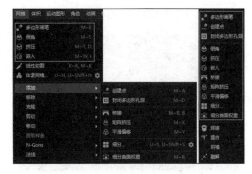

图6-26

在图6-26中，红框框选的命令以及"网格"菜单中"添加"子菜单中的命令，都属于"添加"命令组。

初学者需要注意的一点是，快捷菜单中的命令数量是会变化的。在点、线、面不同的子对象编辑模式下，能够使用的命令是不同的。所以快捷菜单中的命令会随子对象编辑模式的变化产生变化。

下面来具体学习"多边形画笔"命令的使用方法。

（1）使用"实时选择"工具将圆柱体模型左侧顶面的三角面全部选中，按键盘上的<Delete>键将其删除。前面曾讲过，模型的网格面应尽量设置为四边形，所以三角面不符合要求。

（2）在删除原有网格面后，可以使用"多边形画笔"命令为模型创建新的网格面。

（3）右击视图，在快捷菜单中执行"多边形画笔"命令，此时单击即可创建顶点。依次单击，当首尾顶点重合时可以绘制出一个网格面，如图6-27所示。

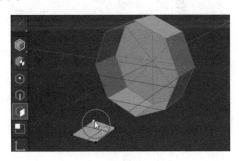

图6-27

（4）除了可以直接绘制网格面，使用"多边形画笔"命令还可以通过捕捉边线或顶点来创建网格面。

（5）执行"多边形画笔"命令，当鼠标指针靠近网格边线或顶点时，顶点和边线会呈现高亮状态，单击即可捕捉创建顶点。

（6）由上至下按顺序依次单击圆柱体左侧的开口处顶点。在单击最底端顶点后，接着单击顶端顶点，以创建封闭网格面，如图6-28所示。

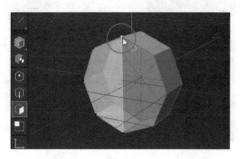

图6-28

2. "创建点"命令

使用"创建点"命令可以在网格面或网格边线上添加顶点，从而改变网格面的结构。在"点""边"和"多边形"3种编辑模式下，创建顶点的方式会稍有区别。下面通过具体操作来进行学习。

（1）在"多边形"编辑模式下，使用"创建点"命令只能在网格面创建顶点。右击视图，在快捷菜单执行"创建点"命令。

（2）在"多边形"编辑模式下，单击网格面即可创建顶点。由于为网格面添加了顶点，网格面的分段结构会发生改变，如图6-29左图所示。

（3）在"边"和"点"编辑模式下，可以在网格边线上创建顶点。

（4）执行"创建点"命令后，鼠标指针靠近边线时，边线将变为高亮状态，单击即可创建顶点。此时边线会分为两段，如图6-29所示。

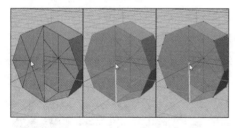

图6-29

3. 创建网格边线

使用"多边形画笔"命令，除了可以绘制网格面，也可以创建网格边线。

（1）在"模式工具栏"中单击"多边形"按钮，进入"多边形"编辑模式。

（2）选择"实时选择"工具，将新创建的网格面选中并删除。

（3）右击视图，在快捷菜单中执行"封闭多边形孔洞"命令。

（4）单击模型开口边界，模型的开口将被封闭，如图6-30所示。

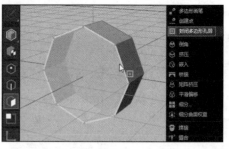

图6-30

（5）右击视图，在快捷菜单中执行"绘制多变形"命令，单击顶端顶点，然后再单击底端顶点。此时网格面被划分为两个面。

（6）单击最左侧顶点，然后单击最右侧顶点。此时网格面被划分成4个四边面，如图6-31所示。

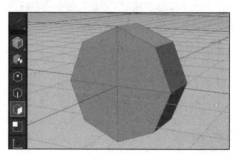

图6-31

6.2.2 "倒角""挤压"和"嵌入"命令

"倒角""挤压"和"嵌入"命令可以说是多边形建模操作中，使用最频繁的工具。"挤压"命令可以对顶点、边线、网格面进行挤压操作；"倒角"命令可以对顶点、边线、网格面进行挤压和倒角变形；"嵌入"命令可以将网格面向内或向外进行嵌入和扩展。下面通过具体操作来进行学习。

1. "倒角"命令

（1）使用"实时选择"工具将圆柱体左侧的顶面选中，右击视图，在快捷菜单中执行"倒角"命令。

（2）将鼠标指针置于选择的网格面上，鼠标指针将变为"挤压"命令的图标。此时拖动鼠标指针，网格将产生挤压效果，如图6-32所示。

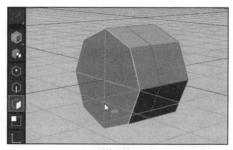

图6-32

（3）按键盘上的<Ctrl + Z>组合键，撤销挤压操作。将鼠标指针移至选择网格面的区域以外，此时鼠标指针将变为"倒角"命令的图标。

（4）在视图中向左拖动鼠标指针，网格面将会产生倒角效果。确认挤压高度后，不松开鼠标左键，按住键盘上的<Shift>键，再次拖动鼠标指针可以调整倒角的偏移距离，如图6-33所示。

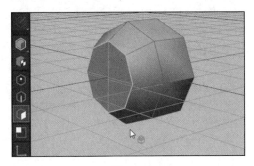

图6-33

（5）在"属性"管理器中可以进行参数设置。

（6）设置"偏移"参数可以调整倒角面的偏移距离。设置"细分"参数可以在倒角高度方向增加分段。

（7）设置"深度"参数可以调整倒角侧面的弯曲力度。设置为正数，倒角侧面向外侧弯曲；设置为负数，倒角侧面向内侧弯曲，如图6-34所示。

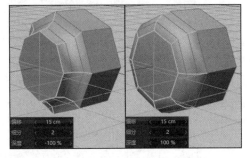

图6-34

注意

只有在设置"细分"参数，使倒角侧面产生分段后，再设置"深度"参数，倒角侧面才能够产生弯曲效果。另外，弯曲效果还受到"张力"参数的影响。

（8）设置"挤出"参数，可以调整倒角挤出的高度。

（9）设置"最大角度"参数，可以根据角度对选择的网格面进行分组。当选择的网格面之间的角度小于或等于"最大角度"参数时，会单独为选择的网格面执行倒角操作。图6-35展示了对球体网格面进行倒角操作时，设置不同的"最大角度"参数，网格面所产生的不同分组效果。

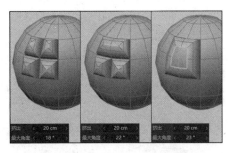

图6-35

（10）"保持组"选项是一个非常重要的选项。启用该选项，选择的网格面会组成一个分组，统一被执行倒角操作；若未启用，网格面将单独被执行倒角操作，如图6-36所示。

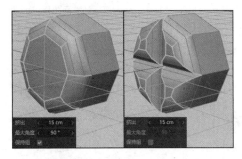

图6-36

（11）设置"张力"参数可以调整倒角侧面的弯曲程度。设置的参数越大，弯曲角度越大。设置参数为负数时，网格面将会向反方向弯曲变形。

在"属性"管理器最下端还有3个功能按钮，它们分别是"应用""新的变换"和"复位数值"按钮。单击"应用"按钮，会对选择的网格面执行倒角操作。单击"新的变换"按钮，会在当前倒角效果的基础上添加新的倒角。单击"复位参数"按钮，"倒角"命令的各参数会恢复至默认状态。

参考图6-37对当前"倒角"命令的参数进行设置。

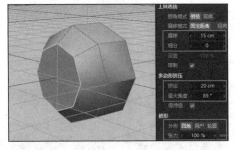

图6-37

使用"倒角"命令对顶点、边线、网格面进行操作时，会产生不同的倒角效果。虽然得到的倒角外形不同，但是倒角操作的参数设置和原理都是相同的。

图6-38展示了对顶点和边线进行倒角操作得到的不同倒角效果。

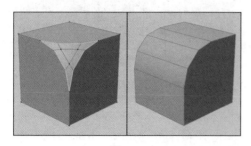

图6-38

2. "挤压"命令

下面使用"挤压"命令制作海豚模型的嘴部。

（1）选择"实时选择"工具，再选择圆柱体左侧下端的两个网格面，然后右击视图，在弹出的快捷菜单中执行"挤压"命令。

（2）在视图中向右拖动鼠标指针，选择的网格面会产生挤压效果，如图6-39所示。

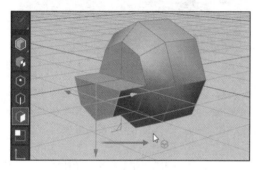

图6-39

（3）"挤压"命令的参数设置相对比较简单，在"属性"管理器中可以对其参数进行设置。设置"偏移"参数可以调整挤压距离。设置"细分数"参数可以调整挤压分段。

（4）"偏移变化"参数是一个比较特殊的参数，在对多个网格面进行挤压时，设置"偏移变化"参数可以使挤压高度产生随机变化效果，如图6-40所示。

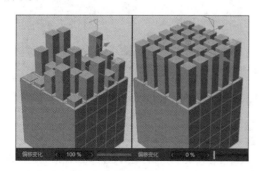

图6-40

（5）设置"最大角度"参数可以对选择的网格

面设置分组效果。该功能和"倒角"命令的"最大角度"参数的功能是相同的。

3. 挤压顶点与边线

使用"挤压"命令对顶点、边线和网格面进行挤压时，得到的挤压效果是不同的。在不同的子对象编辑模式下，"挤压"命令的参数有所不同。

在"点"编辑模式下，"挤压"命令的"点"卷展栏将被激活；在"边"编辑模式下，"边"卷展栏将被激活。

（1）在"模式工具栏"中单击"点"按钮，右击视图，在快捷菜单中执行"挤压"命令。

（2）此时"属性"管理器中的"点"卷展栏将被激活，通过"斜角"参数可以对顶点的挤压夹角进行设置。

（3）设置"斜角变化"参数可以使挤压的顶点产生随机变化，如图6-41所示。

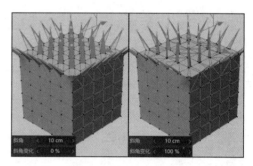

图6-41

（4）在"模式工具栏"中单击"边"按钮，此时"边"卷展栏将被激活。

（5）使用"挤压"命令对模型的边进行挤压，模型的边将会沿法线方向向外挤压出一个网格面。

（6）挤压过程中，按住键盘上的<Shift>键，移动鼠标指针可以对网格面的挤压角度进行调整。

（7）此时，如果按住键盘上的<Shift>键进行调整，那么网格面的挤压角度会按照5°的倍数进行变化。在"边"卷展栏设置"角度"参数可以调整倍增角度，如图6-42所示。

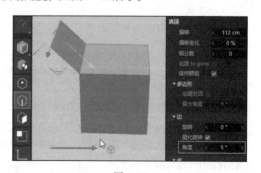

图6-42

（8）在"边"卷展栏中设置"旋转"参数可以

修改挤压边线的角度。

接下来使用"移动"工具，对挤压后的模型的顶点进行调整，使其外形符合要求。图6-43展示了调整前后的区别。

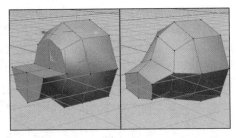

图6-43

4."嵌入"命令

使用"嵌入"命令可以将选择的网格面生成向内嵌入的网格面。

（1）在"模式工具栏"中单击"多边形"按钮，使用"实时选择"工具可以将海豚模型前段的网格面选中。

（2）右击视图，在快捷菜单中执行"嵌入"命令。在视图内向左拖动鼠标指针，选择的网格面将会生成向内嵌入的网格面，如图6-44所示。

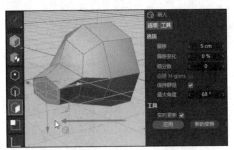

图6-44

（3）如果向右拖动鼠标指针，网格面将会向外扩展。

（4）在"属性"管理器中可以对"嵌入"命令的参数进行设置。

（5）"嵌入"命令的参数设置非常简单，基本与"倒角"和"挤压"命令相同。

（6）设置"偏移"参数可以设置网格面的嵌入距离。设置"偏移变化"参数可以调整偏移效果的随机率。设置"细分"参数可以增加偏移网格面的分段数。

（7）设置"最大角度"参数可以利用角度参数将嵌入网格面进行分组。

"嵌入"命令的参数设置方法和"倒角"命令的参数设置方法是相同的。读者可以试着设置一下，对其参数设置方法加以熟悉和掌握。

使用"移动"工具，将嵌入生成的网格面向左

侧移动，制作出海豚模型的嘴部，如图6-45所示。

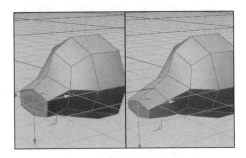

图6-45

5."矩阵挤压"命令

"矩阵挤压"命令是"挤压"命令的升级版。该命令可以对模型的所有网格面同时进行挤压，制作出类似海星的造型。

（1）在场景中创建一个球体模型，在"属性"管理器中将其"分段"参数设置为3。

（2）按键盘上的<C>键，将模型塌陷，在"模式工具栏"中单击"多边形"按钮，接着按键盘上的<Ctrl + A>组合键将模型的网格面全部选中，如图6-46所示。

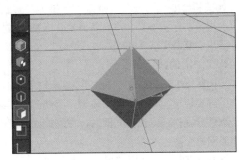

图6-46

（3）右击视图，在快捷菜单中执行"矩阵挤压"命令，接着在"属性"管理器下端单击"应用"按钮，对选择的网格面执行"矩阵挤压"命令，如图6-47所示。此时选择的每个网格面都向外挤压，从而生成了一个类似海星的模型。

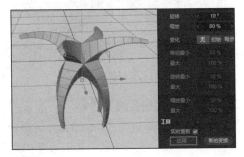

图6-47

"矩阵挤压"命令的参数设置看起来非常繁杂，其实非常简单。

设置"步"参数可以控制网格面向外挤出的次数。设置"移动""旋转"和"缩放"参数可以控制网格面每次挤出时的挤压距离、旋转角度，以及缩放幅度。

设置"变化"选项组可以使"矩阵挤压"效果产生随机变化。默认状态下，"变化"选项组设置为"无"方式，此时挤压效果不产生随机变化。

将"变化"选项组设置为"初始"方式，此时挤压操作的"移动""旋转"和"缩放"参数会根据最大参数和最小参数产生随机变化，如图6-48所示。

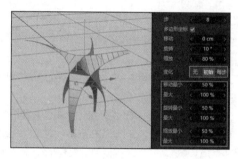

图6-48

如果将"变化"选项组设置为"每步"方式，则每次进行挤压操作都会产生随机变化，整个模型的外形也会变得更加不规则。

6. "平滑偏移"命令

"平滑偏移"命令和"挤压"命令非常类似，二者的参数设置也基本相同。使用"平滑偏移"命令，软件会在挤压网格面的同时，在网格面之间创建过渡网格面。

图6-49展示了使用"平滑偏移"命令挤压网格面与使用"挤压"命令的区别。

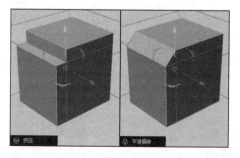

图6-49

6.2.3 "封闭网格孔洞"命令

在"添加"命令组中，有两个命令可以封闭网格孔洞，分别是"封闭多边形孔洞"和"桥接"命令。这两个命令操作简单，在多边形建模过程中是非常重要的工具。下面通过具体的操作进行学习。

1. "桥接"命令

使用"桥接"命令可以在网格边线之间创建网格面。

（1）读者可以继续前面案例的操作，或者打开本书附带文件Chapter-06/海豚2.c4d。

（2）在"模式工具栏"中单击"多边形"按钮，使用"实时选择"工具选择海豚模型后端的顶面。

（3）按键盘上的<Delete>键，将选择的网格面删除，如图6-50所示。

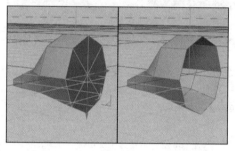

图6-50

（4）在"模式工具栏"中单击"边"按钮，右击视图，在快捷菜单中执行"桥接"命令。使用"桥接"命令可以在网格边界之间创建网格面。

（5）拖动模型孔洞上端的边线至孔洞下端边线。此时在两个边界间将会生成网格面，如图6-51所示。

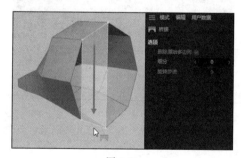

图6-51

（6）"桥接"命令的参数非常简单，设置"细分"参数可以在生成的网格面上添加分段。

2. "封闭多边形孔洞"命令

使用"封闭多边形孔洞"命令可以在模型的开口或孔洞处创建网格面，将孔洞封闭。

（1）按键盘上的<Ctrl + Z>组合键，撤销"桥接"操作。

（2）右击视图，在快捷菜单中执行"封闭多边形孔洞"命令，单击模型孔洞的边线，此时孔洞上将生成新的网格面。

（3）在"属性"管理器中可以对"封闭多边形孔洞"命令的参数进行设置。设置"多边形类型"选项组可以对新生成网格面的分段方式进行设置。

选择"N-gon"选项将生成多边形网格面，选择"三角面"选项将生成三角面，选择"四边面"选项将生成四边面。图6-52展示了不同选项下，网格面的分段效果。

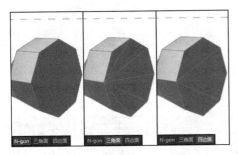

图6-52

（4）在"多边形类型"选项组中选择"N-gon"选项，使用"倒角"和"挤压"命令对新生成的网格面进行挤压，使用"移动"和"旋转"工具对挤压网格面的顶点位置进行调整，以制作海豚的身体，如图6-53所示。

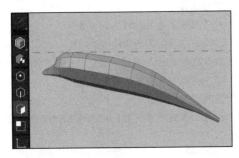

图6-53

6.2.4 细分网格面命令

在多边形建模的最后，往往会对模型进行细分曲面操作，使模型的表面变得平滑柔和。"细分"和"细分曲面权重"命令都和网格面的细化操作相关。下面通过具体操作进行学习。

1. "细分"命令

使用"细分"命令可以将网格面再次进行细分，增加网格的分段。

（1）读者可以继续前面案例的操作，或者打开本书附带文件Chapter-06/海豚3.c4d。

（2）在"模式工具栏"中单击"多边形"按钮，右击视图，在快捷菜单中执行"细分"命令。

（3）将模型的所有网格面进行细分，如图6-54所示。

（4）按键盘上的<Ctrl + Z>组合键，撤销"细化"操作，使用"实时选择"工具选择模型的网格面。

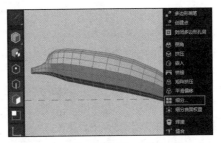

图6-54

（5）再次执行"细化"命令，此时只细分选择的网格面。

2. "细分曲面权重"命令

使用"细分曲面权重"命令可以对模型的网格面设置权重，通过权重影响"细分曲面"生成器的平滑效果。

（1）按键盘上的<Ctrl + Z>组合键，撤销"细化"操作。

（2）按住键盘上的<Alt>键，在"工具栏"中单击"细分曲面"生成器按钮，为模型添加生成器。此时模型表面变得更为平滑。

（3）在"对象"管理器中单击"圆柱体"对象，将其选中。

（4）使用"实时选择"工具选择模型侧面的网格面，如图6-55所示。

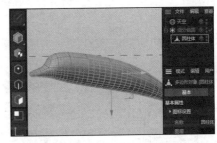

图6-55

（5）右击视图，在快捷菜单中执行"细分曲面权重"命令，在视图中向右拖动鼠标指针，改变选择网格面的权重。此时"圆柱体"对象的标签栏会增加"SDS权重"标签。

（6）单击"SDS权重"标签，在视图中可以看到权重改变后的网格面呈红色，如图6-56所示。

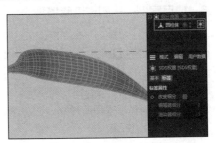

图6-56

（7）再次右击视图，在快捷菜单中执行"细分曲面权重"命令，在视图中横向拖动鼠标指针可以看到，网格面的颜色发生变化。这意味着权重值在改变。

（8）在"属性"管理器中可以使用参数控制网格面的权重值。修改"强度"参数，然后单击"设置"按钮，即可改变网格面的权重值。

> **提示**
>
> "强度"参数的取值范围是−100%至100%。

（9）设置"交互最小"和"交互最大"参数可以定义权重值的可调整范围，如图6-57所示。

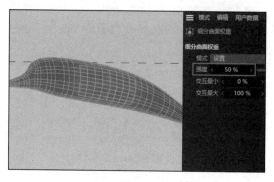

图6-57

（10）模型网格面的权重值被修改后，再使用"细分网格"生成器对模型进行细化时，网格面的平滑效果会发生改变，如图6-58所示。

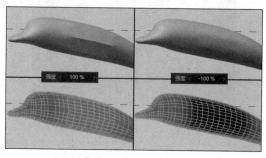

图6-58

在图6-58中可以看到，当权重值为100%时，网格面将不再产生平滑变形；权重值为−100%时，网格面会产生较明显的平滑变形。

6.2.5　项目案例——制作海豚模型

本课详细讲述了"添加"命令组，在这些命令中，有些命令是非常重要的，在建模工作中会频繁使用到。

结合本课所讲述的命令，建立海豚模型。读者可以通过教学视频学习模型的建立方法。图6-59展示了案例完成后的效果。

图6-59

6.3　课时23：还有哪些网格编辑命令？

除了"添加"命令组以外，"网格"菜单中还包含"移除""克隆""剪切"和"移动"等命令组。使用这些命令可以对多边形子对象进行合并、复制、切割，以及移动等操作。本课将对这些命令组进行讲解。

学习指导

本课内容重要性为【必修课】。

本课的学习时间为40～50分钟。

本课的知识点是熟练掌握"移除""克隆""剪切"和"移动"命令组的使用方法。

课前预习

扫描二维码观看视频，对本课知识进行学习和演练。

6.3.1　"移除"命令组

使用"移除"命令组中的命令可以将多边形的子对象进行连接、消除以及合并。下面通过具体操作来进行学习。

1.　"焊接"与"缝合"命令

使用"焊接"与"缝合"命令可以将模型间的开口进行连接。这些命令是建模操作中常用的命令。

（1）打开本书附带文件Chapter-06/木偶1.c4d。场景中的模型已基本创建完毕，木偶模型的身体与手臂需要连接。

（2）在"对象"管理器中将"身体"与"胳膊"对象同时选中。

（3）右击"身体"对象，在弹出的快捷菜单执行"连接对象+删除"命令。此时两个模型对象将连接为一个对象，如图6-60所示。

图6-60

（4）接下来可以使用"焊接"和"缝合"命令将模型之间的接缝连接起来。

（5）使用"焊接"命令可以将选择的顶点焊接为一个顶点。该命令只能对顶点子对象进行编辑，对其他子对象无效。

①使用"实时选择"工具将接缝处的两个顶点选中。

②右击视图，在弹出的快捷菜单中执行"焊接"命令。

③可以看到，在选择的两个顶点之间会出现一条白线，在白线上移动鼠标指针，顶点或白线中点会出现焊接确认点，如图6-61所示。

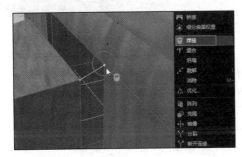

图6-61

④在右侧顶点处单击，此时软件将以该顶点为焊接点进行顶点焊接。

（6）焊接操作前需要先选择顶点。使用"缝合"命令能更加灵活地对顶点和边线进行缝合操作，但是无法对网格面进行缝合操作。

①按键盘上的<Ctrl + Z>组合键，撤销"焊接"操作。

②选择"实时选择"工具，在场景空白处单击，取消顶点的选择。

③右击视图，在快捷菜单中执行"缝合"命令。

④在需要连接的顶点上拖动鼠标指针，此时软件将会以第二个顶点作为焊接点进行缝合操作，如图6-62所示。

图6-62

⑤使用"缝合"命令也可以对边线进行缝合。按键盘上的<Ctrl + Z>组合键，撤销之前的操作。

⑥在"模式工具栏"中单击"边"按钮，对模型的边子对象进行编辑。

⑦执行"缝合"命令，在模型接缝处拖动对应的两条边线。此时两条边线将进行缝合，如图6-63所示。

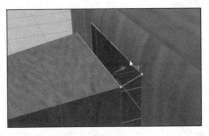

图6-63

"缝合"命令在操作时看起来与"桥接"命令有些类似，它们都可以连接边线。不同点在于，"桥接"命令会在接缝位置创建新的面，而"缝合"命令是将两条对应的边线进行合并。

2．"塌陷""溶解"和"消除"命令

"塌陷""溶解"和"消除"命令可以移除多边形对象的子对象。

"溶解"和"消除"命令在使用后得到的结果非常接近，所以初学者常常分不清楚两者之间的区别。这两个命令主要用于对多边形面的边线进行调整。

（1）在"模式工具栏"中单击"边"按钮，对模型的边线进行设置。

（2）依次按键盘上的<U—L>键，执行"循环选择"命令，在模型的手臂位置选择一圈边线，如图6-64所示。

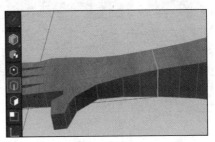

图6-64

（3）右击视图，在快捷菜单中执行"溶解"命令，此时选择的边线将会消失。

（4）在"模式工具栏"中单击"点"按钮。此时可以看到选择的边线被删除了，但是顶点还是被保留下来，如图6-65所示。

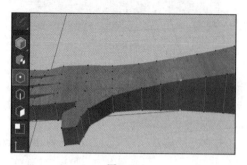

图6-65

（5）使用"溶解"命令可以将边线删除，然后将边线两侧的网格面融合为一个多边形面。

（6）按键盘上的<Ctrl + Z>组合键，撤销溶解操作。再次选择边线。

（7）执行"消除"命令，然后切换至"点"编辑模式，可以看到选择的边线被删除了，同时组成边线的顶点也被删除了，如图6-66所示。

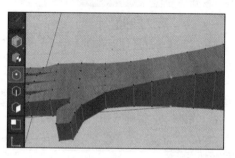

图6-66

（8）使用"塌陷"命令可以消除顶点、边线和网格面。该命令比较直接。选择子对象，然后执行"塌陷"命令，此时子对象将合并为一个顶点，如图6-67所示。

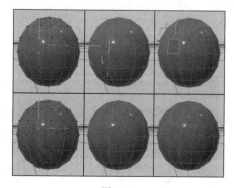

图6-67

3."优化"命令

"优化"命令很不起眼，常常被初学者忽略，但是该命令在多边形建模过程中非常重要。使用"优化"命令可以消除模型中的孤立顶点，合并位置重合的顶点。

（1）打开本书附带文件Chapter-06/木偶1.c4d。

（2）在"对象"管理器中同时选择"身体"和"胳膊"对象，此时两个模型并没有连接为一个模型。

（3）在"模式工具栏"中单击"点"按钮，对模型的顶点进行编辑。

（4）右击视图，在快捷菜单中执行"缝合"命令，对胳膊模型和身体模型之间的缝隙进行缝合，如图6-68所示。

图6-68

此时接缝处的顶点只是位置相同，但是接缝依然存在。移动接缝处的顶点可以看到两个顶点并没有融合为一个顶点。

（5）在"对象"管理器中右击"身体"对象，在弹出的快捷菜单中执行"连接对象 + 删除"命令，将手臂和身体模型连接为一个模型。

（6）此时执行"优化"命令，可以将位置重合的顶点合并为一个顶点。

除了将重叠的顶点合并，使用"优化"命令还可以删除孤立的顶点。

在执行布尔运算或导入外部模型时，有时模型会包含一些孤立的顶点。使用"优化"命令可以删除这些顶点。

①使用"实时选择"工具在视图中选择模型的顶点。

②按住键盘上的<Ctrl>键，使用"移动"工具对选择的顶点执行移动复制操作。此时模型外侧将会产生孤立的顶点，如图6-69所示。

③执行"优化"命令，可以看到孤立的顶点将会消失。

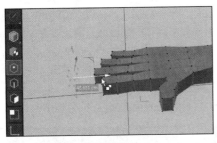

图 6-69

6.3.2 "克隆"命令组

使用"克隆"命令组中的命令可以对多边形的子对象进行复制。下面通过具体操作进行学习。

1. "阵列"命令、"克隆"命令和"镜像"命令

"阵列""克隆"和"镜像"命令都可以用于对多边形子对象进行复制操作，不同点是复制的方式有所不同。

使用"阵列"命令可以以阵列方式，沿 x、y、z 3 个轴对子对象进行复制。使用"克隆"命令可以沿单个轴对模型进行复制。在 C4D 中，通常使用"阵列"生成器来制作模型的阵列和克隆效果，所以"阵列""克隆"命令很少用到。

（1）在"模式工具栏"中单击"多边形"按钮。

（2）选择需要进行阵列的网格面，右击视图，在快捷菜单中执行"阵列"命令。

（3）在"属性"管理器下端单击"应用"按钮，选择的网格面会产生阵列效果，如图 6-70 所示。

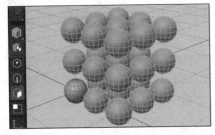

图 6-70

（4）设置"穿孔"参数可以随机减少阵列模型的数量。

"阵列"命令包含的参数非常简单，读者可以试着设置一下，观察模型阵列效果的变化。下面介绍一下"克隆"命令。

（1）按键盘上的 <Ctrl + Z> 组合键，撤销前面的操作。

（2）选择需要克隆的网格面，然后执行"克隆"命令。

（3）在"属性"管理器中单击"应用"按钮，网格面将产生克隆效果。

（4）调整"克隆"命令的参数，可以改变复制网格的状态，如图 6-71 所示。

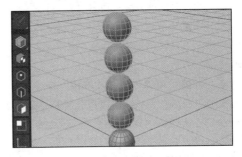

图 6-71

"阵列"命令与"克隆"命令的参数非常简单，本书就不多做讲述。这两个命令在工作中很少用到，所以读者了解即可。

使用"镜像"命令可以对选择的网格面进行镜像复制操作。

（1）在"模式工具栏"中单击"多边形"按钮。

（2）使用"框选"工具选择"身体"模型左侧的网格面，然后按键盘上的 <Delete> 键将其删除，如图 6-72 所示。

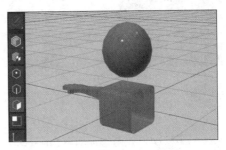

图 6-72

（3）使用"框选"工具将身体模型的所有网格面全部选中。

（4）右击视图，在快捷菜单中执行"镜像"命令。

（5）在模型开口处的节点上单击，可以设定镜像复制的接缝位置，然后镜像复制网格面，如图 6-73 所示。

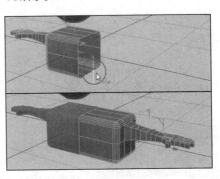

图 6-73

（6）此时接缝处的顶点会自动焊接在一起。如果不想焊接顶点，可以在"属性"管理器中取消启用"焊接点"选项。

使用"消除"命令，将接缝边线删除。然后使用"移动"工具调整身体模型右侧的顶点位置，完成身体模型的制作。

2."分裂"命令与"断开连接"命令

使用"分裂"命令，可以将选择的子对象分裂为一个独立的模型对象。使用"断开连接"命令，可以将选择的子对象与周围的网格面断开连接。下面通过具体操作对其进行学习。

（1）打开本书附带文件Chapter-06/木偶2.c4d。

（2）在场景中选择"身体"模型，在"模式工具栏"中单击"多边形"按钮。

（3）使用"框选"工具将身体模型右侧的手部网格面选中，如图6-74所示。

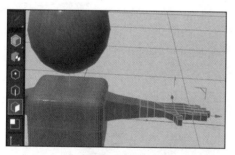

图6-74

（4）右击视图，在快捷菜单中执行"分裂"命令。此时"对象"管理器中会生成一个"身体.1"对象，该对象包含了从身体模型中分离出的手部网格面。

在工作中，常使用"分裂"命令提取局部模型。如果用户需要从三维模型中提取样条线，可以使用"提取样条"命令。

①在"模式工具栏"中单击"边"按钮，然后，依次按键盘上的<U—L>键，执行"循环选择"命令，选择一组连续的边线。

②右击视图，在快捷菜单中执行"提取样条"命令，此时会生成"身体.样条"对象，如图6-75所示。

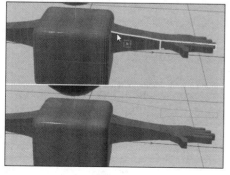

图6-75

使用"断开连接"命令可以将选择的顶点、边线或网格面与周围的网格面分离。该命令可以用于在模型表面开口。

（1）在场景中选择"头部"模型，在"模式工具栏"中单击"点"按钮。

（2）在模型表面选择顶点，如图6-76所示。

图6-76

（3）右击视图，在快捷菜单中执行"分裂"命令。此时选择的节点将会分裂为多个节点，如图6-77所示。使用该方法可以制作出玩偶模型的嘴部造型。

图6-77

"断开连接"命令还可以作用于边线和网格面子对象。图6-78展示了对选择的边线和网格面执行"断开连接"命令的效果。

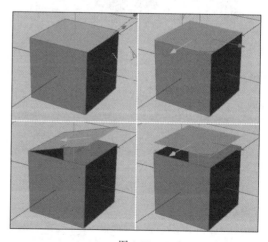

图6-78

6.3.3 "剪切"命令组

"剪切"命令组包含"线性切割""平面切割""循环/路径切割"以及"连接点/边"命令。

使用"剪切"命令组中的命令，可以对网格面进行切割，生成新的边线分段。下面通过具体操作来学习这些功能。

1. "线性切割"命令与"平面切割"命令

"线性切割"命令非常强大，使用该命令可以实现所有剪切操作，所以该命令被放置在"网格"菜单的上端，而非"剪切"子菜单中。下面通过具体操作来学习该命令。

（1）打开本书附带文件Chapter-06/木偶3.c4d。

（2）右击视图，在快捷菜单中执行"线性切割"命令。使用该命令可以自由地在模型表面绘制分割线。

（3）参考图6-79，在视图中单击，绘制切割线，可以看到切割线上出现了各种颜色的控制点。

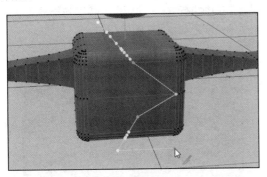

图6-79

切割线上控制点的颜色代表了不同的含义。

黄色：位于模型以外的控制点。

蓝色：位于多边形网格面上的控制点。

红色：位于多边形边线上的控制点。

绿色：位于顶点上的控制点。

白色：切割线与多边形边线的交叉点。

绘制切割线后，还可以对切割线控制点进行删除、添加和移动操作，通过调整，可以改变切割线的形状。在修改切割线时，需要配合键盘上的功能键。

按住键盘上的<Ctrl>键，单击切割线上的控制点，可以删除控制点。

按住键盘上的<Shift>键，可以在切割线上建立控制点。

（4）在设置好切割线的形状后，按键盘上的<Esc>键或空格键，完成切割操作。

使用"线性切割"命令除了可以通过绘制的方式创建分割线以外，还可以借助已有的样条线创建分割线。这样可以在模型表面创建出具有特殊造型的网格面。

（1）按键盘上的<Ctrl + Z>组合键，撤销之前的切割操作。

（2）在"对象"管理器中将"文本样条"对象设置为显示状态。

（3）右击视图，在快捷菜单中执行"线性切割"命令。

（4）按住键盘上的<Ctrl>键，将鼠标指针移至样条线，样条线将高亮显示。此时单击，样条线将会对模型进行切割。

（5）在透视视图中，利用样条线对模型进行切割时，样条线会根据视图角度在模型表面进行投射切割，旋转视图，可以观察到这一点，如图6-80所示。

图6-80

如果希望样条线以垂直角度对模型进行切割，可以在"正视图"中使用"线性切割"命令拾取样条线。在"属性"管理器中，可以对切割方式进行设置。

默认状态下，"仅可见"选项为启用状态，此时切割线只能对可见网格面进行切割，不可见网格面将不受切割线的影响。

取消启用"仅可见"选项后，"切片模式"选项栏将成为可选状态。该选项栏提供了4种切割模式。切割：选择该模式，切割线可以对模型的所有网格面进行切割，包括可见网格面和不可见网格面。分割：选择该模式，模型会被分割为两个部分。移除A部分：选择该模式，模型在切割后，会删除分割线右侧或下端部分。移除B部分：选择该模式，模型在切割后，会删除分割线左侧或上端部分。

图6-81展示了在"切片模式"选项栏设置不同模式时的切割效果。

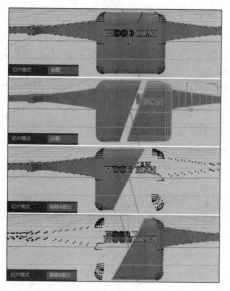

图 6-81

使用"平面切割"命令也可以对模型进行切割或分割。与"线性切割"命令不同，该命令可以进行多段切割。

（1）按键盘上的 <Ctrl + Z> 组合键，撤销之前的操作。

（2）右击视图，在快捷菜单中执行"平面切割"命令，在视图中拖动鼠标指针绘制切割线。

（3）在"属性"管理器中将"切割数量"参数设置为 3，将"间隔"参数设置为 20 cm。

（4）此时模型表面将产生 3 条间隔均为 20 cm 的切割线，如图 6-82 所示。

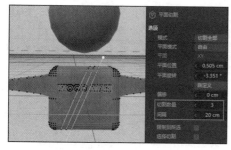

图 6-82

2."循环 / 路径切割"命令与"连接点边"命令

使用"循环/路径切割"命令可以根据模型的网格结构创建分割线。

（1）右击视图，在快捷菜单中执行"循环/路径切割"命令。

（2）在模型表面移动鼠标指针，可以预览将要添加的切割线，如图 6-83 所示。确认切割线位置后，单击以建立切割线。

（3）此时视图上端会出现交互式控制滑杆，拖

动视图上端的三角形控制柄，可以改变切割线在边线上所处的位置。

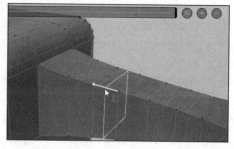

图 6-83

（4）单击"+"按钮，可以增加分段；单击"–"按钮可以减少分段；单击"平均"按钮，可以对切割线进行等间距摆放。

使用"连接点边"命令可以在边线或顶点之间创建连接线。

（1）按键盘上的 <Ctrl + Z> 组合键，撤销之前的操作。

（2）在模型表面选择一组顶点，右击视图，在快捷菜单中执行"连接点边"命令，选择的顶点间将生成一条分割线，如图 6-84 所示。

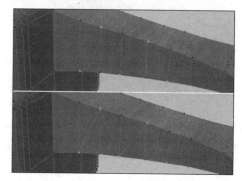

图 6-84

（3）在"模式工具栏"中单击"边"按钮，接着使用"实时选择"工具在模型表面选择一组边线。

（4）再次执行"连接点边"命令，此时会以选择的边线的中心点创建一条分割线，如图 6-85 所示。

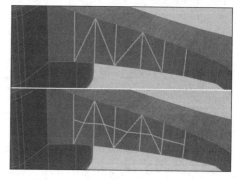

图 6-85

6.3.4 "移动"命令组

"移动"命令组可以对多边形的顶点位置进行调整，使模型的外观产生更多变化。

1."熨烫"命令

"熨烫"命令可以使模型的表面变得更加平滑。执行命令后，在模型表面拖动鼠标指针，模型边线间的夹角将变得更加平滑。整个过程就像使用烙铁熨烫布料一样。

"熨烫"命令可以在点、边、多边形3种模式下进行工作。

右击视图，在快捷菜单中执行"熨烫"命令，在视图中向右拖动鼠标指针，可以看到模型表面变得更加平滑，如图6-86所示。

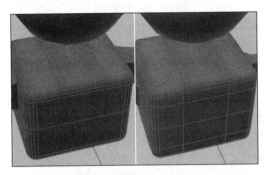

图 6-86

2."笔刷"命令与"磁铁"命令

使用"笔刷"与"磁铁"命令可以移动模型的顶点。两个命令的使用方法和参数设置方法非常接近。不同点是，使用"笔刷"命令涂抹模型时，笔刷接触到的顶点都会产生移动；而使用"磁铁"命令拖动模型表面时，仅影响鼠标指针最初所在区域的顶点。

（1）在"模式工具栏"中单击"点"按钮，右击视图，在快捷菜单中执行"笔刷"命令。

（2）在模型表面拖动鼠标指针，可以看到笔刷接触到的顶点会随笔刷的移动而移动，如图6-87所示。

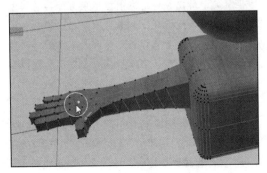

图 6-87

（3）按键盘上的<Ctrl + Z>组合键，撤销之前的操作。

（4）在快捷菜单中执行"磁铁"命令，再次在模型表面拖动鼠标指针。可以看到只有鼠标指针所在区域的顶点会随鼠标指针的移动发生变化，如图6-88所示。

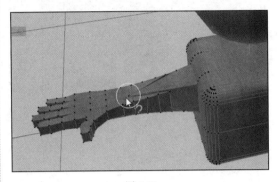

图 6-88

"笔刷"命令与"磁铁"命令在"属性"管理器中还包含很多参数设置。在"模式"选项栏内可以改变拖动模型表面时顶点的变化方式。读者可以尝试设置该选项，体验不同的顶点移动方法。

3."滑动"命令

"滑动"命令是多边形建模工作中最为常用的命令。使用该命令可以对顶点和边线进行移动，移动时子对象会按照网格面的角度进行滑动。

（1）在"模式工具栏"中单击"点"按钮，右击视图，在快捷菜单中执行"滑动"命令。

（2）拖动顶点，可以看到顶点会在边线上滑动，而不是按照坐标方向进行移动，如图6-89所示。

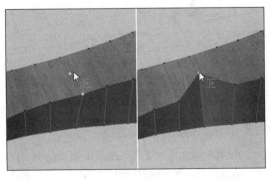

图 6-89

使用"滑动"命令调整边线的方法也是如此，此处就不再讲述，读者可以使用上述方法试着对边线子对象进行滑动操作。

6.3.5 项目案例——制作木头人偶模型

至此，本章对多边形建模工作涉及的命令进行了详细的讲解。

为了加强大家对多边形建模方法的理解和掌握，本小节将制作一组木偶模型。通过具体的案例操作，对本章讲述的多边形建模命令进行练习与巩固。图6-90展示了案例完成后的效果。读者可以结合本课教学视频，进行具体操作。

图6-90

6.4　课时 24：如何使用雕刻功能细化模型？

C4D 提供了强大的雕刻功能，使用该功能，可以在模型表面制作出真实的褶皱和纹理。这可以使模型表面增加更多细节，使模型更加逼真生动。本课将通过具体操作详细讲述雕刻功能。

学习指导

本课内容重要性为【选修课】。

本课的学习时间为40～50分钟。

本课的知识点是熟练掌握雕刻功能的使用方法。

课前预习

扫描二维码观看视频，对本课知识进行学习和演练。

6.4.1　雕刻功能的使用方法

使用雕刻功能，可以改变模型表面的网格结构。在完成雕刻操作后对模型进行烘焙，此时会生成法线和置换贴图，利用贴图使模型产生雕刻纹理。雕刻功能包含建模和贴图设置。下面通过具体操作学习雕刻功能的使用方法。

1. 设置贴图坐标

在对模型进行雕刻操作之前，必须先对模型设置准确的贴图坐标。

贴图坐标是什么？可以把模型理解为一个盒子，把贴图理解为礼品包装纸，贴图坐标就是包装

纸包裹盒子的方法，如图6-91所示。本书在第9章讲述材质与贴图时，会详细讲解贴图坐标的设置方法。

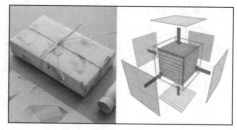

图6-91

因为雕刻功能最终是通过生成法线和置换贴图来制作模型表面的变形效果的，所以在进行雕刻之前，必须准确地对模型的贴图坐标进行设置。否则雕刻操作最后生成的贴图将无法正确地和模型进行匹配。

（1）在"工具栏"中展开模型工具面板，单击"球体"按钮，在场景中创建球体。

（2）在"属性"管理器中将球体的"分段"参数设置为30。

（3）参数化模型是无法进行雕刻操作的。按键盘上的<C>键，将球体模型塌陷为可编辑网格对象，此时就可以对模型进行雕刻操作了，如图6-92所示。

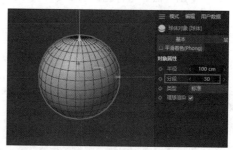

图6-92

提示

参数化模型在创建之初，模型本身是带有贴图坐标的，所以在当前案例中不用另外再对模型的贴图坐标进行设置。如果当前使用的模型是通过多边形建模方法制作的，或者是从外部程序导入的，那么在开始雕刻操作之前必须检查贴图坐标的设置。

2. 细分模型网格

与雕刻功能相关的命令和工具被集中放置在"网格"菜单中的"雕刻"和"笔刷"子菜单中。在对模型进行雕刻操作时，一般会将软件的界面设置为"Sculpt"模式，此时与雕刻相关的所有命令和工具将被陈列在软件界面中。

（1）在C4D软件界面的上端，单击"Sculpt"模式按钮，将软件界面切换为雕刻模式。此时软件界面的右侧会陈列出各种雕刻命令和工具，如图6-93所示。

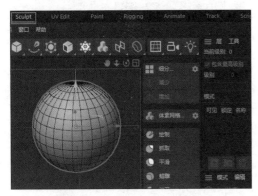

图6-93

（2）在对模型进行雕刻之前，需要先增加模型的网格分段数量，如果模型表面没有足够的分段，将无法制作出细腻的雕刻纹理。在视图右侧的雕刻命令栏内，单击"细分"按钮，此时模型的网格面会在原有基础上进行细分。

（3）每单击一次"细分"按钮，模型表面将进行一次细分。在按钮右侧的"雕刻层"管理器中，"级别"参数展示了当前模型的细分级别。修改"级别"参数可以改变模型表面的细分程度，单击"减少"和"增加"按钮同样可以改变细分程度，如图6-94所示。

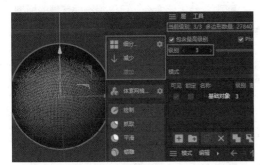

图6-94

提示

在对模型进行细分时，并不是细分的级别越高越好，模型网格面过多会大大降低系统的运算速度。在"雕刻层"管理器上端的信息栏内，可以看到当前模型的网格面数量，以及内存的占用量。

3. 雕刻命令基础参数

雕刻命令被集中放置在视图右侧的命令栏内。这些命令各有特点，但操作方法和参数基本相同。选择雕刻命令后在模型表面拖动，即可对模型表面进行修改。

（1）在透视视图的视图菜单内执行"显示"→"光影着色"命令，调整当前视图的显示方式。

（2）在雕刻命令栏中执行"绘制"命令并在模型表面拖动，可以使网格面隆起。

（3）在"属性"管理器内可以对"绘制"命令的参数进行设置。

（4）设置"尺寸"参数可以调整笔刷的大小，设置"强度"参数可以设置笔刷的雕刻力度，如图6-95所示。

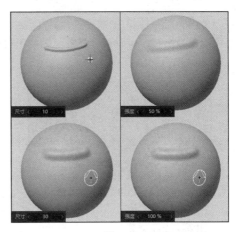

图6-95

（5）展开"衰减"卷展栏，此时可以通过"衰减"曲线改变笔触的形态。

（6）在"衰减"卷展栏下端单击"载入预设"按钮，在弹出的对话框中选择不同的预设曲线，可以得到不同的曲线形状。

（7）设置"衰减"曲线后，在模型表面多次单击，可以看到不同的曲线形态，雕刻出的效果也会不同，如图6-96所示。

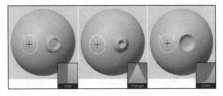

图6-96

（8）除了利用载入预设的方式调整"衰减"曲线以外，还可以手动对曲线的形态进行设置。

（9）启用"稳定笔触"选项后，可以使拖动轨迹变得更为平滑。

（10）启用"稳定笔触"选项，然后将"长度"参数设置为20，该参数定义了辅助线的长度。

（11）在模型表面拖动鼠标指针，鼠标指针后面会延长出一条蓝色的辅助线，辅助线会按鼠标指针的移动方向平滑雕刻轨迹，如图6-97所示。

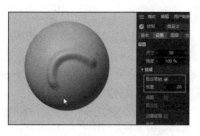

（12）启用"间距"选项后，笔触之间会产生间距，设置"百分比"参数可以调整笔触之间的间距。

（13）将"百分比"参数设置为100，在模型表面拖动鼠标指针，可以看到雕刻笔触将不再连续，如图6-98所示。

图6-98

4. 丰富的雕刻命令

C4D提供了丰富的雕刻命令，下面来整体看一下这些命令的功能与特点。

绘制：使用该命令，可以将笔刷涂抹区域的网格面向外隆起。

抓取：使用该命令，可以将单击区域的顶点向拖动方向拉伸，如图6-99所示。

图6-99

平滑：使用该命令，可以减少笔刷涂抹区域的凹凸转折，使模型表面的雕刻痕迹变得更为圆润平滑。

蜡雕：使用该命令，可以将笔刷涂抹区域向外平整隆起，如图6-100所示。

图6-100

切刀：使用该命令，可以根据涂抹轨迹在模型

表面切出凹槽，如图6-101所示。

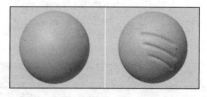

图6-101

挤捏：使用该命令，可以强化涂抹区域的转折效果，让雕刻痕迹的转折效果更为尖锐，如图6-102所示。

图6-102

压平：使用该命令，可以将涂抹区域的模型表面压平，压平过程中会留下涂抹轨迹，如图6-103所示。

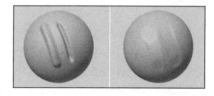

图6-103

膨胀：使用该命令，可以将涂抹区域的模型表面向外膨胀，如图6-104所示。

图6-104

放大：使用该命令，可以对涂抹区域的转折效果进行加强，使网格转折效果更为强烈，如图6-105所示。

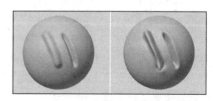

图6-105

填充：使用该命令，可以对凹槽区域进行填充，如图6-106所示。

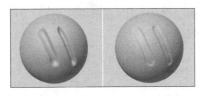

图 6-106

重复：该命令需要配合图像纹理使用。使用该命令，可以根据图像纹理在涂抹区域生成凹凸效果，如图 6-107 所示。该命令会在稍后的内容中详细讲解。

图 6-107

铲平：使用该命令，可以削平模型的雕刻痕迹，铲平后会留下类似于用小刀削平木头的痕迹，如图 6-108 所示。

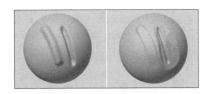

图 6-108

擦除：该命令非常特殊，它被单独放置在所有雕刻命令的最下端。使用"擦除"命令，可以像橡皮擦一样擦除所有的雕刻痕迹，使模型恢复至初始状态。

以上这些雕刻命令都非常简单和直观，读者可以根据上述描述，尝试着使用这些命令对模型进行雕刻。

5. 雕刻命令的快捷键

在对雕刻命令进行整体学习后，下面使用雕刻命令对模型进行雕刻操作。配合快捷键使用雕刻命令，可以扩展出更多功能。下面通过具体操作来学习上述功能。

（1）执行"绘制"命令，在球体模型表面拖动，绘制环形山基础型，如图 6-109 所示。

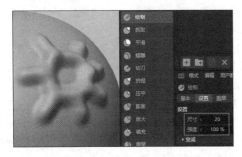

图 6-109

（2）按住键盘上的 <Shift> 键，在凸起的网格面拖动鼠标指针。此时"绘制"命令会转变为"平滑"命令，使凸起的网格面变得平滑。

（3）按住键盘上的 <Ctrl> 键，在环形山内部拖动鼠标指针，模型的网格面将会向内部凹陷变形，如图 6-110 所示。

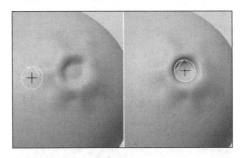

图 6-110

键盘上的功能键 <Ctrl> 和 <Shift> 键对大多数雕刻命令都是有效的。按住键盘上的 <Ctrl> 键，模型会反方向变形；而按住键盘上的 <Shift> 键，当前命令会转变为"平滑"命令，减弱雕刻痕迹。

在使用雕刻工具时，拖动鼠标中键，可以调整笔刷尺寸和雕刻强度。按水平方向拖动鼠标中键，可以调整笔刷的大小；按垂直方向拖动鼠标中键，可以更改雕刻强度。

6. 雕刻纹理细节

观察当前雕刻出的环形山，可以看到该模型表面太光滑了，缺乏岩石的肌理效果。此时可以利用贴图纹理雕刻出岩石表面的纹理细节。

为了便于对雕刻纹理的管理，C4D 在"雕刻层"管理器中提供了雕刻层管理模式，用户可以将不同的雕刻纹理放置在各自的层中。

（1）打开"雕刻层"管理器，在管理器下端单击"添加层"按钮，添加新的雕刻层，将雕刻层的名称改为"岩石纹理"，如图 6-111 所示。

图 6-111

（2）此时在模型表面添加的雕刻纹理会记录在"岩石纹理"雕刻层内。

（3）在雕刻命令栏内执行"重复"命令。在"属性"管理器中打开"图章"设置面板。

（4）单击"图像"设置栏右侧的设置按钮，会弹出"打开文件"对话框。

（5）在对话框中，打开本书附带文件Chapter-06/宇航员/图章纹理.jpg。

（6）此时在模型表面拖动鼠标指针，将可以根据位图纹理雕刻出岩石肌理效果，如图6-112所示。

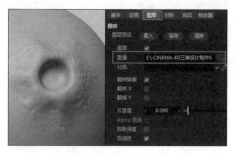

图6-112

在"图章"设置面板添加贴图图像后，雕刻命令可以根据图像纹理在涂抹区域雕刻纹理。图像中白色区域是突出区域，黑色区域则是凹陷区域。"重复"命令可以重复应用贴图的纹理，在模型表面雕刻出连续的纹理效果。

在"属性"管理器中还提供了"拓印"设置面板。"拓印"功能和"图章"功能类似，都是利用贴图图像对模型进行雕刻。不同点是"拓印"功能是将图像平铺到模型表面，用户在需要雕刻的位置拖动鼠标指针即可生成雕刻纹理。下面通过具体操作来学习。

（1）选择"绘制"命令，在"属性"管理器中打开"拓印"设置面板。

（2）单击"图像"设置栏右侧的设置按钮，在弹出的对话框中打开本书附带文件Chapter-06/宇航员/拓印纹理.jpg。

（3）此时在视图中会出现拓印图像的纹理。修改"透明度"参数，可以设置图像的显示透明度，设置"缩放"参数可以调整图像的显示比例，如图6-113所示。

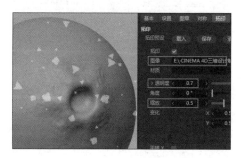

图6-113

（4）在模型表面拖动鼠标指针，此时可以根据

拓印图像纹理在模型表面雕刻出岩石纹理效果，如图6-114所示。

图6-114

利用"拓印"功能可以将图像纹理拓印并雕刻至模型的表面。

7. 烘焙模型

在对模型雕刻完毕后，最后需要对模型进行烘焙操作。烘焙操作可以为雕刻纹理生成法线和置换贴图。最终模型表面的雕刻纹理就是由贴图生成的。用贴图来生成雕刻纹理的优点是，可以极大减少系统资源的占用。

（1）按键盘上的快捷键<N—B>，将当前视图的显示模式设置为"光影着色（线条）"模式。此时可以看到，模型表面出现了密集的分段。

（2）在"对象"管理器，可以看到模型对象的标签栏包含一个"雕刻"标签，如图6-115所示。此时如果将"雕刻"标签删除，模型将恢复至雕刻之前的状态。

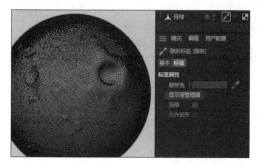

图6-115

（3）在"对象"管理器中右击模型，在弹出的快捷菜单中执行"连接对象＋删除"命令，此时模型将塌陷为网格模型。

塌陷后，模型表面的雕刻纹理将施加在模型表面上。但是此时模型表面的网格数量太多了，会严重影响后续的场景编辑。所以此时需要用烘焙功能将雕刻纹理烘焙成贴图。

（4）选择雕刻模型，在雕刻命令栏的下端执行"烘焙雕刻对象"命令。此时会弹出"烘焙雕刻对象"对话框，在"文件"设置栏中设置贴图文件保存的路径和名称，如图6-116（左）所示。

（5）单击"烘焙"按钮，在设置面板中启用"置换"选项和"法线"选项，生成对应贴图。

（6）单击"烘焙"按钮，对雕刻纹理进行烘焙，如图6-116（右）所示。

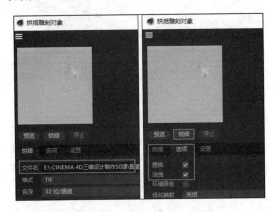

（左）　　　　　　（右）

图6-116

在经过一番计算后，场景中会生成一个新的模型，该模型的网格数量还原至雕刻操作之前的状态。新生成的模型会自动设置材质，在材质中为模型中添加了生成的"置换"和"法线"贴图，如图6-117所示。

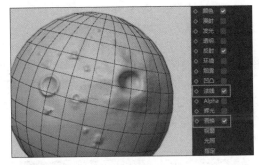

图6-117

（7）在"对象"管理器中，将原来的雕刻模型隐藏，对当前烘焙生成的模型进行渲染。可以看到，在"法线"和"置换"贴图的作用下，模型表面产生了生动的雕刻纹理。

关于"法线"贴图和"置换"贴图的具体工作原理，本书将在第9章进行讲述。

6.4.2　项目案例——制作卡通游戏场景

本课对C4D的雕刻命令做了详细讲解，利用雕刻命令可以为模型添加生动的纹理细节。本小节将结合雕刻命令制作卡通游戏场景。图6-118展示了案例完成后的效果。读者可以结合本课教学视频，对案例进行学习和演练。

图6-118

6.5　课时25：如何使用体积生成器建模？

体积生成器可以帮助用户快速搭建模型。体积生成器可以将模型或二维图形转换为体素，然后再由体素的形态创建模型网格面，从而生成三维模型。本课将对体积生成器进行详细的讲解。

学习指导

本课内容重要性为【选修课】。

本课的学习时间为40～50分钟。

本课的知识点是熟练掌握使用体积生成器创建模型的方法。

课前预习

扫描二维码观看视频，对本课知识进行学习和演练。

6.5.1　体积生成器的工作原理

体积生成器的建模原理非常简单。建模的过程类似于布尔操作，利用多个模型可以快速搭建出模型形态。与布尔操作不同的是，布尔操作可以直接生成网格模型，而体积生成器则是先生成体素，然后使用"网格生成"命令将体素转变为网格模型。下面通过具体的操作来进行学习。

1. 搭建模型

在使用体积生成器之前，必须使用三维模型或样条图形搭建出模型的基础形态。

（1）打开本书附带文件Chapter-06/老鼠.c4d。为了节省时间，场景中已经使用参数化模型和二维样条图形搭建出了模型的基础形态。读者也可以根据自己想法，在场景中使用参数化模型搭建模型的基础形体。

（2）在"工具栏"中单击"体积生成"按钮，添加"体积生成"对象。

（3）在"对象"管理器中，将场景中的对象全部设置为"体积生成"对象的子对象。此时模型将转变为体素，如图6-119所示。

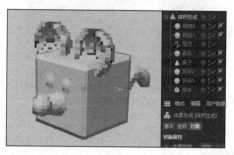

图6-119

2. 设置体素

体素有点类似于位图的像素。像素是一个二维的色块，而体素是三维的矩形块。体素的尺寸决定了下一步生成的网格模型的精细程度。体素尺寸越小，模型的结构越精细，如图6-120所示。

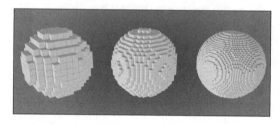

图6-120

在对模型执行"体积生成"命令后，模型会根据网格面向两侧生成体素，如图6-121所示。

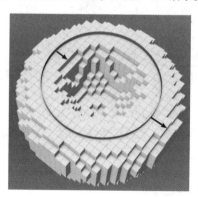

图6-121

（1）在"对象"管理器中选择"体积生成"对象，此时在"属性"管理器中设置"体素尺寸"参数，可以修改体素的尺寸。

（2）将"体素尺寸"参数设置为1 cm，体素形体的外形将变得更为精确，如图6-122所示。

（3）在"对象"列表内可以对参与组合的模型设置运算模式。

（4）将"眼睛1"和"眼睛2"的运算模式设置为"减去"，此时体素的形态会发生变化，如

图6-123所示。

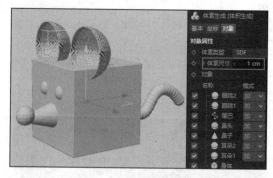

图6-122

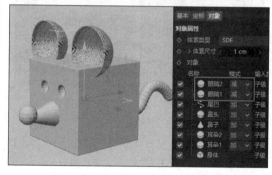

图6-123

（5）在"对象"列表内选择模型对象，还可以对模型生成体素的方式进行设置。

（6）在"对象"列表中选择"鼻头"对象，在"属性"管理器下端对模型参数进行设置。

（7）启用"完美参数体"选项，此时"鼻头"模型的外形将变得更加圆滑。

（8）启用"使用网格点"选项，接着将"网格点半径"参数设置为2 cm，此时将会在模型的每个顶点位置生成半径为2 cm的球体，如图6-124所示。

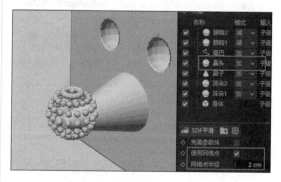

图6-124

（9）在"对象"列表内选择"耳朵1"对象，在"对象"管理器下端启用"优化并关闭孔洞"选项，此时半球模型的孔洞将会封闭，如图6-125所示。

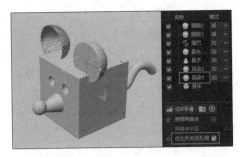

图 6-125

图 6-128

使用"体积生成"命令还可以根据样条图形的形状生成体素。

（1）在"对象"列表中选择"尾巴"对象，此时在"属性"管理器下端可以对其参数进行设置。

（2）当前体素是按照样条图形的节点生成的体素球，设置"半径"参数可以更改体素球的大小。

（3）设置"密度"参数可以设置体素球之间的距离，如图 6-126 所示。

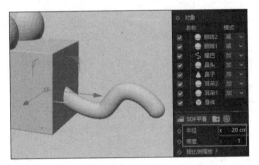

图 6-126

（4）调整"按比例缩放"曲线，可以设置样条图形生成的体素的缩放效果，如图 6-127 所示。

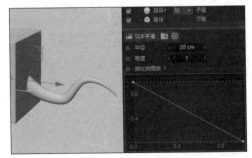

图 6-127

在"对象"列表内还可以添加"SDF平滑"命令，使当前体素模型的过渡更加平滑。

①在"对象"列表下端单击"SDF平滑"按钮，此时"对象"列表中会添加"SDF平滑"命令。

②添加"SDF平滑"命令后，体素模型的外形变得更加平滑。

③在"属性"管理器下端，设置"强度"参数可以调整平滑效果的程度，如图 6-128 所示。

3. 生成网格模型

体素外形设置完毕后，可以通过"体积网格"命令将体素模型生成网格模型。

（1）在"工具栏"中长按"体积生成"按钮，在弹出的体积生成面板中，单击"网格生成"按钮。

（2）在"对象"管理器中，将"体积生成"对象设置为"网格生成"对象的子对象。此时体素模型将生成网格模型。

（3）在"属性"管理器中，可以对"网格生成"对象的参数进行设置。默认情况下"体素范围阈值"参数为50%。当实际参数小于50%时，网格模型会向内收缩；大于50%时，网格模型会向外扩展，如图 6-129 所示。

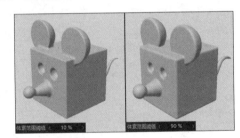

图 6-129

（4）设置"自适应"参数可以对模型的网格数量进行优化。

（5）依次按键盘上的<N—B>键，将视图的显示模式设置为"光影着色（线条）"模式。

（6）调整"自适应"参数，可以看到参数值越大，模型的网格数量将会越少，如图 6-130 所示。

图 6-130

6.5.2 项目案例——制作卡通老鼠模型

本课对体积生成器进行了详细的讲解。利用体积生成器可以快速搭建、生成模型。该功能的优点是自由、快速，缺点是不能对模型进行精细的刻画。

本小节将结合体积生成器制作卡通老鼠模型。图6-131展示了案例完成后的效果。读者可以结合本课教学视频，对案例进行学习和演练。

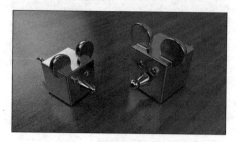

图 6-131

6.6 总结与习题

多边形建模方法是工作中最重要的建模方法，工作中用到的大部分模型都是使用该方法创建的。多边形建模方法具有操作直接、易于控制的特点。

多边形建模方法包含较多的操作命令，这对于初学者来讲可能会是一个难点。在学习这些命令时，初学者要根据建模操作的特点来进行学习和记忆，建模操作包含对网格面的增加、减少、修改和删除4个类型。根据操作类型来掌握对应的编辑命令，这样可以快速掌握这些知识。

习题：使用多边形建模方法建立模型

结合本章讲述的多边形建模方法，使用各种网格编辑命令创建模型。

习题提示

在建模过程中，要按照本章讲述的建模思路进行模型的创建，要侧重对模型结构的分析，合理准确地设置网格拓扑结构。

完成场景模型的搭建后，接下来需要在场景中建立摄像机。正确地设置摄像机可以使场景画面的构图更加完美。利用摄像机的焦距功能还可以对场景画面的气氛起到烘托作用。在C4D中，严格按照真实世界的摄像机来设定摄像机参数，可以使虚拟三维环境的效果更加接近真实效果。C4D提供了丰富的摄像机类型，以充分满足用户在工作中的各种需求。本章将详细讲解摄像机的建立与设置方法。

7.1 课时26：如何正确理解摄像机？

虽然C4D创建的是一个虚拟的三维环境，但摄像机对象的各项参数都是参照真实世界的摄像机设置的。所以在学习摄像机的使用方法时，要按照真实世界中摄像机的使用方法来理解。读者如果已经掌握一些摄影知识，那学习摄像机功能会非常简单；如果没有学习过摄影，就需要认真学习本课内容，本课将对摄像机的工作原理做详细的讲解。

学习指导：

本课内容重要性为【必修课】。

本课的学习时间为40～50分钟。

本课的知识点是正确理解摄像机的工作原理。

课前预习

扫描二维码观看视频，对本课知识进行学习和演练。

7.1.1 摄像机的工作原理

真实世界的摄像机是一台精密的光学仪器，利用小孔成像原理将光线捕捉到感光器材，从而生成照片。虽然经历了近两百年的发展，摄像机的操作已经非常简单，但是如果想拍出好的摄影作品，还是需要学习一些摄影知识的。这有利于在C4D中精确地控制摄像机参数。

1. 焦距

简单来讲，焦距就是摄像机镜片光学中心到胶片或感光芯片的距离。摄像机镜头的长度决定了焦距的长度，镜头长则焦距长，镜头短则焦距短，如图7-1所示。

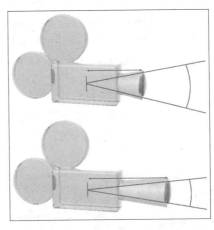

图 7-1

焦距越小，照片中包含的场景就越多。加大焦距，照片将包含更少的场景，但会显示远距离对象的更多细节。

焦距始终以毫米为单位。50 mm镜头通常是摄像机的标准镜头，因为该镜头拍出的照片效果最接近人们眼睛观察世界的透视效果。焦距小于50 mm的镜头称为短镜头或广角镜头，广角镜头可以加强画面的透视角度。焦距大于50 mm的镜头称为长镜头或长焦镜头，长焦镜头会减弱画面的透视感，使画面产生平行透视效果。

为了加深理解，下面通过具体操作来进行学习。

（1）打开本书附带文件Chapter-07/摄像机.c4d。为了节省时间，当前场景的模型已经搭建完成。

（2）在"工具栏"中单击"摄像机"按钮，此时C4D会根据"透视视图"的视角创建摄像机。

（3）在"对象"管理器中单击"摄像机"对象右侧的视图切换按钮，将"透视视图"切换为摄像机视图，如图7-2所示。此时对视图进行调整，摄像机的位置和角度会发生变化。

技巧

在"对象"管理器中双击"摄像机"对象前端的图标，可以将当前视图切换为摄像机视图。

图7-2

（4）在"属性"管理器的"对象属性"设置面板中，可以对摄像机的参数进行设置。"焦距"参数栏右侧的选项栏提供了各种常见的镜头焦距规格。默认为"经典（36毫米）"选项，这是最常用的镜头焦距。

（5）单击"焦距"选项栏，试着选择不同的焦距选项。随着焦距发生变化，在"右视图"中可以看到摄像机的视野范围也会发生变化，如图7-3所示。

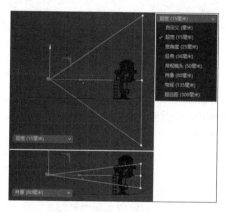

图7-3

通过选择不同的焦距可以看到，焦距越短，摄像机拍摄的范围就越广；焦距越长，拍摄的范围就越窄。在"透视视图"内也可以直观地看到视野范围的变化。

另外，广角镜头会加强画面的透视强度，而长焦距镜头会减弱画面的透视强度，使画面更趋近于平行视图。关于镜头焦距与透视变化的关系，后面还会讲述。

现在我们已经明白了镜头焦距与摄像机视野范围之间的关系。在摄像机设置参数中，"视野范围"和"视野（垂直）"两组参数是随着"焦距"参数的变化而变化的。这两个参数就是在描述不同镜头焦距下，摄像机视野在水平和垂直方向的夹角度数，如图7-4所示。

在将透视视图切换为摄像机视角后，透视视图的四周边框中心会出现4个控制柄，正视图的取景框四周也有4个控制柄，拖动控制柄可以修改"视

野范围"和"视野（垂直）"参数值。

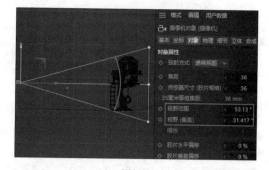

图7-4

2. 传感器

数码摄像机是由传统的胶片摄像机发展而来的，它使用电子传感器来做光感元件。电子传感器感光面积越大，捕捉的光就越多，生成的照片质量也就越好。当然在C4D环境中并没有这么复杂，大家可以把"传感器尺寸（胶片规格）"参数理解为摄像机的镜头拍摄范围，尺寸越大拍摄范围就越大，尺寸越小拍摄范围就越小。

修改"传感器尺寸（胶片规格）"参数可以更改摄像机的取景范围，参数栏右侧的选项栏提供了常见的传感器尺寸，大家可以参考真实镜头的规格来设置取景范围，如图7-5所示。

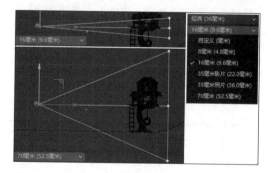

图7-5

需要注意的是，修改"传感器尺寸（胶片规格）"参数只是单纯修改摄像机的取景范围，由于镜头焦距没有变化，所以画面的透视角度是不会变化的。而修改"焦距"参数时，摄像机除了取景范围发生变化以外，透视角度也会发生很大变化。

3. 矫正透视变形

在使用广角镜头时，画面会产生非常强烈的透视效果。

（1）选择"摄像机"对象，在"属性"管理器中将"焦距"参数设置为15。此时画面产生强烈的透视效果。

（2）试着旋转和平移"透视视图"，观察场景的透视变化，如图7-6所示。

图 7-6

（3）在平移摄像机视图时，画面的透视角度也会发生变化。如果在设置摄像机参数时，利用"胶片水平偏移"和"胶片垂直偏移"参数来平移视图，画面的透视角度则不会发生变化。

（4）将"胶片水平偏移"参数设置为10%，此时画面进行了平移，在"顶视图"观察摄像机对象的取景框，会发现摄像机取景框在水平方向发生了变化，如图7-7所示。

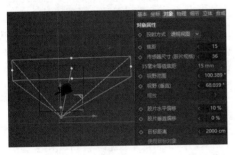

图 7-7

实际上利用"胶片水平偏移"参数平移画面的操作如同将摄像机胶片拉宽，并重新裁切镜头画面，而摄像机的角度并没有任何变化，所以画面的透视也不会产生变化。

在日常工作中，常利用"胶片水平偏移"和"胶片垂直偏移"参数来解决视图调整时，透视角度发生变化的问题。

4. 目标距离

摄像机对象的"目标距离"参数用于设置摄像机的焦点位置。大多数情况下是不需要调整该参数的。但是如果想在渲染画面中制作出景深效果，就需要精确地定义"目标距离"参数和目标点位置。

在摄像机取景框的中心有一个黄色的控制柄，该控制柄用于标明摄像机当前的目标点位置。调整控制柄的位置，可以修改摄像机的"目标距离"参数。

在"左视图"拖动摄像机取景框中心处的黄色控制柄，可以看到摄像机的"目标距离"参数发生变化，如图7-8所示。

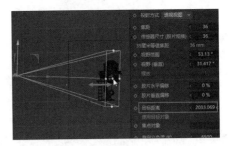

图 7-8

除了可以手动设置目标距离以外，还可以利用拾取目标对象的方式来较为精确地定义"目标距离"参数。

（1）在"目标距离"参数栏右侧单击拾取目标点按钮，此时按钮变为高亮显示状态。

（2）在"透视视图"单击以拾取房子下端的秋千模型，可以看到"目标距离"参数发生了变化，同时摄像机的目标点也移动到了该位置，如图7-9所示。

图 7-9

在准确定义了目标点位置后，接下来才能制作出生动的景深模糊效果。关于景深模糊效果的制作，将在稍后的课程中讲解。

5. 色温

在不同的照明环境下，光线的颜色会发生变化。例如，阴天的光线会偏黄，晴天的光线会偏蓝。光学理论使用"色温"参数的变化来描述光线的颜色变化。

在摄像机的参数设置中，设置"自定义色温（k）"参数可以更改当前画面的色调。在其参数栏的右侧提供了预设的照明方式，可以根据场景的需要进行选择，如图7-10所示。

图 7-10

一般情况下，摄像机的"自定义色温（k）"参数是不需要修改的。如果要改变场景的色调，可以对场景中灯光的颜色进行设置。

7.1.2 项目案例——利用摄像机加强场景气氛

不同的透视角度会使画面产生不同的视觉效果。透视角度增大会使画面产生放射感、力量感，大透视角度画面常用于描述宏大的场景。透视角度减小会使画面产生稳定感、安全感。小透视角度画面常用于动画镜头。下面通过具体操作来体验利用摄像机改变场景画面的透视效果。

（1）继续上一小节的操作，在场景中选择摄像机对象，在"属性"管理器中将"焦距"参数设置为15。

（2）对透视视图的视野范围进行调整。此时因为摄像机焦距变短，场景的透视效果非常强烈，原本可爱娇小的木头玩具看起来变成了宏伟的"高塔"，如图7-11所示。

图7-11

（3）强透视会使画面会产生强烈的放射感和动感，在一些激烈的画面中常用强透视来加强画面冲击感。

（4）将"焦距"参数设置为115，在透视视图对摄像机的取景范围进行调整。

（5）使用长焦镜头时，画面的透视效果会接近正交视图，如图7-12所示。此时的画面看起来非常平稳。

图7-12

（6）将"焦距"参数设置为50，在透视视图对摄像机的取景范围进行调整。此时的画面效果最接近人类肉眼的取景效果，如图7-13所示。

在日常工作中，要根据画面内容选择不同的透视角度，这样可以使画面产生符合观众心理预期的视觉效果。

图7-13

7.2 课时27：如何制作模糊效果？

景深模糊和运动模糊是摄影作品中常见的效果。景深模糊效果可以让摄像机目标点处的景物清晰，而其他区域的景物模糊。这样可以突出画面的主题内容，聚焦画面的视觉焦点。而运动模糊可以让运动的物体产生模糊效果，以加强画面的动感。在C4D中将摄像机对象和渲染设置结合，也可以生动地模拟出景深模糊效果和运动模糊效果。本课将对以上内容做详细讲述。

学习指导

本课内容重要性为【必修课】。

本课的学习时间为40～50分钟。

本课的知识点是掌握景深模糊效果和运动模糊效果的设置方法。

课前预习

扫描二维码观看视频，对本课知识进行学习和演练。

7.2.1 项目案例——制作景深模糊效果

传统摄像机使用光圈和快门来控制底片的曝光量，光圈尺寸可以控制单位时间的进光量，光圈大进光量就大，光圈小则进光量小。快门可以通过开启时间来控制底片的曝光时间，快门开启时间长，进光量就大，开启时间短，则进光量小。

光圈和快门除了可以控制底片的曝光量，还可以使照片产生景深模糊效果和运动模糊效果。将摄像机的光圈加大，此时取景范围内的景深就会变短，被拍摄的目标点前后就会产生景深模糊效果。

C4D依托真实世界的摄像机为摄像机对象设置了各种参数。对摄像机对象的"光圈"参数进行设置，也可以模拟出景深模糊效果。下面通过案例操作来学习如何制作景深模糊效果，图7-14展示了案例完成后的效果。

图7-14

（1）打开本书附带文件Chapter-07/景深模糊.c4d。为了节省时间，场景中已经准备好了摄像机和场景模型。

（2）在"对象"管理器中选择"摄像机"对象，然后在"属性"管理器中打开"对象属性"设置面板。

（3）对摄像机对象的"目标距离"参数进行设置，使只有处于目标点位置的静物才能最清晰地显示出来。

（4）在"对象"管理器中拖动"大象"对象至"焦点对象"设置栏内。此时"目标距离"参数将变为不可用状态，摄像机对象会根据指定的模型对象自动设置"目标距离"参数，如图7-15所示。

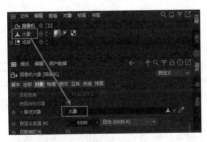

图7-15

（5）在"属性"管理器上端单击"物理"按钮，打开"物理渲染器"设置面板。

（6）设置"光圈（f/#）"参数可以调整摄像机对象的光圈尺寸，在其参数栏右侧的选项栏内可以选择各种规格的光圈。

注意

　　"光圈（f/#）"参数越小，光圈的开口尺寸就越大；参数越大，光圈的开口尺寸越小。

（7）为了加强景深模糊效果，在此将"光圈（f/#）"参数设置为0.2，如图7-16所示。这样的光圈尺寸在真实世界是不存在的，但是在虚拟三维环境是可以设置的。

（8）设置完光圈尺寸后，还需要在渲染设置中启用物理渲染器的"景深"选项，这样渲染出的画面才能够产生景深模糊效果。

图7-16

（9）在"工具栏"中单击"编辑渲染设置"按钮，打开"渲染设置"对话框。C4D为用户准备了两种渲染器，分别是"标准"渲染器和"物理"渲染器。在"渲染器"选项栏内设置当前渲染器为"物理"渲染器。

（10）在"渲染设置"对话框左侧的选项列表中选择"物理"选项，对"物理"渲染器的参数进行设置。在设置面板中启用"景深"选项，这样就可以渲染景深模糊效果了，如图7-17所示。

图7-17

此时按键盘上的<Shift + R>组合键对透视视图进行渲染，渲染画面就可以呈现出景深模糊效果。除了大象模型以外，近处和远处的小树模型都会产生模糊效果。

最后总结一下，使用物理渲染器制作景深模糊效果需要注意以下3点。

①要准确设置摄像机与目标点的距离，通过参数控制和指定目标对象的方式可以快速实现。

②合理设置摄像机的光圈尺寸，光圈越大景深模糊效果越强烈。要注意"光圈"参数的值和光圈的尺寸成反比，值越小光圈尺寸越大。

③在"渲染设置"对话框，选择"物理"渲染器，并且在"物理"设置面板中启用"景深"选项。

7.2.2　项目案例——制作运动模糊效果

使用传统摄像机时，通过控制快门的曝光速度可以拍摄出带有运动模糊效果的照片。快门的开启时间越长，物体的运动模糊效果就越强烈。在C4D中，也可以通过控制摄像机的快门速度参数，模拟出运动模糊效果。下面通过案例操作进行学习，

图7-18展示了案例完成后的效果。

图 7-18

（1）打开本书附带文件Chapter-07/运动模糊.c4d。为了节省时间，场景中已经准备好了摄像机和场景模型。

（2）已经为当前场景中的汽车模型组设置了动画，单击"向前播放"按钮播放动画，可以看到小汽车由右至左行驶。

注意

运动模糊效果只能作用于具有动画效果的模型上，如果没有为场景中的模型设置动画，将无法渲染出运动模糊效果。

（3）在"对象"管理器中选择"摄像机"对象，然后在"属性"管理器中单击"物理"按钮，打开"物理渲染器"设置面板。

（4）设置"快门速度（秒）"参数可以调整摄像机对象的曝光速度。其参数栏右侧的选项栏提供了常用的快门速度选项。

（5）在"快门速度（秒）"参数栏右侧的选项栏内选择"1/2 秒"选项，此时摄像机的快门速度就设置好了，如图7-19所示。

图 7-19

（6）接下来还需要在"渲染设置"对话框中对"物理"渲染器的参数进行设置。这样才能渲染出运动模糊效果。在"工具栏"中单击"编辑渲染设置"按钮，打开"渲染设置"对话框，在对话框中将渲染器设置为"物理"渲染器，然后在"物理"设置面板中启用"运动模糊"选项，如图7-20所示。

（7）将"时间滑块"拖动至第40帧的位置，按键盘上的<Shift + R>组合键，对透视视图执行渲染操作。此时，观察汽车模型的运动模糊效果，

可以看到由于设置了过长的曝光时间，汽车模型模糊得几乎无法识别了。

图 7-20

（8）在"属性"管理器中将"快门速度（秒）"参数设置为0.05，再次按键盘上的<Shift + R>组合键，对透视视图执行渲染操作，此时运动模糊效果就比较令人满意了，如图7-21所示。

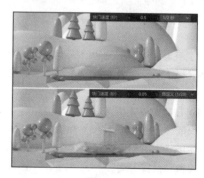

图 7-21

最后总结一下，为摄像机对象设置运动模糊时，需要注意以下3点。

①场景中必须包含设置了动画的对象，运动模糊只能在运动对象上产生。

②合理地对"快门速度（秒）"参数进行设置，曝光时间越长运动模糊效果就越强烈。

③在"渲染设置"对话框中选择"物理"渲染器，并在"物理"设置面板启用"运动模糊"选项。

7.2.3 项目案例——利用渲染设置制作模糊效果

前面两个案例都是通过模拟传统摄像机的摄影技巧，对光圈和快门进行调整，从而制作出景深模糊效果和运动模糊效果。这种方式的优点是画面效果很真实，缺点是无法精确控制模糊的范围。例如，无法通过距离参数控制景深模糊的范围，只能尝试修改光圈大小，逐步得到满意的画面效果。

在C4D中，还可以通过添加渲染"效果"选项制作景深模糊和运动模糊。这种方式的优点是简单快捷并且能够精确控制范围，以及渲染时间短。下面我们通过具体操作来学习上述功能。

1. 添加"景深"效果选项

在"渲染设置"对话框中添加"景深"效果选

项，可以在渲染画面中生成景深模糊效果。

（1）打开本书附带文件 Chapter-07/火车.c4d。为了节省时间，场景中已经准备好了摄像机和场景模型。

（2）在"对象"管理器中选择"摄像机"对象，接着在"属性"管理器中打开"对象属性"设置面板。

（3）要将摄像机对象的目标点设置到准确位置。在"目标距离"参数栏的右侧单击拾取目标按钮，然后在透视视图单击火车头模型的车厢。此时将自动设置"目标距离"参数，如图7-22所示。

图 7-22

（4）在"属性"管理器中单击"细节"选项，打开"细节"设置面板。启用"景深映射－背景模糊"选项，此时摄像机取景框的前端会出现景深范围框。

（5）按键盘上的<F2>键，切换为顶视图。在视图内拖动范围框中心的黄色控制柄，可以调整景深的距离，如图7-23所示。

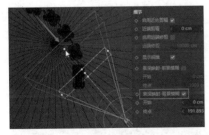

图 7-23

（6）在"细节"设置面板下端，也可以通过调整参数控制景深的距离。将"终点"参数设置为200 cm，此时景深模糊区域与目标点的距离为200 cm。

（7）在"工具栏"中单击"编辑渲染设置"按钮，打开"渲染设置"对话框。接着在对话框左侧单击"效果"按钮，在弹出的列表中选择"景深"效果选项。

（8）添加"景深"效果选项后，按键盘上的<Shift + R>组合键，对场景进行渲染，可以看到画面在指定范围内产生了景深模糊效果。

（9）在"景深"设置面板中设置"模糊强度"参数，可以调整景深模糊的程度，如图7-24所示。

图 7-24

（10）在"属性"管理器的"细节"设置面板中，还可以启用"景深映射－前景模糊"选项，为渲染画面添加前景模糊效果。设置方法与设置背景模糊的操作相同，此处就不讲述了。

2. 添加"次帧运动模糊"效果选项

在"渲染设置"对话框中添加"次帧运动模糊"效果选项，可以在渲染画面中生成运动模糊效果。

（1）打开本书附带文件 Chapter-07/电风扇.c4d。为了节省时间，场景中已经准备好了摄像机和场景模型。

（2）当前场景中的风扇扇叶模型已经设置了旋转动画，单击"向前播放"按钮查看扇叶的旋转动画效果。

（3）在"工具栏"中单击"编辑渲染设置"按钮，打开"渲染设置"对话框。接着在对话框左侧单击"效果"按钮，在弹出的列表中选择"次帧运动模糊"效果选项。

（4）添加"次帧运动模糊"效果选项后，按键盘上的<Shift + R>组合键，对场景进行渲染，可以看到风扇扇叶模型在运动过程中产生了运动模糊效果，如图7-25所示。

图 7-25

7.3 课时 28：摄像机有哪些设置技巧？

通过前面的学习，相信读者已经可以熟练设置摄像机对象的各项参数了。日常工作中，在设置摄像机时，还有一些技巧，使用这些技巧可以更加准确高效地控制摄像机。本课将为大家进行详细讲解。

学习指导

本课内容重要性为【选修课】。

本课的学习时间为 40 ~ 50 分钟。

本课的知识点是掌握摄像机的各种设置技巧。

课前预习

扫描二维码观看视频，对本课知识进行学习和演练。

7.3.1 "保护"标签

在将透视视图切换为摄像机视图后，如果用户不小心调整了视图的角度，如对视图执行了移动或旋转操作，那么摄像机的机位就会发生变化。一般在设置好摄像机后，是不希望发生此类事情的。这时候，可以对摄像机添加"保护"标签，这样摄像机视图就会处于不可调整的保护状态。下面通过具体操作进行学习。

（1）打开本书附带文件 Chapter-07/ 摄像机.c4d。为了节省时间，当前场景中的模型已经搭建完成。

（2）在"工具栏"中单击"摄像机"按钮，根据透视视图的视角创建摄像机对象。

（3）在"对象"管理器中单击"摄像机"对象右侧的视图切换按钮，将透视视图切换为摄像机视图。此时对视图进行调整，摄像机的位置和角度会发生变化。

（4）在"对象"管理器中右击"摄像机"对象，在弹出的快捷菜单中执行"装配标签"→"保护"命令，为摄像机对象添加"保护"标签。

（5）此时在"对象"管理器中，"摄像机"对象的右侧标签区域会出现"保护"标签图标，如图7-26所示。

（6）添加"保护"标签后，将无法在透视视图中进行视图调整操作。摄像机的变换参数处于锁定状态。

（7）如果想要对摄像机的视角进行调整，可以

在"对象"管理器中将"摄像机"对象的"保护"标签拖动到其他对象上，然后对摄像机进行调整，调整完毕后，再将标签拖回摄像机对象上。

图 7-26

7.3.2 "目标"标签

前面多次用到"目标"标签。对灯光对象应用"目标"标签，灯光会自动投射到目标对象；对摄像机对象应用"目标"标签，摄像机会始终将视角对准目标对象。下面通过具体操作来学习。

（1）打开本书附带文件 Chapter-07/景深模糊.c4d。为了节省时间，场景中已经准备好了摄像机和场景模型。

（2）在"对象"管理器中右击"摄像机"对象，在弹出的快捷菜单中执行"动画标签"→"目标"命令，为摄像机添加"目标"标签。

（3）在"对象"管理器中，"摄像机"对象的右侧会出现"目标"标签图标，单击该标签图标，"属性"管理器会展示标签的设置参数。

（4）在"对象"管理器中拖动"大象"对象至"目标对象"设置栏内，此时摄像机会将视角对准大象模型，如图7-27所示。

图 7-27

（5）在场景中移动大象模型，摄像机的视角会自动随之变化。

在C4D中，可以创建多种类型的摄像机，其中就包含"目标摄像机"对象。该摄像机实际上就是利用"目标"标签进行工作的。

在"工具栏"中长按"摄像机"按钮，展开摄像机工具面板，在面板中单击"目标摄像机"按钮，建立摄像机对象。此时在"对象"管理器中会出现摄像机对象，以及一个名称为"摄像机.目标.1"的空白对象。

"目标摄像机"对象和"摄像机"对象的设置完全相同，不同点是"目标摄像机"对象在创建之初就包含"目标"标签，并将一个空白对象指定为注视对象。在场景中调整空白对象的位置会影响目标摄像机的视角。

7.3.3 摄像机的扩展设置

在摄像机的设置参数中，有些参数虽然不太常用，但是合理地加以利用也可以帮助用户提高工作效率。下面通过具体操作来进行学习。

1. 摄像机的剪辑功能

摄像机对象的"细节"设置面板提供了剪辑功能。该功能可以让摄像机屏蔽不需要进行渲染的模型。

（1）打开本书附带文件Chapter-07/书房.c4d。为了节省时间，场景中已经准备好了摄像机和场景模型。

由于墙壁模型的遮挡，摄像机无法查看到房间内的场景，此时可以为摄像机添加剪辑功能，使摄像机的视野穿透墙壁模型。

（2）在"对象"管理器中选择"摄像机"对象，在"属性"管理器中单击"细节"按钮，打开"细节"设置面板。

（3）启用"启用近处剪辑"选项，将"近端剪辑"参数设置为160 cm。此时摄像机前方160 cm范围内的模型都会被屏蔽隐藏。通过设置剪辑选项，摄像机镜头穿透了墙壁模型，如图7-28所示。

图 7-28

（4）在"细节"设置面板中，启用"启用远端修剪"选项，将"远端修剪"参数设置为300 cm。此时摄像机前方300 cm以外的区域的模型都会被屏蔽隐藏。只有处于摄像机前方160 cm至300 cm范围内的模型才能够被渲染，如图7-29所示。

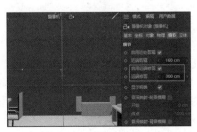

图 7-29

2. 立体摄像机

C4D的摄像机对象还可以生成三维电影图像，在摄像机的"立体"设置面板中，可以启用相关功能。

（1）选择"摄像机"对象，在"属性"管理器中单击"立体"按钮，打开"立体"设置面板。

（2）在"模式"选项栏内选择"对称"选项，然后启用"显示所有相机"选项。此时场景内的摄像机将会由一台摄像机变为平行摆放的两台摄像机。这两台摄像机就是在模拟人类的双眼观察事物的方式，如图7-30所示。

图 7-30

（3）打开"立体"模式后，在"对象"管理器中"摄像机"对象的图标会发生改变，变为"立体摄像机"对象的图标。

（4）在摄像机建立面板中，单击"立体摄像机"按钮，在场景中创建一个立体摄像机对象。

（5）观察立体摄像机对象的参数，会发现其和普通摄像机对象的参数完全相同，只是打开了"立体"模式。

3. 使用摄像机的辅助线功能

摄像机对象还包含辅助线功能。当用户需要对摄像机视角做精确调整时，可以打开摄像机的辅助线功能。

（1）选择"摄像机"对象，在"属性"管理器中单击"合成"按钮，打开"合成辅助"设置面板。

（2）在设置面板中，启用"启用"和"网格"选项。此时摄像机视图内会出现网格辅助线，如图7-31所示。

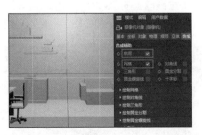

图 7-31

（3）在"合成辅助"设置面板中展开"绘制网格"卷展栏，在卷展栏内可以对当前网格辅助线的显示方式进行调整，如图7-32所示。

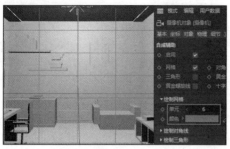

图7-32

除了"网格"辅助线以外，"合成辅助"设置面板中还提供了"对角线""三角形""黄金分割""黄金螺旋线"和"十字标"等多种形式的辅助线。读者可以尝试启用这些辅助线选项，并对其进行设置和查看，由于操作方法非常简单，此处就不再一一演示了。

4. 渲染全景图像

随着虚拟现实（Uirtual Reality，VR）技术的发展，C4D也增加了渲染VR场景贴图的功能。VR场景贴图也被称为360°全景图像。

（1）在场景中选择摄像机对象，将其位置调整至房间的中心处。在"属性"管理器中选择"球面"选项，打开"球面摄像机"设置面板。

（2）启用"启用"选项，打开球面摄像机功能，此时场景内的摄像机对象变为球体状态，如图7-33所示。

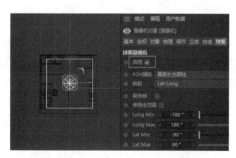

图7-33

（3）按键盘上的<Shift + R>组合键，对场景进行渲染，生成360°全景图像，如图7-34所示。

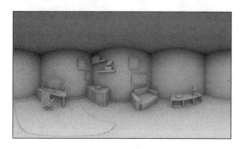

图7-34

（4）在"图像查看器"对话框的菜单栏中执行"文件"→"将图像另存为"命令，此时会弹出"保存"对话框，在对话框内将格式设置为HDR格式，然后单击"保存"按钮。

（5）在弹出的"保存对话"对话框内，设置文件保存位置，完成文件的保存操作。此时将360°全景图像保存为HDRI全景贴图。

7.3.4 项目案例——模拟真实摄像机的拍摄效果

C4D还提供了"运动摄像机"和"摇臂摄像机"，这两种摄像机都可以模拟真实世界的摄像机拍摄效果。使用运动摄像机可以模拟肩扛摄像机进行动态拍摄的效果。摇臂摄像机则是为摄像机配置了摇臂，可以通过摇臂来控制摄像机的运动。另外，使用"摄像机变换"对象可以将多台摄像机的视角进行组合切换。下面通过具体的操作来学习这些功能。

1. 运动摄像机

"运动摄像机"对象和"摄像机"对象的基本设置参数是完全相同的，不同点是运动摄像机添加了"运动摄像机"标签，运动摄像机的所有动画效果都是通过该标签来控制的。

（1）打开本书附带文件Chapter-07/卡通古建筑.c4d。为了节省时间，场景中已经准备好了模型。

（2）在摄像机建立面板中单击"运动摄像机"按钮，创建"运动摄像机设置"对象。在"对象"管理器中可以看到，"运动摄像机设置"对象包含"路径样条""目标"以及"运动摄像机"3个子对象，并且这些子对象已经处于同一个分组，如图7-35所示。

图7-35

（3）"运动摄像机设置"对象的"路径样条"对象可以控制运动摄像机的运动轨迹，"目标"对象可以设置摄像机的目标点位置。

（4）在"对象"管理器中，单击"运动摄像机"对象的视图切换按钮，将透视视图切换为摄像机视图。

（5）在"对象"管理器选择"运动摄像机设置"

对象，使用"旋转"工具在顶视图对运动摄像机整体进行旋转操作，如图7-36所示。

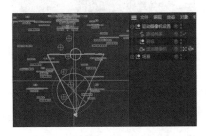

图7-36

（6）使用"移动"工具在顶视图对摄像机整体进行移动，通过移动摄像机调整摄像机的视角，如图7-37所示。

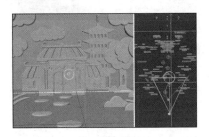

图7-37

（7）摄像机视角调整完毕后，就可以为摄像机添加控制动画了。在"运动摄像机"对象的标签栏里，可以看到已经添加了"运动摄像机"标签，对普通摄像机添加该标签也可以实现运动摄像机的功能。

（8）运动摄像机的所有控制动画都是通过"运动摄像机"标签进行设置的。单击"运动摄像机"标签，"属性"管理器会展开标签的设置参数。

（9）在"属性"管理器中单击"动画"按钮，打开"动画"设置面板，拖动控制"摄像机位置A"参数的滑块，可以看到摄像机沿"路径样条"对象的轨迹进行移动。

（10）下面对摄像机的移动设置动画。将"时间滑块"拖动至第0帧的位置，并将"摄像机位置A"参数设置为0%，单击参数前端的动画设置按钮，建立关键帧，如图7-38所示。

图7-38

（11）将"时间滑块"拖动至第90帧的位置，并将"摄像机位置A"参数设置为100%，单击参数前端的动画设置按钮，建立第二个关键帧。此时摄像机的移动动画就设置完成了。

（12）在"属性"管理器中单击"运动"按钮，打开"运动"设置面板，该面板中的参数用于对摄像机的运动细节进行调整。将"步履"参数设置为100%，此时摄像机会产生上下抖动效果，以模拟拍摄者跑步的动态，如图7-39所示。

图7-39

（13）调整"头部旋转""摄像机旋转"和"摄像机位置"参数也会影响摄像机的动态细节，读者可以尝试调整不同的参数，观察摄像机的运动效果。

2. 摇臂摄像机

"摇臂摄像机"对象为摄像机添加了摇臂，可以通过控制摄像机摇臂调整摄像机的拍摄角度。

（1）打开本书附带文件Chapter-07/摄像机.c4d。为了节省时间，场景中已经准备好了模型。

（2）在摄像机工具面板中单击"摇臂摄像机"按钮，建立"摇臂摄像机"对象。"摇臂摄像机"对象实际上就是对普通摄像机添加了"摇臂摄像机"标签，如图7-40所示。

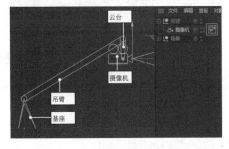

图7-40

（3）单击"摇臂摄像机"标签，"属性"管理器中会展开标签的设置参数，可以通过调整摇臂各部位的参数改变摇臂的形态，同时影响摄像机的视角。

读者可以尝试对"摇臂摄像机"标签的各项参数进行调整，观察摇臂的变化。由于操作较简单，书中就不做具体的演示了。

3. 摄像机变换

"摄像机变换"对象可以将多个摄像机的镜头进行切换，制作出镜头切换动画。

（1）打开本书附带文件Chapter-07/镂空球体.c4d。为了节省时间，场景中已经准备好了3台摄像机对象和模型。

（2）在"对象"管理器中，分别单击3台摄像机对象的视图切换按钮，切换摄像机的当前视角。

（3）在"对象"管理器将3台摄像机全部选中，如图7-41所示。

图 7-41

（4）在摄像机工具面板单击"摄像机变换"按钮，创建"摄像机交换"对象。"摄像机变换"对象实际上就是在普通摄像机对象的基础上添加了一个"摄像机变换"标签，如图7-42所示。

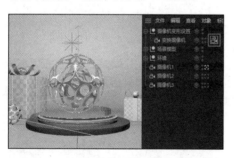

图 7-42

（5）设置"摄像机变换"标签中的参数可以对"变换摄像机"对象进行位置上的调整。单击"变换摄像机"对象的视图切换按钮，切换为摄像机视角。

（6）单击"摄像机变换"标签，"属性"管理器会展开标签设置参数，如图7-43所示。拖动控制"混合"参数的滑块，观察"变换摄像机"对象的变化，可以看到摄像机在几个机位间进行移动。

图 7-43

（7）在"列表"设置栏内，更改3台摄像机的排列顺序，可以修改"摄像机变换"对象的移动顺序，如图7-44所示。

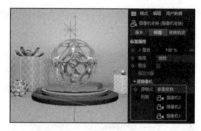

图 7-44

（8）在"列表"设置栏调整了摄像机机位顺序后，摄像机的机位顺序不会马上改变。此时需要将"源模式"选项设置为"简易变换"选项，然后再设置为"多重变换"选项，让C4D重新适配指定的摄像机对象。这时候拖动控制"混合"参数的滑块，"变换摄像机"对象将按照新的摄像机机位顺序进行变换。

7.4 总结与习题

三维场景的搭建是离不开摄像机的，摄像机可以帮助用户进行构图，增强画面的真实感。配合渲染功能，摄像机还可以制作非常丰富的特效画面，如运动模糊和景深模糊。所以初学者一定要掌握摄像机的建立与设置方法。

习题：在场景中建立摄像机

结合本章的案例，在场景中建立摄像机，调整摄像机的参数，调整出不同视角的画面。

习题提示

摄像机对象包含的参数较多，但是工作中常用的参数并不多。初学者一定要熟练掌握摄像机对象常用的参数。

灯光对象对三维场景的搭建起着非常重要的作用。准确合理地设置灯光，可以让场景渲染后更加真实。另外，灯光还可以准确控制画面色调，可使画面产生强烈的感染力。为了满足工作需要，C4D为用户提供了丰富的灯光类型和灯光设置参数。本章将为读者详细讲述灯光的相关知识。

8.1 课时29：灯光的工作原理和设计原则

虚拟三维空间的灯光是模拟真实世界的光照效果来设置的。所以在学习灯光对象的设置方法前，需要先学习灯光的工作原理和设计原则。在理解了灯光的基本属性后，再结合软件操作学习灯光的设置方法就会变得非常轻松。本课将从灯光的工作原理入手，详细讲述灯光的基础设置。

学习指导

本课内容重要性为【必修课】。

本课的学习时间为40～50分钟。

本课的知识点是理解灯光的工作原理，掌握灯光的基本设置。

课前预习

扫描二维码观看视频，对本课知识进行学习和演练。

8.1.1 灯光的工作原理

首先要了解在真实世界中，灯光是如何照亮环境和物体的。在真实世界，灯光具有颜色、强度、入射角度、衰减，以及光源反射5种属性。这些属性决定了灯光产生的照射效果，所以要准确设置灯光就要理解上述5种属性。下面逐一进行讲解。

1. 灯光的颜色

光学物理利用色温值来描述灯光的颜色，色温值越高灯光越接近蓝色，越低则接近橙色。

计算机是利用RGB颜色模式来管理灯光颜色的，如图8-1所示。多种颜色的光叠加融合在一起会更加明亮并趋近于白色。

图8-1

2. 灯光强度

不同的灯光会产生不同的光照强度，如图8-2所示。在C4D中，可以通过对灯光强度值和衰减度的调整来控制其亮度。

图8-2

3. 灯光入射角度

模型表面呈现的光照强度与灯光的入射角度有很大关系。当光照方向与模型表面相垂直时，也就是光照方向与法线的夹角为0°时，模型表面呈现最强的光照效果；当光照方向与模型表面相水平时，也就是光照方向与法线夹角为90°时，模型表面呈现最弱的光照效果，如图8-3所示。

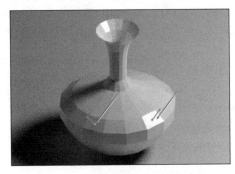

图8-3

4. 灯光的衰减

灯光的亮度随着光照距离的增加而减弱，距离光源近的物体会更亮；较远的物体会比较暗。这种效果就是灯光的衰减。

灯光的衰减并不是线性的，而是以平方反比衰减的，也就是按照距离的平方进行衰减，如图8-4所示。

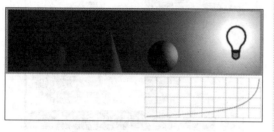

图8-4

5. 光源反射

现实场景中的光照分为3类，分别为主光源、反射光和环境光。主光源投射出的光具有明确的方向，物体受光后会产生反射光，反射光不具备明确的方向。反射光会再次把环境照亮，从而形成环境光，如图8-5所示。

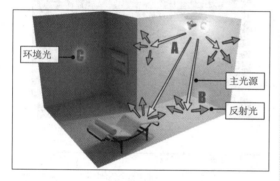

图8-5

8.1.2 灯光的设计原则

真实世界的照明方式可以分为两种：一种为自然光照明，如日光和月光等；另一种为人工照明，如路灯和台灯等。在场景中设置灯光时，要结合真实光照来模拟灯光照射效果。除了场景照明以外，设置灯光时，还要考虑到画面的色调关系。利用灯光的光照强度和颜色，为画面烘托气氛。

1. 自然光照明

在室外环境中，光源主要为日光或月光，如图8-6所示。日光会有明确的方向，是一种平行光线。天空越晴朗，物体的阴影越清晰。C4D提供了日光系统来模拟太阳光。

图8-6

2. 人工照明

在模拟人工照明场景时，场景中一般是需要添加多个灯光的。起到主要照明效果的灯光被称为主灯光。除了主灯光以外，还需要一个或多个其他灯光来照亮场景的侧面和背面。这些灯光被称为辅助灯光，如图8-7所示。

图8-7

3. 环境光

环境光通常应用于室外场景，可以通过增加环境光的亮度来补偿主光源的阴影区域，如图8-8所示。

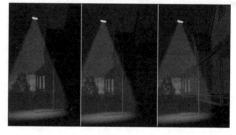

图8-8

4. 灯光与画面情绪

灯光除了可以照亮场景以外，还有更深层次的作用，那就是为画面烘托气氛，增强画面的感染力。

优秀的摄影作品都是通过绚丽的光影来讲述故事的。不同画面的色调关系会对观众产生不同的影响。红色调可以让画面热烈亢奋，黄色调可以使画面温暖安全，蓝色调可以让画面静谧沉静，如

图8-9所示。初学者在设置与使用灯光时，往往只注意到灯光的照明属性，而忽略了灯光对场景氛围起到的重要作用。

图 8-9

8.1.3 项目案例——为场景设置灯光

学习灯光的基础理论后，下面通过具体的案例操作学习灯光的建立与设置方法。根据真实世界的灯光效果为场景设置真实的光照效果，图8-10展示了案例完成后的效果。

图 8-10

1. 建立灯光对象

先来学习灯光对象的建立方法。

（1）打开本书附带文件 Chapter-08/玩具.c4d。为了便于观察灯光的照射效果，场景中的模型材质设置为白色。

（2）场景在没有建立灯光之前，C4D 会使用默认灯光照亮场景，按键盘上的<Shift + R>组合键，对视图进行渲染，可以看到此时场景虽然没有灯光对象，但是模型也是有光照效果的。

（3）在"工具栏"中长按"灯光"按钮，展开灯光工具面板，接着在面板中单击"区域光"按钮，创建"区域光"对象。"区域光"对象是工作中经常使用的灯光类型。

（4）使用"移动"和"旋转"工具，对"区域光"对象的位置和角度进行调整，使用该灯光照亮场景，如图8-11所示。

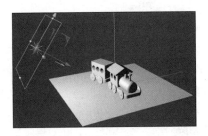

图 8-11

（5）对"透视视图"进行调整，按键盘上的<Shift + R>组合键，对不同角度的视图进行渲染，观察模型的受光面和背光面。

（6）在渲染画面中可以看到，模型的受光面被灯光照亮，背光面呈现黑色，地面模型上并没有出现阴影，如图8-12所示。

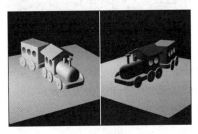

图 8-12

2. 设置灯光的颜色与强度

灯光的颜色与强度参数属于基础参数。默认情况下，灯光颜色被定义为白色，更改灯光颜色可以模拟日光、烛光等有色光源。灯光的强度参数默认为100%，增大该参数可以提高亮度，减小该参数可以减弱亮度。另外，强度参数还可以设置为负值，此时灯光照射区域会产生吸光效果。

（1）在"对象"管理器中选择"灯光"对象，接着在"属性"管理器的"常规"选项组内对灯光对象的基础参数进行设置。

（2）单击"颜色"属性右侧的色块，可以设置灯光的色彩。启用"使用色温"选项，可以使用"色温"参数来控制灯光的色彩。

（3）将"色温"参数设置为6 000，此时灯光颜色将呈现为暖黄色，如图8-13所示。

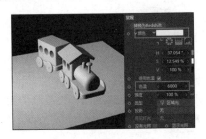

图 8-13

（4）设置"强度"参数可以更改灯光对象的照

射强度，该参数默认为100%。如果想提高灯光的亮度，可以增大该参数。

（5）"强度"参数还可以设置为负值。在设置为负值后，灯光照射区域将会出现吸光效果。将"强度"参数设置为-100%，此时整个场景将变为黑色。

（6）在"工具栏"中单击"灯光"按钮，创建第二个灯光对象。将新建灯光的位置调整至模型的右上端，此时"区域"灯光对象的照射区域将会出现吸光效果，如图8-14所示。

图8-14

（7）将建立的第二个灯光对象删除，然后将"区域光"对象的"强度"参数设置为100%。

3. 设置灯光阴影

灯光包含3种阴影类型。设置不同的阴影类型可以使模型呈现不同的阴影。

（1）默认情况下，灯光的阴影效果是关闭的。

（2）选择"区域光"对象，在"属性"管理器中将"投影"选项栏从"无"设置为"阴影贴图（软阴影）"选项，此时模型背光面位置将会产生阴影。

（3）在透视视图的视图菜单中执行"选项"→"阴影"命令，在场景视图中就会显示出阴影效果，如图8-15所示。

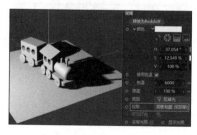

图8-15

注意

为了提高显示速度，场景视图只提供了预览渲染效果功能，此时呈现出的阴影效果与最终渲染结果是不同的。

（4）将"投影"选项栏分别设置为"阴影贴图（软阴影）"和"光线跟踪（强烈）"选项，然后对场景进行渲染，观察两种阴影的效果。

图8-16左图所示为使用"阴影贴图（软阴影）"阴影后的效果。该阴影轮廓模糊，适合为造型不太

严谨的模型匹配阴影，如卡通造型。

图8-16右图所示为使用"光线跟踪（强烈）"阴影后的效果。该阴影清晰锐利，适合为造型严谨的模型匹配阴影，如工业设计模型。

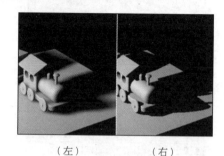

（左）　　　（右）

图8-16

（5）将"投影"选项栏设置为"阴影贴图（软阴影）"选项，在"属性"管理器中打开"投影"设置面板，在该设置面板中可以对阴影的细节进行设置。

（6）调整"密度"参数可以设置阴影的透明度，单击"颜色"属性右侧的色块可以更改阴影的颜色，对"密度"参数和"颜色"色块进行设置，渲染视图后效果如图8-17所示。

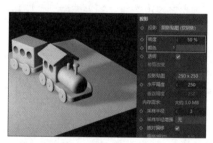

图8-17

（7）将"密度"参数恢复为100%，将"颜色"色块设置为黑色。

（8）设置"投影贴图"参数可以对当前投影的边缘模糊度进行调整，默认选项为"250×250"。将该选项设置为"2 000×2 000"后渲染视图，可以看到阴影的边缘变得更加清晰。

（9）选择"自定义"选项后，可以自定义"投影贴图"参数。该参数的值越大，阴影的边缘就越清晰，越接近"光线跟踪（强烈）"阴影，如图8-18所示。

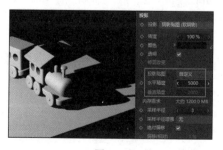

图8-18

使用"光线跟踪（强烈）"阴影时，软件要计算准确的模型轮廓区域，所以其渲染时间比使用"阴影贴图（软阴影）"阴影时长。

（10）在"投影"选项栏可以更改阴影的类型，将该选项栏设置为"区域"。"区域"阴影非常接近真实阴影，如图8-19所示。该阴影类型是3种阴影类型中渲染时间最长的。

图8-19

（11）增大"采样精度"参数值可以减少"区域"阴影中的颗粒，使阴影过渡变得更加细腻。

（12）在使用"区域光"对象时，灯光照射面积越大，照射效果就越柔和，同时阴影会变淡；照射面积越小，灯光照射效果会越强烈，阴影会变重。

（13）在"属性"管理器中打开"细节"设置面板，修改"外部半径"参数可以对"区域光"对象的照射范围进行调整。我们可以将该参数调大和调小，来观察阴影的变化，如图8-20所示。

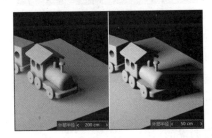

图8-20

（14）设置"宽高比"参数可以调整"区域光"对象的外形，设置"对比度"参数可以增加受光和背光区域的色调对比度，如图8-21所示。

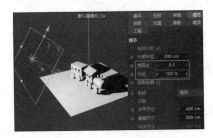

图8-21

（15）启用"投影轮廓"选项后，灯光对象将不再对场景进行照明，但是会生成阴影。当场景中有多个灯光对象时，会产生凌乱繁杂的阴影。此时可以将所有阴影功能关闭，单独建立一个灯光对象，并启用"投影轮廓"选项，专门为对象生成阴影效果，如图8-22所示。

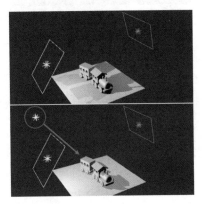

图8-22

（16）除了"区域光"对象的照射范围可以修改，灯光的形状也可以更改。在"形状"选项栏中有多种灯光外形可以选择，读者可以尝试不同的选项，然后渲染场景，观察灯光的照射效果，如图8-23所示。

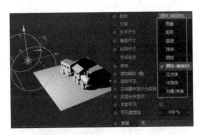

图8-23

（17）读者可以把不同的灯光形状理解为不同外形的灯具。设置灯光形状后，我们可以在"形状"选项栏下端对灯光形状的参数进行设置，从而调整灯光形状的外观。由于以上功能非常简单，本书就不做演示了。

4. 灯光衰减

真实世界的灯光都是有照射距离的。为灯光对象设置衰减效果，可以模拟灯光的照射距离，使近处被灯光照亮，远处则无光照。

（1）选择"区域灯"对象，在"属性"管理器的"细节"设置面板中可以设置灯光的衰减效果。

（2）默认情况下，"区域灯"对象是以180°夹角向两侧投射灯光的，修改"衰减角度"参数可以调整"区域灯"对象的照射范围，如图8-24所示。

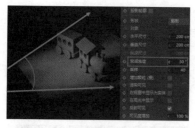

图 8-24

（3）将"衰减角度"参数恢复为180°。在"衰减"选项栏可以对灯光的衰减方式进行设置。默认选项为"无"，此时灯光可以照射无限远。

"衰减"选项栏提供了4种灯光衰减方式，分别为"平方倒数（物理精度）""线性""步幅"和"倒数立方限制"选项，选择不同的选项可以产生不同的灯光衰减方式。

平方倒数（物理精度）：选择该选项，系统会根据物理学计算衰减效果，可以模拟真实的灯光衰减。

线性：选择该选项，灯光会按照衰减距离均匀地产生由亮到暗的衰减效果。

步幅：选择该选项，可以产生渐变非常短促的灯光衰减效果，在受光范围内光照均衡，受光范围外没有光照，光照范围内会出现短促的渐变过渡，如图8-25所示。

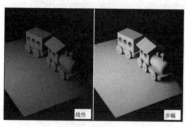

图 8-25

倒数立方限制：选择该选项可以产生和"平方倒数（物理精度）"选项一样的衰减效果，不同点是模型距离光源较近时，不会出现高亮的曝光，如图8-26所示。

图 8-26

这4种衰减方式中，除了第一种"平方倒数（物理精度）"衰减，其他3种衰减方式都是计算机根据数学函数模拟灯光的衰减效果。其中"线性"衰

减方式在工作中较为常用。

①将"衰减"选项栏设置为"线性"选项，在选项栏下端调整"内部半径"和"半径衰减"参数可以设置光源的衰减范围。

②在视图内拖动衰减范围控制柄，也可以调整灯光的衰减范围，如图8-27所示。

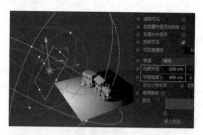

图 8-27

③渲染视图，可以看到灯光的衰减效果在"内部半径"和"半径衰减"范围产生。

④启用"使用渐变"选项后，可以对光照衰减设置渐变色，实际上就是在改变灯光的照明颜色。将"颜色"属性右侧的渐变条设置为橙色到黄色的渐变，对场景进行渲染，如图8-28所示。

图 8-28

⑤在颜色渐变条下端单击"载入预置"按钮，可以打开渐变预设窗口，在窗口内可以选择C4D为用户提供的渐变设置。

⑥观察完效果后，将灯光的"衰减"选项栏设置为"无"，去除衰减效果。

5. 灯光的反射

在真实世界里，光线在投射到物体表面时会出现反射效果，并且反射光会受物体表面颜色的影响，从而改变颜色。例如，灯光照射到蓝色物体后，反射光将会变成蓝色。在C4D的"渲染设置"对话框中可以为场景添加光线反射效果。

（1）在"工具栏"中单击"渲染设置"按钮，打开"渲染设置"对话框。在对话框左侧单击"效果"按钮，选择"全局光照"效果。

（2）此时"全局光照"效果将出现在对话框的选项栏内，选择该选项，在"全局光照"设置面板中，将"预设"选项栏设置为"内部-高（小光源）"选项，如图8-29所示。

图 8-29

（3）按键盘上的<Shift + R>组合键渲染场景，对模型的暗部区域进行观察。此时暗部区域受地面反射光的影响，产生了丰富的光照层次。图 8-30 展示了添加"全局光照"效果前后的区别。

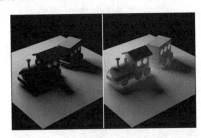

图 8-30

（4）在"对象"管理器中对"反光板"对象的显示方式进行修改，将该模型在场景中显示出来。

（5）渲染视图可以看到，由于受到蓝色反光板模型的影响，模型背光区域产生了蓝色的反光效果，如图 8-31 所示。设置反光板是日常工作中常用的调光、布光操作。

图 8-31

读者可以根据本课讲述的知识，在场景中布置灯光，完成案例的制作。图 8-32 展示了场景布光完成后的效果。打开本书附带文件 Chapter-08/玩具完成.c4d，可以查看灯光的设置方法。

图 8-32

8.2 课时 30：灯光有哪些类型？

在上一课中，我们结合"区域光"对象学习了灯光的基本参数。C4D 为用户提供了丰富的灯光类型。本课将详细讲述 C4D 的灯光类型及其工作特点。

学习指导

本课内容重要性为【必修课】。

本课的学习时间为 40～50 分钟。

本课的知识点是掌握各种灯光类型。

课前预习

扫描二维码观看视频，对本课知识进行学习和演练。

8.2.1 项目案例——制作静谧的海滨小屋

C4D 提供了丰富的灯光类型，不同的灯光类型可以满足不同的工作需求。学习灯光类型时，应从工作入手，这样便于理解和掌握。

灯光的类型整体可以分为 4 类，分别是泛光灯、聚光灯、无限光，以及平行聚光灯。下面通过案例逐一进行讲解。图 8-33 展示了案例完成后的效果。

图 8-33

1. 泛光灯

泛光灯可以从光源向四周进行照射，可以模拟真实世界中的蜡烛、灯泡等光源。

（1）打开本书附带文件 Chapter-08/海边小屋/海边小屋.c4d，当前场景中的模型和材质已经制作完成。

（2）在"工具栏"中单击"灯光"按钮，在场景中创建一个泛光灯。

（3）新建立的对象都会出现在场景的"世界坐标"位置处。

（4）对泛光灯的位置进行调整，将其调整至路灯模型的中心。使用泛光灯来模拟路灯的光照效果。

（5）在"属性"管理器中打开"常规"设置面板，对泛光灯的参数进行设置。

（6）将泛光灯的颜色设置为黄色，设置灯光的"强度"参数为120%，设置"投影"类型为"区域"，如图8-34所示。

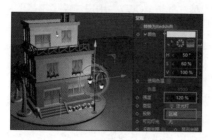

图8-34

（7）在"属性"管理器中打开"细节"设置面板，将泛光灯的"衰减"类型设置为"线性"选项，并把"半径衰减"参数设置为1 000 cm。

（8）此时路灯照明效果就设置完毕了，将当前的泛光灯对象名称设置为"路灯1"。

（9）对"路灯1"对象进行复制，将复制得到的灯光对象名称修改为"路灯2"。

（10）调整"路灯2"对象的位置，将其放置到楼顶壁灯模型位置处。

（11）由于壁灯的光照强度较弱，所以调整"路灯2"的"强度"参数为70%，并将其"半径衰减"参数设置为450 cm，如图8-35所示。

图8-35

当前场景中的灯光用于模拟路灯的光照效果。默认情况下，灯光只照亮场景，其本身是不可见的。C4D还可以将光源设置为可见，制作出类似光晕的效果。下面使用可见光来制作路灯的光晕。

（1）在"工具栏"中单击"灯光"按钮，创建一个新的泛光灯，将其名称设置为"光晕1"。

（2）对灯光的位置进行调整，将其放置到路灯灯泡位置处。

（3）在"属性"管理器中打开"常规"设置面板，接着将灯光的颜色设置为黄色，将"可见灯光"选项栏设置为"可见"，如图8-36所示。

（4）渲染场景，可以看到灯光周围产生了黄色的光晕。下面需要对光晕的范围进行设置。

图8-36

（5）在"属性"管理器中打开"细节"设置面板，将"衰减"方式设置为"线性"，将"半径衰减"参数设置为200 cm。将灯光的照射范围调小。

（6）在"属性"管理器中打开"可见"设置面板，将"外部距离"参数设置为200 cm。该参数用于控制可见光的范围。

（7）渲染场景，观察路灯的光晕效果，如图8-37所示。

图8-37

（8）对"光晕1"对象进行复制，将复制得到的灯光对象放置在另外两个灯光模型处。

（9）在"对象"管理器中将两个路灯灯光对象和三个光晕灯光对象同时选中，按键盘上的<Alt + G>组合键，执行群组操作，将灯光组的名称设置为"路灯"。

此时场景的路灯主光源就设置完毕了，在"属性"管理器的"可见"设置面板中，可以对灯光的可见参数进行设置。这些选项和参数非常简单，下面来简单学习一下。

使用衰减：启用该选项后，可见光将会由中心向四周产生衰减效果。

衰减：设置该参数可以调整可见光的衰减力度。

内部距离：可见光开始产生衰减的范围。

外部距离：可见光结束的范围。

相对比例：设置该参数可以调整灯光的形状。

2. 聚光灯

聚光灯可以模拟射灯的照射效果，在其前端有一个圆锥体形的照射范围。C4D提供了两种聚光灯对象，分别为"聚光灯"和"目标聚光灯"对象。这两种聚光灯的属性是完全相同的，不同点是"目标聚光灯"对象添加了"目标"标签，并且有目标控制点。该特点和目标摄像机是完全相同的，所以这里就不过多讨论。

接下来，在案例中利用聚光灯对象来制作月光光照效果。

（1）渲染当前场景，可以看到只有建筑物的正面被照亮了。为了能够将建筑物的体积显示完整，需要为场景添加环境光。

（2）在"工具栏"中长按"灯光"按钮，展开灯光工具面板，单击"聚光灯"按钮，创建聚光灯对象。

（3）将新建聚光灯对象的名称设置为"月光"。

（4）在左视图和正视图中对聚光灯对象的位置、角度以及照射范围进行调整，使灯光照亮建筑物的左上角，如图8-38所示。

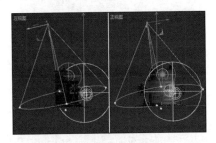

图8-38

（5）在"属性"管理器的"常规"设置面板中，将聚光灯的颜色设置为淡蓝色。

（6）渲染视图，可以看到由于聚光灯的照射范围太大，建筑物前面也产生了蓝色，从而影响了路灯的照射效果，如图8-39所示。

图8-39

（7）下面通过设置灯光衰减参数来控制聚光灯的照射范围。在"属性"管理器中打开"细节"设置面板，将"衰减"方式设置为"线性"，然后将"半径衰减"参数设置为3 100 cm。此时聚光灯的照射范围被约束，对地面的影响减小，如图8-40所示。

图8-40

（8）为了对建筑的外轮廓进行强化，下面对聚光灯对象设置可见光。在"属性"管理器中打开"常规"设置面板，将"可见灯光"选项栏设置为"可见"选项。

（9）打开"可见"设置面板，将"外部距离"参数设置为3 100 cm。

（10）默认情况下，可见光颜色按照灯光颜色自动设置，启用"使用渐变"选项后，软件将会按渐变色条来定义可见光的色彩。

（11）将渐变色条设置为蓝色至淡蓝色的渐变，渲染场景，效果如图8-41所示。

图8-41

3. 无限光

无限光可以产生平行光照射效果。该灯光可以模拟日光、月光等环境光效。

C4D还提供了日光。日光和无限光属于同一类灯光，不同点是日光对象在无限光对象的基础上添加了"太阳"标签。用户可以通过控制时间和坐标参数来定义无限光的照射角度和灯光颜色。从本质上讲，两种灯光的设置方法是相同的。

下面将利用无限光对象为场景制作天空的光效。

（1）当前场景虽然设置了很多灯光对象，但是整体环境还是很暗，下面需要在场景中添加环境光效。在灯光工具面板单击"无限光"按钮，在场景添加无限光对象。将新建灯光的名称设置为"天空"。

（2）只需要设置照射角度，无限光对象即可按照射角度在场景中产生平行光照射效果。光源位置不会影响照射效果。将无限光对象的照射角度与

"月光"灯光的照射角度匹配。

（3）在"属性"管理器中打开"常规"设置面板。

（4）将灯光颜色设置为蓝色，设置"强度"参数为40%，设置"投影"类型为"光线跟踪（强烈）"，如图8-42所示。

图8-42

对当前场景进行渲染，可以看到整个场景的环境光亮度提升了。

4. 平行聚光灯

平行聚光灯也可以产生平行光照效果，与无限光不同，平行聚光灯有照射范围。

平行聚光灯包含两种形态，分别为"圆形平行聚光灯"和"四方平行聚光灯"对象。这些灯光的使用方法完全相同，不同点是灯光的照射范围分别为圆柱体和长方体。这些灯光适用于制作筒灯。

下面将利用平行聚光灯制作窗口照射出的室内光效果。

（1）在"工具栏"中单击"灯光"按钮，创建灯光对象。

（2）在"属性"管理器中打开"常规"设置面板，将"类型"选项栏设置为"四方平行聚光灯"选项。

（3）将灯光颜色设置为黄色，在"可见灯光"选项栏中选择"可见"选项，如图8-43所示。

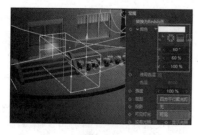

图8-43

（4）将灯光对象沿 y 轴旋转180°，调整灯光范围框的控制柄，将照射范围变小。

（5）移动灯光对象，将其与建筑模型的门框对齐，如图8-44所示。

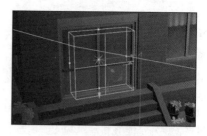

图8-44

（6）在"属性"管理器中打开"细节"设置面板，设置"衰减"方式为"线性"，设置"半径衰减"参数为60 cm。

（7）在"属性"管理器中打开"可见"设置面板，将"外部距离"参数设置为60 cm，室内灯光效果就制作完毕了，渲染场景，效果如图8-45所示。

图8-45

（8）对当前灯光进行复制，将复制得到的灯光放置到需要发光的窗口位置。

至此，整个案例就制作完毕了，打开本书附带文件Chapter-08/海边小屋/海边小屋完成.c4d，可以查看案例完成后的文件。

8.2.2 项目案例——制作华丽的光影效果

C4D的灯光对象中有一种特殊的灯光对象，就是IES灯光对象。IES灯光对象可以产生带有纹理的光照效果。在使用IES灯光时，需要导入灯光配置文件（.ies），IES灯光会根据配置文件产生特殊的光照纹理。

工作中很少使用IES灯光对象对场景进行照明，该灯光主要用于制作特殊的光照纹理，如在建筑场景内模拟射灯的光照纹理。

下面将使用IES灯光为场景添加华丽的光影效果。图8-46展示了案例完成后的效果。

图8-46

（1）打开本书附带文件Chapter-08/汽车/汽车.c4d，场景的建模和材质设置工作已经完成。

（2）在"工具栏"中长按"灯光"按钮，在弹出的灯光工具面板中单击"IES灯光"按钮。

（3）此时会弹出"请选择IES文件"对话框，在对话框中打开本书附带文件Chapter-08/汽车/IES蓝色灯光.ies。

（4）选择灯光配置文件后，场景中将出现IES灯光对象。

（5）将IES灯光对象沿y轴旋转−30°，然后在右视图和正视图中对灯光的位置进行调整，如图8-47所示。

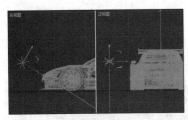

图 8-47

（6）在"属性"管理器中打开"常规"设置面板，将灯光对象的颜色设置为蓝色，并将"强度"参数设置为60%，如图8-48所示。

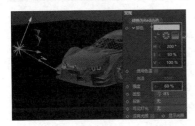

图 8-48

（7）在"属性"管理器中打开"光度"设置面板，在"文件名"设置栏内可以看到为IES灯光添加的配置文件的路径。单击路径栏右侧的设置按钮，可以添加新的配置文件。

（8）每个IES灯光的光照效果都会有所区别，在"光度"设置面板下端的预览窗口可以查看灯光的照射效果。

（9）将"强度"参数设置为10 000，然后对场景进行渲染并观察灯光的光照效果，如图8-49所示。

图 8-49

IES灯光还可以添加可见光，可见光也会呈现出IES灯光的特殊光照纹理。

（10）在"工具栏"中单击"灯光"按钮，创建灯光对象。

（11）在"属性"管理器中打开"常规"设置面板，在"类型"选项栏将灯光的类型设置为"IES"，此时灯光对象将转换为IES灯光。

（12）在"常规"设置面板中将灯光的颜色设置为紫色，然后将"可见灯光"选项栏设置为"可见"选项。

（13）在视图中对灯光的位置和角度进行调整，如图8-50所示。

图 8-50

（14）对场景进行渲染，观察IES灯光添加可见光后的效果，可以看到可见光纹理和IES的光照纹理是相同的，如图8-51所示。

图 8-51

此时场景的背景颜色太暗了，可以添加可见光来更改背景的颜色。

（15）在"工具栏"中单击"灯光"按钮，创建一个泛光灯对象。

（16）在"属性"管理器中打开"常规"设置面板，将灯光设置为蓝色，然后将"可见灯光"选项栏设置为"可见"。

（17）对灯光对象的位置进行调整，将其放置在汽车的左后方，如图8-52所示。

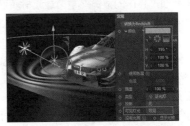

图 8-52

至此，整个场景的灯光效果就已经制作完毕了。通过上述操作，可以看到利用IES灯光可以创建出华丽多样的光照纹理。打开本书附带文件Chapter-08/汽车/汽车完成.c4d，可以查看设置完成的案例效果。

8.3 课时31：灯光有哪些特殊属性？

通过对前面内容的学习，相信读者已经可以熟练地设置灯光对象了。灯光对象还包含了一些特殊属性，其中包括"焦散""噪波""镜头光晕"和"工程"等。

这些特殊属性可以让灯光产生特殊的光照效果。虽然这些属性在工作中不是很常用，但是合理进行设置，可以在场景中创建出华丽的效果。本课将讲解以上内容。

学习指导

本课内容重要性为【选修课】。

本课的学习时间为40～50分钟。

本课的知识点是掌握灯光特殊属性的设置方法。

课前预习

扫描二维码观看视频，对本课知识进行学习和演练。

8.3.1 项目案例——制作金属反射焦散效果

焦散效果是灯光照射物体后由于光线的反射和折射而形成的光斑或光晕效果。

在C4D中，焦散效果分为两种：一种是表面焦散，另一种是体积焦散。不同材质的模型产生的焦散效果会有所区别。如果模型是高反光的金属材质，此时产生的焦散效果如同金属表面反射到四周的光斑效果。如果模型是透明的玻璃材质，焦散效果将会如同玻璃折射到四周的光斑效果。

下面通过具体的案例来学习金属材质所产生的焦散效果，图8-53展示了案例完成后的效果。

（1）打开本书附带文件Chapter-08/焦散/金属.c4d，场景中的模型、材质和灯光都已设置完毕。

（2）对场景进行渲染，可以看到地面上只有阴影效果。

（3）下面通过对灯光的"焦散"属性进行设置，在画面中制作焦散效果。在"对象"管理器中选择

灯光对象，在"属性"管理器中打开"焦散"设置面板。

图 8-53

（4）启用"表面焦散"选项，此时"能量"和"光子"参数也变为启用状态。

（5）设置"能量"参数可以调整焦散光晕的亮度，设置"光子"参数可以调整焦散效果的准确度，参照图8-54对以上参数进行设置。

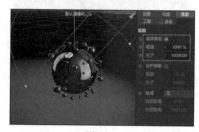

图 8-54

此时渲染场景是不会出现焦散效果的，还需要在"渲染设置"对话框添加"焦散"效果。

（6）在"工具栏"中单击"渲染设置"按钮，打开"渲染设置"对话框。在对话框左侧的选项栏内单击"效果"按钮，选择"焦散"效果，添加该效果。

（7）对场景进行渲染，可以看到金属模型前端的地面上出现了焦散光晕。

至此，案例就制作完毕了。打开本书附带文件Chapter-08/焦散/金属完成.c4d，可以查看设置完成后的文件。

8.3.2 项目案例——制作晶体折射焦散效果

当光线投射到透明的模型表面后，光线会被折射到周围，从而形成漂亮的光斑。下面通过具体的案例来学习晶体的焦散效果。图8-55展示了案例完成后的效果。

图 8-55

（1）打开本书附带文件Chapter-08/焦散/晶体.c4d，场景中的模型、材质和灯光都已设置完毕。

（2）渲染场景，可以看到地面模型表面并没有焦散效果。

（3）在"对象"管理器中选择灯光对象，接着在"属性"管理器中打开"焦散"设置面板。

（4）启用"表面焦散"选项，对"能量"和"光子"参数进行设置，如图8-56所示。

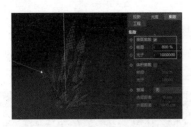

图8-56

（5）在"工具栏"中单击"渲染设置"按钮，打开"渲染设置"对话框。在对话框左侧的选项栏内单击"效果"按钮，选择"焦散"效果，添加该效果。

（6）在"渲染设置"对话框的"焦散"设置面板中，将"强度"参数设置为500%，如图8-57所示。

图8-57

（7）渲染场景，观察晶体的焦散效果。

至此，案例就制作完毕了。打开本书附带文件Chapter-08/焦散/晶体完成.c4d，可以查看设置完成后的文件。

8.3.3 项目案例——制作可见光焦散效果

灯光设置了可见光效果后，此时焦散效果将以可见光形式呈现。下面通过具体案例来学习可见光焦散效果。图8-58展示了案例完成后的效果。

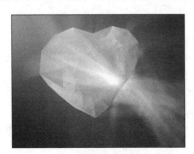

图8-58

（1）打开本书附带文件Chapter-08/焦散/宝石.c4d，场景中的模型、材质和灯光都已设置完毕。

（2）在"对象"管理器中选择灯光对象，接着在"属性"管理器中打开"焦散"设置面板。

由于是设置可见光焦散效果，此时需要启用"体积焦散"选项。

（3）参照图8-59所示，对"能量"和"光子"参数进行设置。

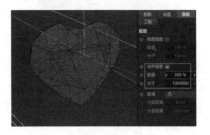

图8-59

（4）在"工具栏"中单击"渲染设置"按钮，打开"渲染设置"对话框。在对话框左侧的选项栏内单击"效果"按钮，选择"焦散"效果，添加该效果。

（5）在"渲染设置"对话框的"焦散"设置面板中，启用"体积焦散"选项，如图8-60所示。

图8-60

（6）渲染场景，观察可见光的焦散效果。由于使用了可见光，雾一般的光效使画面显得非常灰暗，此时可以将渲染出的图片导入Photoshop，对图片的对比度关系进行调整。

至此，案例就制作完毕了。打开本书附带文件Chapter-08/焦散/宝石完成.c4d，可以查看设置完成后的文件。

8.3.4 项目案例——制作水蒸气效果

设置灯光的"噪波"属性可以为照射光添加噪波纹理。将噪波纹理应用到可见光设置中，可以制作出类似水蒸气的效果。下面通过案例来学习噪波纹理。图8-61展示了案例完成后的效果。

（1）打开本书附带文件Chapter-08/杯子/杯子.c4d，场景中的模型、材质和灯光都已设置完毕。

（2）在"工具栏"中单击"灯光"按钮，在场景中创建灯光对象。

图 8-61

（3）将新建灯光对象的名称改为"蒸汽"。

（4）在"属性"管理器中打开"噪波"设置面板。

（5）将"噪波"选项栏设置为"光照"选项，渲染场景，可以看到灯光的照射区域出现了噪波纹理，如图 8-62 所示。

图 8-62

（6）将"噪波"选项栏设置为"可见"选项，下面对灯光的可见光效果进行设置，制作出水蒸气效果。

（7）在"属性"管理器中打开"常规"设置面板，在"类型"选项栏中将灯光类型设置为"圆形平行聚光灯"。

（8）将"可见灯光"选项栏设置为"可见"选项。

（9）在视图内将灯光对象沿 y 轴旋转 90°，接着对其位置和照射范围进行设置，如图 8-63 所示。

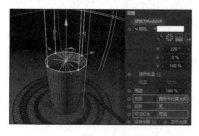

图 8-63

（10）在"属性"管理器中打开"细节"设置面板，将"外部半径"参数设置为 30 cm，接着将"衰减"选项栏设置为"线性"选项，设置"半径衰减"参数为 30 cm，如图 8-64 所示。

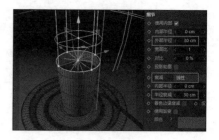

图 8-64

（11）在"属性"管理器中打开"可见"设置面板，将"外部距离"参数设置为 30 cm。对场景进行渲染。由于还没有设置噪波效果的尺寸，此时的水蒸气看起来像一团雾气，如图 8-65 所示。

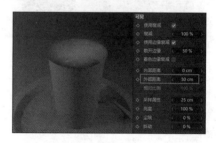

图 8-65

（12）下面对噪波纹理进行细节设置。在"属性"管理器中打开"噪波"设置面板，修改"可见比例"参数可以调整噪波纹理的尺寸。"可见比例"参数栏包含 3 组参数，它们分别对应 x、y、z 3 个轴，将 3 个参数修改为 25 cm。渲染视图，可以看到噪波纹理整体缩小了，如图 8-66 所示。

图 8-66

（13）为了使水蒸气的纹理更为丰富，需要对噪波纹理的"亮度"参数进行修改，将该参数设置为 −25%。

（14）噪波纹理自身是带有动画效果的，"风力"参数栏包含 3 组参数，它们分别对应 x、y、z 3 个轴，将 z 轴参数设置为 20 cm，此时噪波纹理会沿 z 轴进行移动变形。

（15）设置"风力"参数后，还需要修改"比率"参数，将该参数设置为 1 cm。设置"比率"参数可以调整噪波纹理的移动速度，如图 8-67 所示。

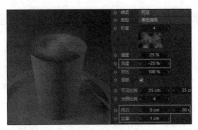

图 8-67

至此，案例就制作完毕了。将当前场景渲染为动画，观察水蒸气徐徐向上升起的效果。在使用可见光效果模拟烟雾时，一定要注意场景中的环境光不能太亮，否则烟雾形态无法清晰显示。

由于还没有讲述动画相关功能，所以关于动画渲染的设置方法先不做介绍。读者可以打开本书附带文件 Chapter-08/杯子/水蒸气.mp4，查看动画效果。

8.3.5 项目案例——制作太阳照射效果

灯光属性中包含"镜头光晕"和"工程"属性。在"镜头光晕"设置面板中，可以对灯光对象设置镜头光晕效果，以模拟光斑效果。在"工程"设置面板中，可以对灯光的照射对象进行设置，如果不想让模型受到灯光的照射，可以在"工程"设置面板中将其移除。下面通过具体的案例来学习上述内容，图 8-68 展示了案例完成后的效果。

图 8-68

（1）打开本书附带文件 Chapter-08/湖边小屋.c4d，场景中的模型、材质和灯光都已设置完毕。

（2）在场景中创建泛光灯对象。将灯光对象的名称设置为"太阳"。

（3）对新建灯光的位置进行调整，将灯光对象调整至画面的右上角，如图 8-69 所示。

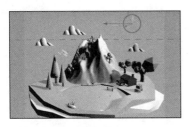

图 8-69

（4）新建立的灯光对象在场景中的作用是模拟太阳的形态，所以该灯光对象不能影响现有场景的光照效果。

在"属性"管理器中打开"工程"设置面板，接着在"对象"管理器中拖动"地形"模型组至"工程"设置面板的"对象"设置栏内。

此时场景中的模型将不受该灯光对象的影响，如图 8-70 所示。

图 8-70

（5）"对象"设置栏的右侧提供了吸管按钮，单击吸管按钮，然后在场景中单击需要排除的对象，将其拾取到"对象"设置栏。

（6）在"模式"选项栏中可以设置灯光的排除方式，选择"包括"选项，添加至"对象"设置栏的对象将会受到灯光影响。

（7）添加至"对象"设置栏的对象包含 4 个设置按钮，分别是"显示高光""显示漫反射""显示阴影"以及"照射子对象"。激活对应按钮，可以在场景中显示对应的光照效果，如图 8-71 所示。

图 8-71

（8）接下来，对灯光的"镜头光晕"设置面板进行设置，制作出太阳的形态。用 C4D 制作出的镜头光晕效果其实不是很生动，在工作中，镜头光晕效果通常是在特效软件 After Effects 中制作的。但是如果场景不追求真实效果，如卡通场景，使用镜头光晕功能还是可以为作品添加很多亮点的。

①在"属性"管理器中打开"镜头光晕"设置面板。

②在"辉光"选项栏中选择"星形 1"选项，此时就已经为灯光对象添加了镜头光晕效果。在选项栏上端的预览窗口内可以预览当前添加的效果。

③将"缩放"参数设置为 35%，将镜头光晕效果的体积调小。

④此时太阳形态就制作完毕了，渲染视图，观察镜头光晕效果，如图8-72所示。

图 8-72

至此，案例就制作完毕了。"辉光"选项栏还包含了非常多的镜头光晕类型，读者可以试着设置一下，观察效果。由于镜头光晕功能并不是很重要，本书就不做过多讲述了。打开本书附带文件Chapter-08/湖边小屋完成.c4d，可以查看案例完成后的文件。

8.4 总结与习题

在三维场景中，灯光的建立与设置是非常重要的工作。灯光不但可以在场景中模拟真实的光照效果，同时还对画面气氛的烘托起着重要的作用。

利用灯光还可以制作出体积光效果，这些功能的运用在特效画面中是必不可少的。通过对本章的学习，初学者要熟练掌握灯光的建立与设置方法。

习题：在场景中建立不同的灯光对象

结合本章的案例，在场景中建立不同的灯光对象，模拟不同的光照效果。

习题提示

在创建体积光效果时，会消耗很多系统资源。因此在设置时要合理控制参数，否则会导致系统崩溃或死机。

09

在虚拟的三维环境中，材质设置非常重要。模型表现形体结构，材质则表现质感特征。同样是球体，设置不同的材质，就会变为金属球或木质球。C4D的材质功能非常强大且灵活，几乎可以模拟出真实世界中的所有质感。本章将详细讲解材质的设置方法。

9.1 课时 32：如何正确理解材质？

在真实世界，不同的物质呈现不同的质感，这是因为不同的质感对光的反射状态是不同的。例如，金属可以产生强烈的反射光，而陶土一般不会产生高光。

C4D也是通过模拟光线照射到材质表面时，产生的不同反射状态来生成真实的质感的。我们先来学习材质的工作原理。

学习指导

本课内容重要性为【必修课】。

本课的学习时间为40～50分钟。

本课的知识点是正确理解材质的工作原理。

课前预习

扫描二维码观看视频，对本课知识进行学习和演练。

9.1.1 材质的工作原理

材质是什么？简单地讲，材质通过贴图纹理和贴图通道，模拟物体表面的色彩、纹理、反射光，及折射光等特征，从而模拟出真实的质感。

1.图层的概念

在设置材质时，要以图层的概念来理解材质的工作原理。物体表面需要呈现什么特征，就加一个对应的材质图层，图9-1展示了在材质中加入不同材质图层的过程。下面通过具体的操作来学习上述内容。

（1）打开本书附带文件Chapter-09/材质与图层/材质与图层.c4d。

（2）在视图下端的"材质"管理器中，双击"木纹"材质，此时会打开"材质编辑器"对话框。

图 9-1

（3）在材质编辑器中可以对材质的参数进行设置，从而更改材质的外观特征。

（4）材质编辑器的左侧是"通道"列表，目前启用了3个通道，分别是"颜色""反射"和"凹凸"通道。读者可以把这些通道理解为图层，材质需要什么特征，就启用对应的通道。

（5）将"颜色"通道右侧的选项按钮设置为取消启用状态，材质的表面纹理将消失。

（6）将"反射"通道右侧的选项按钮设置为取消启用状态，材质的高光和反光效果将消失，如图9-2所示。

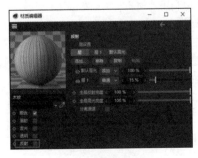

图 9-2

（7）将"凹凸"通道右侧的选项按钮设置为取消启用状态，材质的凹凸褶皱效果将消失。

通过上述操作，相信读者已经明白，材质是以图层的方式进行设置的。读者今后在设置材质时，要按以上逻辑来定义材质的各种效果。

2. 材质与贴图的区别

很多初学者分不清楚材质与贴图的区别。为了便于下一步学习，一定要明确材质与贴图的各自概念，否则初学者会对书中的描述产生理解偏差。

在虚拟三维环境中，材质用于模拟物体的质感，而贴图为材质提供图案纹理。例如，同样是木纹材质，但是木纹的纹理可以分为松木纹理和楠木纹理，这时候就需要不同的贴图来设置纹理，如图9-3所示。

图9-3

材质包含很多通道，不同的通道可以为材质添加不同的质感。例如，"颜色"通道可以设置材质的表面色彩与纹理，"透明"通道可以让材质产生透明效果，"反射"通道可以让材质产生金属反光效果。

贴图可以为材质表面添加各种各样的图案纹理。初学者需要注意的是，贴图并不单单指位图图片，位图只是贴图的一种，也是最常用的贴图。

C4D包含丰富的贴图类型，有些贴图可以根据程序参数生成，如噪波、渐变等色彩纹理。有些贴图可以对位图的纹理做出修改，如调色、扭曲、像素化等，使位图产生新的纹理形态。本章将在稍后的内容中对贴图进行详细讲解。

9.1.2 项目案例——制作陶瓷材质

软件界面下端的"材质"管理器用于建立、管理和编辑材质。C4D包含多种类型的材质，这些材质都可以利用"材质"管理器创建。

新建材质后，在"材质"管理器中双击材质球，即可打开"材质编辑器"对话框。该对话框用于设置材质的各项参数。下面通过案例来学习新建材质的方法。图9-4展示了案例完成后的效果。

图9-4

1. 材质的种类

随着C4D版本的更新，其中包含的材质类型也逐渐增多。在"材质"管理器的菜单栏中执行"创建"→"材质"命令，在"材质"子菜单中可以看到能够创建的各种类型的材质，如图9-5所示。

图9-5

不同的材质类型有不同的工作模式，同时也会产生不同的质感。虽然它们在操作方式上有所区别，但是底层的工作原理是相同。

由于本书是针对初学者进行讲解的，并且篇幅有限，所以书中只对"新标准材质"进行讲解。

初学者也不用担心，因为熟练掌握标准材质的使用方法完全可以满足日常的设计工作需要。至于其他类型的材质，其操作方法与标准材质非常类似，读者可以在日后的工作中慢慢学习。下面通过具体案例来学习标准材质。

（1）打开本书附带文件Chapter-09/存钱罐.c4d。

（2）在"材质"管理器的空白处双击即可创建一个新的材质。另外，也可以在"材质"管理器的菜单栏中执行"创建"→"新的默认材质"命令来创建新材质。

（3）双击新建材质的名称，可以对材质名称进行修改，将名称设置为"陶瓷"，如图9-6所示。

图9-6

（4）双击"陶瓷"材质的材质球，打开"材质编辑器"对话框。

（5）在材质编辑器左侧的通道列表中启用"颜色"通道，在"颜色"设置面板中将材质的颜色设置为粉红色，如图9-7所示。

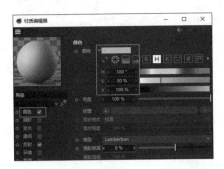

图 9-7

（6）在材质编辑器左侧的通道列表中，启用"反射"通道。

（7）在"反射"设置面板中，单击"添加"按钮，在弹出的菜单中执行"GGX"命令，为材质添加反射层。

（8）在"反射"设置面板中单击"层"按钮，接着将"层1"参数设置为20%，减弱反射层的反射强度，如图9-8所示。

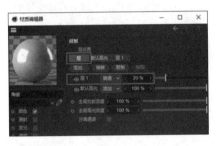

图 9-8

此时陶瓷材质就编辑完成了，下面来学习将材质指定给对象的方法。

2. 为对象指定材质

在C4D中，为对象添加材质的操作非常简单直接。下面通过具体操作来学习上述内容。

（1）在"材质"管理器中拖动"陶瓷"材质球至小猪模型，将材质指定给模型，如图9-9所示。

图 9-9

另外，将材质拖动至"对象"管理器的对象，也可以指定材质。

（2）拖动"陶瓷"材质至"对象"管理器的"存

钱罐"模型组。组内所有模型都会指定为该材质，如图9-10所示。

图 9-10

（3）通过执行菜单命令也可以为模型指定材质。在场景内选择猪尾巴模型，然后右击"陶瓷"材质球。在弹出的快捷菜单执行"应用"命令，可以将材质指定给选择的对象，如图9-11所示。

图 9-11

（4）材质在指定给对象后，在"对象"管理器中，会以标签的形式出现在对象的标签栏。

（5）如果要删除模型的材质，可以在"对象"管理器中选择"存钱罐"模型组右侧的材质标签，按键盘上的<Delete>键将其删除，如图9-12所示。

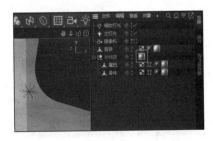

图 9-12

3. 根据材质标签选择对象

当场景变得复杂后，其中会包含很多模型与材质，有时会无法判断材质所对应的模型。此时可以根据材质标签来选择对应的模型。

（1）在"材质"管理器中选择"陶瓷"材质，然后在"材质"管理器菜单栏中执行"选择"→"选择材质标签/对象"命令。

（2）此时添加了该材质标签的对象将会被选择。

"选择材质标签/对象"命令在工作中非常重要，初学者要记住该命令。

9.1.3 项目案例——为卡通小船设置材质

贴图可以为材质提供丰富的纹理。纹理越生动，材质所表现的质感就越真实。在为材质设置贴图后，需要利用贴图坐标功能对贴图的平铺方式进行设置。下面通过具体的案例来学习上述功能，图9-13展示了案例完成后的效果。

图 9-13

1. 为材质指定贴图

为材质指定贴图的方法非常简单。

（1）打开本书附带文件Chapter-09/小船/小船.c4d。

（2）在"材质"管理器空白处双击以创建新材质，并将材质的名称设为"旗帜"。

（3）双击新建的材质球，打开"材质编辑器"对话框，在材质编辑器的左侧启用"颜色"通道。

（4）在"颜色"设置面板中，单击"纹理"设置栏右侧的按钮，如图9-14所示。此时会弹出"打开文件"对话框。

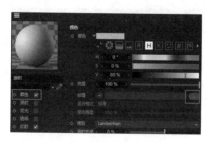

图 9-14

（5）在"打开文件"对话框中，打开本书附带文件Chapter-09/小船/tex/旗帜标志.psd。

（6）此时就为材质添加了位图贴图，将"材质编辑器"对话框关闭。

（7）在"材质"管理器中将"旗帜"材质拖动到"旗帜"模型上，为模型指定材质。

此时贴图会按照模型自身贴图坐标进行平铺，

出现扭曲问题，如图9-15所示。

图 9-15

2. 设置贴图坐标

为了纠正贴图扭曲的问题，需要对材质的贴图坐标进行设置。

贴图坐标是什么？此时可以把模型理解为一个盒子，把贴图理解为礼品包装纸，贴图坐标就是包装纸包裹盒子的方法，如图9-16所示。

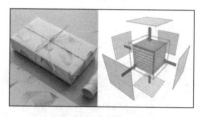

图 9-16

通常建立的参数化模型都是带有贴图坐标设置的。如果是使用多边形建模方法建立的模型，可能会破坏原有模型的贴图坐标。这时就需要重新定义模型的贴图坐标。

（1）在"对象"管理器中，单击"旗帜"对象右侧的材质标签。此时"属性"管理器会出现"材质标签"设置面板，在该面板内可以对材质的贴图坐标进行调整。

（2）单击"投影"选项栏，其中提供了9种贴图坐标设置方式。对于"旗帜"模型来讲，适合使用"平直"贴图坐标设置方式。

（3）在"模式工具栏"中单击"纹理"按钮，进入贴图坐标编辑模式，如图9-17所示。此时模型表面会出现一个矩形框，这个矩形框就是贴图坐标设置框。

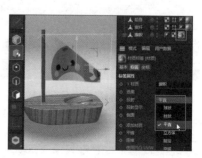

图 9-17

（4）使用"移动"和"缩放"工具对设置框的尺寸和位置进行调整。可以看到，贴图会随设置框的位置和尺寸变化而发生变化，如图9-18所示。

图9-18

（5）设置框的下端有一个红色箭头，它代表贴图的U（水平）方向。设置框的左侧有一个绿色的箭头，它代表贴图的V（垂直）方向。

（6）在"属性"管理器中打开"材质标签"设置面板，将"平铺"选项设置为不启用状态。这时贴图将不再进行重复平铺，设置框以外的区域没有附着材质，如图9-19所示。

图9-19

（7）在"材质标签"设置面板，将"平铺"和"连续"选项同时设置为启用状态。此时贴图会进行反转平铺，如图9-20所示。

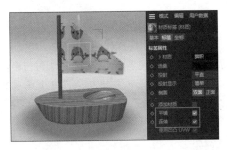

图9-20

（8）观察完毕后，将"平铺"和"连续"选项设置为不启用状态。此时，由于材质未进行平铺，模型大部分区域没有被材质覆盖。

（9）在"材质"管理器中拖动"白色"材质到"旗帜"模型上，此时模型将被白色材质覆盖，如图9-21所示。

图9-21

在C4D中，模型可以同时添加多个材质，材质会按照标签栏中的顺序，由左至右依次叠加并附着到模型表面。

此时在"旗帜"模型的标签栏内，"白色"材质标签处于"旗帜"材质标签的右侧，因此"白色"材质会覆盖"旗帜"材质。在标签栏将"旗帜"材质标签拖动至"白色"材质标签的右侧，此时"旗帜"材质没有覆盖的区域将由"白色"材质覆盖，如图9-22所示。

图9-22

（10）在标签栏中单击"旗帜"材质标签，在"属性"管理器中启用"添加材质"选项，此时"旗帜"材质将与"白色"材质混合在一起，如图9-23所示。观察完毕后，将"添加材质"选项取消启用。

图9-23

3.丰富的贴图坐标设置方式

在"材质标签"设置面板的"投影"选项栏内，可以设置贴图坐标的平铺方式。贴图坐标的平铺方式非常灵活，可以根据模型的形状以及贴图的纹理进行选择。下面将通过具体操作来学习贴图坐标的设置方式。

（1）在场景中选择"船身"模型，可以看到当前的木纹纹理的平铺方式是有问题的，木材的横切面和纵切面纹理应该连接在一起。

（2）在"对象"管理器中单击"船身"对象标签栏的"木纹"材质标签。

（3）在"属性"管理器中将"投影"选项栏设置为"空间"选项。此时可以看到模型在转角处的贴图纹理进行了对齐，如图9-24所示。

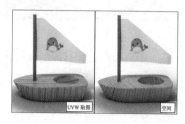

图9-24

而且可以看到贴图坐标设置为"空间"模式后，木纹的纹理就呈现得更为真实自然了。

（4）"空间"贴图坐标的设置方式就是通过扭曲贴图纹理，使贴图在模型转角处产生无缝对齐效果。该贴图坐标专门用于设置木纹、水泥等材质。

（5）在"模式工具栏"单击"纹理"模式按钮，然后使用"旋转"工具在视图内对"空间"贴图坐标设置框的角度进行调整，调整纹理的角度，如图9-25所示。

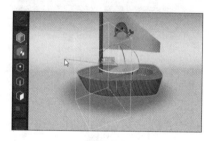

图9-25

（6）"投影"选项栏内还包含很多贴图坐标设置方式。选择"球状""柱状""立方体"选项，贴图将以对应的形状在模型表面进行平铺，如图9-26所示。这些选项常用于设置球体、柱体、立方体模型的贴图坐标。

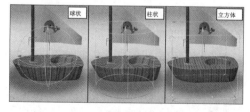

图9-26

①在"投影"选项栏中选择"前沿"选项，此时贴图将会以摄像机视角映射到模型表面。"前沿"贴图坐标模式的主要作用是让场景背景的贴图纹理与模型的纹理完全保持一致，如图9-27所示。

图9-27

②在"投影"选项栏中选择"UVW贴图"选项，此时贴图会按照模型自身贴图坐标进行平铺。在C4D中，模型建立之初，模型自身是带有贴图坐标的，这样贴图就知道如何在模型表面进行平铺。

③在"投影"选项栏中选择"收缩包裹"选项，此时贴图纹理会以球状包裹的形式平铺至模型表面，如图9-28所示。

图9-28

"收缩包裹"贴图坐标与"球状"贴图坐标非常相似，不同点是"球状"贴图坐标在平铺贴图时，首先将贴图以柱状方式包裹在模型表面，然后在球体南北两极将贴图汇集；而"收缩包裹"贴图坐标是将贴图中心与球体的南极对齐，然后将贴图汇集在北极位置。"收缩包裹"贴图坐标的优点是，贴图包裹在模型表面后不会出现接缝。

④在"投影"选项栏中选择"摄像机贴图"选项，此时贴图纹理会以摄像机视角投射到模型表面。

4. 贴图坐标设置框的外观

在"材质标签"设置面板中设置"投射显示"选项栏，可以对贴图坐标设置框的外观进行设置。

"投射显示"选项栏内提供了3个选项，分别为"简单""网格"和"实体"。选择不同的选项，贴图坐标设置框的外观会发生不同的变化，如图9-29所示。

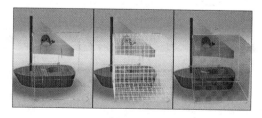

图9-29

设置"投射显示"选项栏只是改变了设置框的外观，并不会对贴图坐标的设置方式产生影响。

9.2 课时33：如何设置材质的基础通道？

学完材质的工作模式后，接下来来学习各种材质的设置方法。不同材质的外表会呈现不同的特征。对材质的特征进行分析，使用对应的材质通道，来模拟真实的材质。C4D包含了丰富的通道内容，本课将对C4D中常用的基础通道进行讲述。

学习指导

本课内容重要性为【必修课】。

本课的学习时间为40~50分钟。

本课的知识点是学习材质基础通道的设置方法。

课前预习

扫描二维码观看视频，对本课知识进行学习和演练。

9.2.1 项目案例——制作黏土材质

在"材质编辑器"对话框中，可以使用通道为材质设置外观特征。在"颜色"和"漫射"通道中，可以对材质的基础色进行设置，这两个通道属于基础通道。下面通过案例来学习这两个通道的设置方法，图9-30展示了案例完成后的效果。

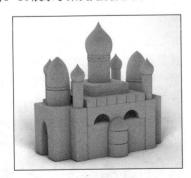

图9-30

1."颜色"通道

使用"颜色"通道可以对材质的色彩和纹理进行设置。

（1）打开本书附带文件Chapter-09/黏土/黏土.c4d。

（2）在"材质"管理器中双击以新建材质，将材质的名称设置为"黏土"，然后将其指定给"玩具城堡"模型。

（3）双击新建的材质球，打开"材质编辑器"对话框。

（4）在材质编辑器左侧的通道列表中选择"颜色"通道。

（5）在右侧的"颜色"设置面板中，将材质的色彩设置为土黄色，如图9-31所示。

图9-31

（6）"颜色"设置面板上端提供了多种选择颜色的方式，默认使用HSV模式。

（7）单击"色轮"按钮，切换为色轮设置模式，如图9-32所示。

图9-32

如果想使用其他颜色设置方法，只需要单击对应的按钮即可。读者可以试着选择一下，对该功能进行熟悉。

目前材质的颜色太过纯净，需要添加一些色斑。

（8）单击"纹理"设置栏左侧设置按钮，选择"噪波"贴图，如图9-33所示。

图9-33

（9）将"混合模式"选项栏设置为"正片叠底"选项。此时添加的噪波纹理和材质颜色将会叠加在一起。

（10）单击"噪波"贴图缩览图，可以进入"噪波"贴图设置面板。

（11）在"噪波"贴图设置面板中，增大"低端修剪"参数，可以增强暗部区域的暗度。减小"高端修剪"的参数，可以增强亮部区域的亮度。

（12）将"亮度"参数设置为30%，提高噪波贴图的亮度，如图9-34所示。

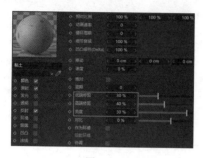

图9-34

此时噪波贴图的斑点尺寸太大了，需要调小。

（13）将"全局缩放"参数设置为3%，此时模型的基础色彩就设置好了。渲染场景，观察材质效果，如图9-35所示。

图9-35

（14）此时返回"颜色"设置面板，材质编辑器上端有3个箭头按钮，单击箭头按钮可以在设置面板间进行切换。单击向上的箭头按钮，可以返回上一级，如图9-36所示。

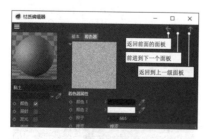

图9-36

（15）黏土表面的反光是非常弱的，默认状态下，新建材质都开启了"反射"通道。

（16）在材质编辑器左侧的通道列表中，将"反射"通道设置为不启用状态，材质的高光将消失，如图9-37所示。

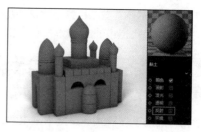

图9-37

（17）在"颜色"设置面板下端，设置"模型"选项栏可以更改材质表面的反光效果。"模型"选项栏包含两个选项，分别是"Lambertian"和"Oren-Nayar"。

"Lambertian"选项适合用于制作表面光滑、反光较强的材质。"Oren-Nayar"选项适合用于制作表面粗糙、反光较弱的材质。

①设置"模型"选项栏为"Oren-Nayar"选项。

②选择"Oren-Nayar"选项后，"粗糙度"参数变为可编辑状态。

③设置"粗糙度"参数为100%，此时材质表面更加接近黏土质感。

④将"漫射衰减"参数设置为50%，可以提高材质的反光强度。

2．"漫射"通道

"漫射"通道主要用于描述材质对光源进行漫反射的反光状态。初学者需要注意的是，"漫射"通道是在描述材质的反光状态，而不是在描述材质色彩，所以在该通道中只能使用黑白贴图，并根据贴图的亮度信息来设置材质的反光区域。黑色的区域是不反光区域，白色的区域为反光区域，灰色的区域则为半反光区域，如图9-38所示。

图9-38

"漫射"通道内只能使用黑白贴图，如果使用彩色贴图，C4D会自动将图像转变为黑白图像。

"漫射"通道常常用于制作材质表面的划痕或色斑。下面利用"漫射"通道为黏土材质设置色斑。

（1）在材质编辑器左侧的通道列表中，启用

"漫射"通道。

（2）在"漫射"设置面板中单击"纹理"选项右侧的长按钮，此时会弹出"打开文件"对话框。

（3）打开本书附带文件Chapter-09/黏土/划痕.jpg。

（4）将"混合强度"参数设置为30%，降低色斑纹理的强度。此时黏土材质就设置完成了，如图9-39所示。

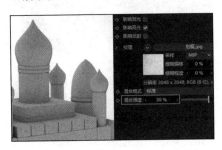

图9-39

9.2.2 项目案例——制作糖果材质

材质的"发光"通道可以使材质产生发光效果，可以制作出发光材质，如吸顶灯、灯管等。另外，利用"发光"通道还可以制作散射效果。本小节将通过案例讲解上述内容。图9-40展示了案例完成后的效果。

图9-40

1. 设置基础材质

设置糖果的基础材质。

（1）打开本书附带文件Chapter-09/糖果.c4d。

（2）在"材质"管理器中双击以新建材质。

（3）将新材质的名称设置为"糖果"，并将材质指定给场景中的糖果模型。

（4）双击"糖果"材质的材质球，打开"材质编辑器"对话框。

（5）在材质编辑器左侧的通道列表中选择"颜色"通道。

（6）在"颜色"设置面板中单击"纹理"设置栏下拉按钮，选择"菲涅耳（Fresnel）"贴图，如图9-41所示。

图9-41

（7）在"颜色"设置面板中单击"菲涅耳（Fresnel）"贴图缩览图，进入贴图设置面板。

（8）在"菲涅耳（Fresnel）"贴图设置面板中对颜色渐变条的色彩进行设置，将其设置为深红色至红色的渐变，如图9-42所示。

图9-42

（9）在材质编辑器左侧的通道列表中选择"反射"通道。

（10）在"反射"设置面板中单击"添加"按钮，选择"GGX"命令，为材质添加反射层，如图9-43所示。

图9-43

（11）单击"层"选项按钮，接着将"层1"的混合模式设置为"添加"，将"反射强度"参数设置为20%，如图9-44所示。

图 9-44

此时糖果的基础材质就设置好了，渲染场景，对糖果材质进行观察。

2. 制作反光板

在C4D中，常常利用"发光"通道制作反光板，反光板可以在高反光材质表面生成华丽的高光。下面通过具体操作进行学习。

（1）在"工具栏"中长按"立方体"按钮，在展开的模型工具面板中单击"平面"按钮，创建平面模型。

（2）在"属性"管理器中对平面模型的尺寸和分段进行设置。

（3）使用"移动"和"旋转"工具，对平面模型的位置和角度进行调整，如图9-45所示。

图 9-45

（4）在"材质"管理器中双击以新建材质。

（5）将新建材质的名称设置为"反光板"，并将其指定给平面模型。

（6）双击"反光板"材质球以打开"材质编辑器"对话框。

（7）在材质编辑器左侧的通道列表中，将"颜色"和"反光"通道设置为不启用状态，然后启用"发光"通道。

此时"反光板"材质就设置完毕了，如图9-46所示。

图 9-46

（8）对场景进行渲染，观察添加反光板后的效果。可以看到糖果模型表面的高光形态变得更为丰富了，图9-47展示了添加反光板前后的效果变化。

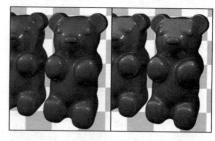

图 9-47

3. 添加散射效果

散射光是指光源穿过物质后，由物质内部反射出的光。例如，手电筒照射手掌后，手掌会呈现红色的散射光。散射光一般会出现在半透明的材质中，如蜡烛、玉石、皮肤等。我们可以利用"发光"通道为材质添加散射效果。下面通过具体操作进行学习。

（1）在"材质"管理器中双击"糖果"材质，打开"材质编辑器"对话框。

（2）在材质编辑器左侧的通道列表中启用"发光"通道。

（3）在"发光"设置面板中，单击"纹理"设置栏左侧的下拉按钮，在弹出的菜单中执行"效果"→"次表面散射"命令，为材质添加贴图。

（4）单击"次表面散射"贴图缩览图，进入贴图设置面板。将散射光的颜色设置为红色，如图9-48所示。

图 9-48

（5）设置"路径长度"参数可以控制光线射入物体的深度。该参数越大，材质的阴影区域就会越亮。

将"路径长度"参数设置为50 cm，渲染场景，可以看到糖果材质显得更为通透了。图9-49展示了设置"次表面散射"贴图前后的效果变化。

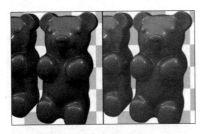

图 9-49

此时散射效果就设置完毕了，该案例也制作完成了。读者可以根据上述方法，创建3种不同颜色的糖果材质，并将其指定给模型。

9.2.3 项目案例——制作青花瓷材质

使用"发光"通道还可以模拟材质表面的高光，制作出流光溢彩的华丽反光效果。下面通过案例来进行学习。图9-50展示了案例完成后的效果。

图 9-50

（1）打开本书附带文件Chapter-09/小猫.c4d。为了节省时间，场景中的基础材质已经设置完毕。

（2）将"材质"管理器中的"瓷器"材质指定给"小猫"模型。

（3）渲染场景，此时的"陶瓷"材质还没有设置高光，看起来更像黏土材质，如图9-51所示。

图 9-51

（4）在"材质"管理器中双击"瓷器"材质，打开"材质编辑器"对话框。

（5）在材质编辑器左侧的通道列表中，启用"发光"通道。

（6）在"发光"设置面板中单击"纹理"设置栏的下拉按钮，依次选择"效果"→"各向异性"选项，为材质添加贴图。

> **提示**
>
> "各向异性"贴图可以根据模型的形体转折，生成各向异性高光。"发光"通道会在白色的高光区域产生发光效果，这样就模拟了模型的高光效果。

（7）单击"各向异性"贴图缩览图，进入材质设置面板。

（8）在"着色器属性"设置面板中，将贴图的基础色设置为黑色，如图9-52所示。

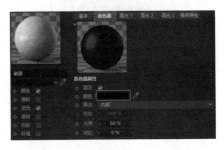

图 9-52

（9）在材质编辑器上端单击"各向异性"按钮，打开"各向异性"设置面板，启用"激活"选项，打开各向异性效果。

（10）渲染场景，可以看到利用"发光"通道为材质模拟出了反射高光。

（11）在"各向异性"设置面板中，单击"投射"选项栏，可以在选项栏中对各向异性高光的形态进行设置。

"投射"选项栏提供了7种不同的高光形态。选择不同的选项，材质的高光会产生不同的变化，如图9-53所示。

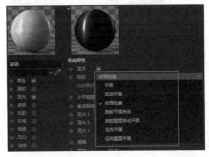

图 9-53

（12）读者可以试着设置"投射"选项栏，观察高光的变化。由于该功能较为简单，书中就不演示了。

至此，案例就制作完成了。初学者需要注意的是，使用"发光"通道模拟出的高光效果并不是真实的反光效果。材质的反光效果需要在"反射"通道中进行设置。

9.2.4 项目案例——制作逼真的玻璃材质

使用"透明"通道可以让材质产生透明和折射效果。"透明"通道常用于制作玻璃或液体材质。

光线在穿过透明物质时，会产生折射现象，在"透明"通道中可以精确控制光线的折射率。下面通过案例来学习"透明"通道的设置方法，图9-54展示了案例完成后的效果。

图 9-54

1. 设置玻璃材质

玻璃材质具有较高的折射率，并且还会有吸光。下面通过具体操作来进行学习。

（1）打开本书附带文件Chapter-09/花瓶/花瓶.c4d。为了节省时间，场景中已经建立了模型和灯光。

（2）在"材质"管理器中双击以新建材质，并将其名称设置为"玻璃"。

（3）将材质拖动至"对象"管理器中的"花瓶"对象，为模型指定材质，如图9-55所示。

图 9-55

（4）双击"玻璃"材质球打开"材质编辑器"对话框。

（5）在材质编辑器左侧的通道列表中启用"透明"通道。

（6）在"透明"设置面板对参数进行设置。

（7）设置"折射率"参数。

（8）"折射率预设"选项栏提供了已经预设好的各种物质的折射率，如图9-56所示。默认情况下该选项栏被设置为"玻璃"选项。

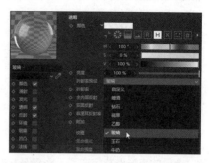

图 9-56

（9）启用"全内部反射"和"双面反射"选项，透明材质可以模拟光线在透明体内部的反射高光效果。如果将这些选项关闭，透明体内部的高光将会消失。

（10）设置"菲涅耳反射率"参数可以调整透明体内部高光的亮度。

（11）在使用"透明"通道时，材质的"颜色"通道信息将会被"透明"通道覆盖。如果启用"附加"选项，"颜色"通道的信息会附加到"透明"通道上。此时材质看起来变亮了，实际上是将"颜色"通道的白色添加到"透明"通道上所导致的。

（12）观察完毕后，将"附加"选项设置为不启用状态，如图9-57所示。

图 9-57

"透明"通道也包含"纹理"设置栏，通过设置"纹理"设置栏可以对"透明"通道的表面设置贴图纹理。但是该贴图只能设置黑白贴图，"透明"通道会根据贴图的亮度信息来设置材质的透明区域。读者需要注意的是，贴图的黑色区域为不透明区域，白色区域为透明区域。

（13）"吸收颜色"色块相当重要。光线射入透明体后，受到透明体的影响会改变颜色，如光线射入绿色玻璃内部后会变为淡绿色。设置"吸收距离"参数可以控制光线射入透明体后产生吸收颜色效果的位置。该参数的值较小，材质透明度将会降低，因为光线刚射入透明体就被吸收了；该参数的值较大，透明度将提升。

将"吸收颜色"色块设置为绿色，接着将"吸收距离"参数设置为10 cm，如图9-58所示。此时玻璃材质就设置完毕了。

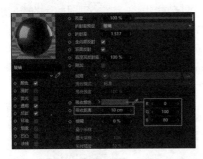

图9-58

2.设置水材质

水材质的设置与玻璃材质的设置非常相似。相比玻璃材质，水材质更加通透，其折射率也比较低。

（1）在"材质"管理器中新建材质，设置其名称为"水"，并将该材质指定给"水"对象。

（2）在材质编辑器左侧的通道列表中启用"透明"通道，在"透明"设置面板对材质参数进行设置。

（3）在"颜色"设置栏内可以改变透明材质的颜色。为了能够区分水和玻璃，将当前材质的颜色设置为淡蓝色，如图9-59所示。

图9-59

在材质编辑器左侧的通道列表中启用"透明"通道后，"反射"通道中会增加"＊透明度＊"设置层。在该设置层中可以对"透明"通道的反射光斑进行设置。

（4）在材质编辑器左侧的通道列表中选择"反射"通道，在"反射"设置面板的上端可以看到"＊透明度＊"设置层。

（5）启用"透明"通道后，"＊透明度＊"设置层会自动生成，而且不可删除。

（6）单击"＊透明度＊"设置层按钮，打开"＊透明度＊"设置面板，将"粗糙度"和"凹凸强度"两个参数设置为0%，如图9-60所示。

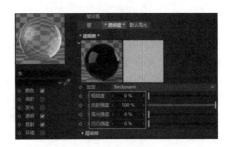

图9-60

（7）单击"层"设置层按钮，对"反射"通道的层进行设置。

（8）选择"默认高光"层，然后在面板上端单击"移除"按钮。此时默认高光层将会被删除，如图9-61所示。

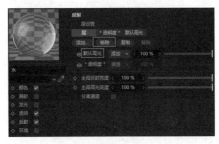

图9-61

此时"反射"通道内就只剩下了"＊透明度＊"层。"反射"通道的设置方法将在稍后的内容中讲解。此时水材质就设置完成了。渲染场景，观察材质编辑完成后的效果。

9.3 课时34：如何设置生动的反光效果？

"反射"通道可以为材质添加反射效果，常用于制作金属、烤漆、玻璃等强反光材质。

在C4D中，"反射"通道是包含设置信息最多的通道。在"反射"通道可以设置材质的高光形态，可以设置反射纹理，还可以设置织物纹理。所以本书专门安排一课对该通道进行讲解。

学习指导

本课内容重要性为【必修课】。

本课的学习时间为40～50分钟。

本课的知识点是学习"反射"通道的设置方法。

课前预习

扫描二维码观看视频，对本课知识进行学习和演练。

9.3.1 项目案例——制作标准金属材质

在"反射"通道可以设置材质的高光和反射形态。使用"反射"通道可以模拟出真实的金属材质。

在所有材质通道中，"反射"通道包含的设置信息最为丰富，所以其对初学者来讲稍微有些难度。虽然参数很多，但是这些参数都非常直观，所以只要细心严谨，都可以熟练掌握。本小节将对"反射"通道的基础设置进行讲解。

1. 设置高光形态

在"反射"通道内进行简单的设置就可以制作出金属材质。图9-62展示了设置完成的金属材质效果。

图9-62

（1）打开本书附带文件Chapter-09/雕像/雕像.c4d。为了节省时间，场景已经搭建了模型，并对材质进行了一些设置。

（2）在"材质"管理器中新建材质，将其命名为"金属"。将该材质指定给"雕像"模型。

（3）双击"金属"材质球，打开"材质编辑器"对话框。

默认情况下"反射"通道是启用状态。因为在"反射"通道内需要对材质的高光形态进行设置。

"反射"通道包含一个"默认高光"设置层，在该设置层中，可以对高光形态进行调整。

（4）在"反射"设置面板上端的"层设置"选项组内单击"默认高光"设置层按钮，如图9-63所示。

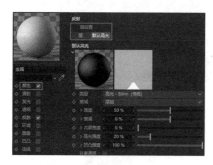

图9-63

"默认高光"设置面板上端有两个材质展示窗口，可以观察高光的形态。左侧展示窗口将材质球的基色设置为黑色，这样更容易显示高光在材质上的形态。右侧展示窗口以曲线方式显示高光的宽度和强度。

（5）将"宽度"参数增大，可以看到展示窗口内高光的区域范围变大了，同时曲线的跨度也变宽了，如图9-64左图所示。

（6）将"高度"参数增大，展示窗口内的高光亮度变强，同时曲线的高度也增加了，如图9-64右图所示。

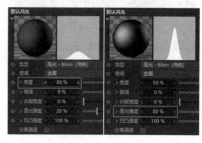

图9-64

（7）设置"衰减"和"内部宽度"参数可以改变高光曲线的形态。曲线形态改变，高光的形态也会变化，如图9-65所示。

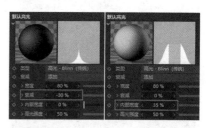

图9-65

2. 设置反射层

前面曾讲过，要以图层的概念来理解材质设置，这一点在"反射"通道中尤为明显。接下来在"反射"通道中，以图层方式为材质添加高光和反光效果。

（1）在"反射"设置面板上端单击"层"设置层按钮，在"层"设置面板内，可以管理"反射"通道中添加的各种高光和反光设置层。

（2）在"层"设置面板中单击"添加"按钮，在选择"GGX"，添加"GGX"设置层。

> **提示**
>
> 在"GGX"设置层可以为材质添加反射效果。"GGX"设置层是最适合用于制作金属反光效果的。

此时在"层"设置面板上端，可以看到出现了两个层，一个是原有的"默认高光"层，另一个是新建的GGX设置层"层1"，如图9-66所示。

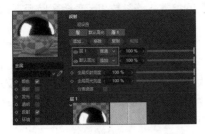

图 9-66

（3）在"层"设置面板，对层的管理和Photoshop中对图层的管理非常相似，单击层前端的眼睛图标可以取消图层的显示。

（4）双击"层1"名称，对其重命名，将"层1"的名称设置为"GGX"。

（5）在层的名称后面可以设置混合模式，将"GGX"层的混合模式设置为"添加"。此时GGX反射效果和默认高光将会叠加在一起。

（6）在层混合模式设置右侧是混合力度参数，减小该参数，GGX反射效果将减弱，如图9-67所示。

图 9-67

将"GGX"层的混合力度参数恢复至100%。然后选择"默认高光"层，单击"移除"按钮将"默认高光"层删除，如图9-68所示。

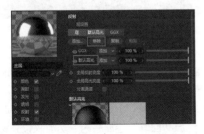

图 9-68

提示

因为"GGX"层也是包含高光效果的，所以可以将"默认高光"层删除。

（7）在"层设置"选项组中单击"GGX"设置层按钮，打开"GGX"设置面板。

（8）在"GGX"设置面板中，更改"类型"选项，可以改变当前层的类型。将"类型"选项设置为"高光-Blinn（传统）"类型，此时"GGX"层将转变为"默认高光"层。

"反射"通道有5种类型的反射效果层，分别为"Beckmann""GGX""Phong""Ward"和"各向异性"类型，如图9-69所示。

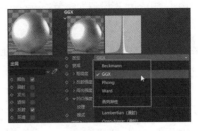

图 9-69

这5种反射类型除了"各向异性"反射类型以外，其他4种类型的反射效果非常相似，这些效果之间的区别非常微小。

为了查看Beckmann、GGX、Phong、Ward 4种反射效果的区别，接下来将"反射强度"参数设置为0%，关闭反射效果。此时材质球只显示材质的高光形态，在"类型"选项栏对4种反射效果类型进行切换，可以看到它们的高光形态会产生微弱的变化，如图9-70所示。

图 9-70

Beckmann、GGX、Phong、Ward 4种反射效果的区别主要在于对光源的反射算法不同，所以其高光形态也会不同。

Beckmann反射效果严格按照物理学原理来反射光源。GGX反射效果可以产生大量散射，该反射效果最适合用于制作金属材质。Phong和Ward反射效果适合用于制作橡胶、皮肤等材质。

3. 设置反光颜色

"类型"选项栏的下端是"衰减"选项栏。在该选项栏中可以将反射效果的色彩与"颜色"通道中色彩进行混合。

在现实世界中，"颜色"通道的色彩会随着材质表面折射率的增大而减弱。例如，在照镜子时，我们只能看到周围环境的色彩，而无法看镜子本身的色彩。下面来看一下如何通过"衰减"选项栏将色彩混合。

（1）在"颜色"通道中将材质的固有色设置为黄色。

（2）在"反射"通道中，展开"层颜色"卷展栏，将反射效果的色彩设置为红色。

（3）将"衰减"选项栏设置为"平均"类型。此时材质固有色和反光色将会以平均的方式融合，如图9-71所示。

图9-71

（4）如果"层颜色"卷展栏的色彩没有进行修改，保持为白色，那么选择"平均"类型和"最大"类型的结果是一致的。

（5）将"衰减"选项栏设置为"最大"类型，此时反光色会最大化覆盖固有色。

（6）将"衰减"选项栏设置为"添加"类型，此时反光色和固有色融合在一起，材质更多地会呈现"颜色"通道的色彩，如图9-72所示。

图9-72

（7）将"衰减"选项栏设置为默认的"平均"类型，接着在"层颜色"卷展栏中将"颜色"色块设置为白色。

在"反射"设置面板中，"粗糙"参数是一项很重要的参数。该参数用于直接影响反射效果的外观。

"粗糙"参数设置得较小，意味着材质表面更光滑，此时会反射更多环境色；参数设置得较大，则意味着材质粗糙，此时材质会呈现更多反光色。图9-73展示了"粗糙"参数分别为10%、40%、70%时的效果。

图9-73

4. "层遮罩"与"层菲涅耳"卷展栏

在"层遮罩"卷展栏内可以对反射层设置遮罩，让材质的部分区域产生反射。

（1）在"层遮罩"卷展栏内，单击"纹理"设置栏的设置按钮，在弹出的菜单中执行"表面"→"棋盘"命令，添加"棋盘"贴图。

此时"棋盘"贴图对反射层进行遮罩，黑色区域会隐藏反射效果，如图9-74所示。

图9-74

（2）观察完毕后，单击"纹理"设置栏的设置按钮，在弹出的菜单中执行"清除"命令，清除"棋格"贴图。

在使用"GGX"反射层制作反射效果时，常会使用"层菲涅耳"卷展栏内的功能来设置材质的反射效果。

（1）展开"层菲涅耳"卷展栏，在"菲涅耳"选项栏内可以选择菲涅耳反射类型。

"菲涅耳"选项栏包含3个选项，分别为"无""绝缘体""导体"。

（2）选择"导体"选项，此时"GGX"反射层将模拟金属表面的菲涅耳反射效果，在"预置"选项栏可以选择预设的金属反射效果。

（3）将"预置"选项栏设置为"银"，渲染视图，观察当前的金属反光效果，如图9-75所示。

图9-75

（4）如果在"预置"选项栏选择"自定义"选项，此时可以手动对"折射率（IOR）"和"吸收"参数进行设置。

（5）在"菲涅耳"选项栏中选择"绝缘体"选项，此时反射层将模拟绝缘体的反射效果，如宝石、牛奶等。

以上设置都很简单，读者可以自己尝试，然后渲染视图，观察材质的反射效果。

9.3.2 项目案例——制作汽车烤漆材质

汽车烤漆包含多个油漆层，在基础油漆的上层通常会喷上一层透明的清漆。清漆可以增加油漆的硬度，还可以增强油漆的反光，使其看起来更华丽。这样一来，汽车烤漆会出现多层高光形态。

"反射"通道以层的方式管理高光和反射效果。结合该功能，可以设置多层反射效果，模拟出汽车烤漆材质。下面通过案例来进行学习，图9-76展示了案例完成后的效果。

图9-76

（1）打开本书附带文件Chapter-09/汽车烤漆/汽车烤漆.c4d。为了节省时间，场景已经基本搭建完成。

（2）在"材质"管理器中新建材质，将其命名为"车漆"，然后将材质指定给"汽车外壳"模型。

（3）双击"车漆"材质球，打开"材质编辑器"对话框。

（4）将"颜色"通道的色彩设置为红色，此时的车漆看起来像塑料材质，如图9-77所示。

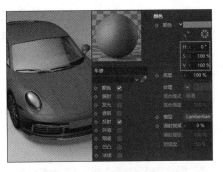

图9-77

（5）在通道列表中选择"反射"通道，打开"反射"设置面板。

（6）在"层"设置面板中，选择"默认高光"层，然后单击"移除"按钮，将其删除。

（7）单击"添加"按钮，选择"GGX"。将反射层的名称设置为"基础油漆"。

（8）为了使"反射"效果能够显露出"颜色"通道的色彩，在"层"设置面板中，将"基础油漆"的混合强度设置为20%，如图9-78所示。

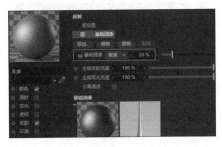

图9-78

（9）打开"基础油漆"设置面板，在"凹凸强度"参数左侧单击展开按钮，展开"凹凸强度"设置面板。

（10）将"模式"选项栏设置为"自定义凹凸贴图"模式，此时就可以添加凹凸纹理了。

（11）单击"自定义纹理"设置栏的设置按钮，选择"噪波"，如图9-79所示。

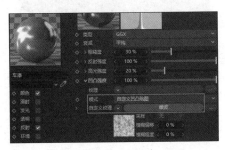

图9-79

（12）单击噪波贴图缩览图，进入"噪波"设置面板，将"全局缩放"参数设置为3%。

在"凹凸强度"设置面板中，只有设置了"模式"选项栏，才可以设置凹凸贴图。"自定义纹理"设置栏中可以添加两种纹理，分别是黑白图像的凹凸贴图和法线贴图。在"模式"选项栏内可以进行选择。

在"凹凸强度"参数下端的"纹理"设置栏可以对凹凸贴图设置遮罩。该设置栏只支持添加黑白贴图，白色区域产生凹凸效果，黑色区域则不产生凹凸效果，如图9-80所示。

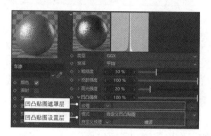

图9-80

（13）参照图9-81对"反射"贴图的各项参数进行设置，这样就完成了基础油漆的设置。

图9-81

接下来为车漆材质设置第二层反光效果。

（1）打开"层"设置面板，单击"添加"按钮，选择"GGX"。

（2）将新增的"GGX"层的名称修改为"清漆"，然后将该层混合强度设置为20%，如图9-82所示。

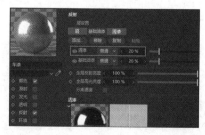

图9-82

（3）打开"清漆"设置面板，参照图9-83对"GGX"反射层的参数进行设置。设置完毕后，就完成了汽车烤漆材质效果的制作。

在"反射"通道中，通过添加多个反射层，可以制作出层次丰富的反射效果。

图9-83

9.3.3 项目案例——制作拉丝金属材质

使用"各向异性"反射层也可以制作金属反射效果，该反射层常用来制作表面有划痕的拉丝金属效果。

1. 使用"各向异性"反射层

（1）打开本书附带文件Chapter-09/飞船/飞船.c4d。为了节省时间，场景已经基本搭建完成。

（2）在"材质"管理器中新建材质，将其命名为"拉丝金属"，然后把材质指定给"船身"模型。

（3）双击"拉丝金属"材质球，打开"材质编辑器"对话框。

（4）选择"反射"通道，在"层"设置面板中，单击"添加"按钮，选择"各向异性"，添加反射层，如图9-84所示。

图9-84

（5）在"层"设置面板中，将新建"层1"的名称改为"各向异性"，然后选择"默认高光"层，单击"移除"按钮将其删除。

"各向异性"反射层最大的特点就是，该反射层的高光形态不是圆形光斑，而是狭长的椭圆形。在"各向异性"设置面板中，增加了"层各向异性"卷展栏，在卷展栏内可以对高光形态以及划痕纹理进行设置。

①单击"各向异性"设置层按钮，打开"各向异性"设置面板。

②在面板下端展开"层各向异性"卷展栏。

提示
"各向异性"设置面板上端有3个缩览图，第一个图展示反射层效果，第二个图展示高光和反射强度，第三个图展示各向异性的高光形状。

③设置"各向异性"参数，可以改变高光的外形。设置为0%，高光将变为圆形；设置为100%，高光将变为狭长的色带，如图9-85所示。

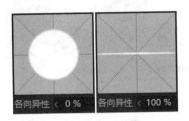

图9-85

④在"划痕"选项栏中可以为反射层添加划痕纹理，选择"主级"选项会产生和高光方向一致的横向划痕纹理。选择"次级"选项会产生和高光方向相垂直的划痕纹理。选择"主级+次级"选项将会同时产生水平和垂直纹理，如图9-86所示。将"划痕"选项栏设置为"主级"选项。

图9-86

"划痕"选项栏的下端提供了4个参数，利用这4个参数可以对划痕纹理的形态进行设置。设置"主级振幅"参数可以增强或减弱划痕纹理对比度，设置"主级缩放"参数可以缩放纹理，设置"主级长度"参数可以调整纹理的长度，设置"主级衰减"参数可以使纹理产生模糊效果，如图9-87所示。

图9-87

"划痕"选项栏的上端提供了3个选项栏，在其中也可以对划痕纹理的形态进行改变。在"重投射"选项栏中可以将划痕纹理设置为"平面"和"放射"两种形态。选择不同的选项，选项栏下端会出现对应的参数，调整参数，纹理的外观会发生变化，如图9-88所示。

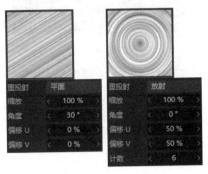

图9-88

这些选项和参数都很直观，读者可以试着调整下，观察划痕纹理的变化。

⑤在"图案模式"选项栏中可以将划痕纹理设置为图案形态，如图9-89所示。

图9-89

⑥在"镜像"选项栏中可以对纹理的阵列复制方式进行设置，将纹理以镜像方式进行复制。

（6）参照图9-90对"层各向异性"卷展栏的参数进行设置，完成案例的制作。

图9-90

2. 其他反射类型

在"反射"通道的"层"设置面板中，单击"添加"按钮，弹出的菜单包含了所有反射层，如图9-91所示。

在这些反射层中，"Beckmann""GGX""Phong""Ward"和"各向异性"类型可以制作反射效果。

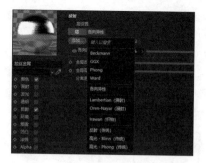

图 9-91

"Lambertian（漫射）"和"Oren-Nayar（漫射）"类型可以制作表面光滑的高光形态，如白色墙面。因为使用"颜色"和"漫射"通道就可以很好地设置漫反射的高光形态，所以以上两个反射层是不常使用的。

"添加"菜单下端的"高光-Blinn（传统）"和"高光-Phong（传统）"类型可以设置材质的高光形态，这两个类型的高光形态略有区别。

"反射（传统）"类型也可以制作出反射效果，但是该类型并不是基于物理算法的。保留该反射类型的主要原因是为了兼容C4D低版本的文件。

读者需要注意的是"Irawan（织物）"类型，利用该类型可以制作出布料材质。下面通过具体操作来学习该反射类型。

（1）打开本书附带文件Chapter-09/布料.c4d。

（2）在"材质"管理器中新建材质，将材质的名称设置为"布料"，然后将该材质指定给"布料"模型。

（3）打开"材质编辑器"对话框，启用"反射"通道，在"层"设置面板中删除"默认高光"层。

（4）单击"添加"按钮，选择"Irawan（织物）"。此时材质表面会呈现布料效果，如图9-92所示。

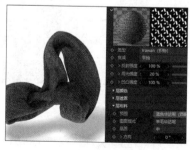

图 9-92

（5）织物反射层的设置面板会增加"层布料"卷展栏，在卷展栏内可以对材质的外观进行设置。

（6）在"预置"选项栏中可以选择不同的布料

预设纹理，如图9-93~图9-95所示。

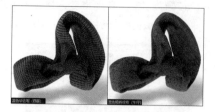

图 9-93

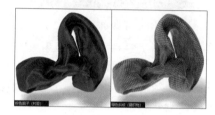

图 9-94

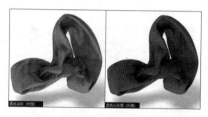

图 9-95

"层布料"卷展栏还提供了丰富的参数，可以对布料的纹理和颜色进行修改。这些参数都很简单，由于本书篇幅有限，就不进行讲述了。读者可以尝试修改这些参数，对其进行学习。

C4D的布料材质能非常生动地模拟布料效果，可以满足工作中的设计需要。

9.4 课时35：如何用材质制作模型凹凸效果？

在计算机三维环境中，常常会利用材质来制作模型表面的凹凸纹理。这样做的优点是快速且节省资源。如果都用网格面来制作凹凸纹理的话，会非常占用系统资源。

在C4D中，有3个通道可以为模型添加凹凸纹理效果，分别是"凹凸"通道、"法线"通道以及"置换"通道和"Alpha"通道。这3个通道各有特点，可以制作出不同的凹凸纹理效果。

"Alpha"通道可以对材质设置透明效果。该通道类似Photoshop的蒙版，利用灰度图像对材质设置透明效果。本节将通过案例详细讲解上述内容。

学习指导

本课内容重要性为【必修课】。

本课的学习时间为40~50分钟。

本课的知识点是掌握"凹凸""法线""置换"以及"Alpha"通道的使用方法。

课前预习

扫描二维码观看视频，对本课知识进行学习和演练。

9.4.1 项目案例——设置逼真的岩石材质

在材质设置中，常使用"凹凸"通道和"法线"通道来制作模型表面的凹凸褶皱效果。"凹凸"通道由来已久，该通道可以根据灰度图像在材质表面生成凹凸纹理。"法线"通道是一种更为高级的凹凸通道，该通道可以在x、y、z 3个轴方向使材质产生凹凸纹理，"法线"通道生成的凹凸纹理更为真实。下面通过具体的案例来学习"凹凸"通道和"法线"通道，图9-96展示了案例完成后的效果。

图 9-96

1. "凹凸"通道

使用"凹凸"通道可以通过贴图纹理模拟模型表面的凹凸效果。使用"凹凸"通道制作凹凸效果是通过在材质表面模拟出高光和阴影纹理，从而产生一种视觉上的凹凸感，这种凹凸效果并没有改变模型表面。凹凸贴图文件通常是一幅黑白图像，图像黑色区域凹陷，白色区域凸起。该通道生成的凹凸纹理不能近距离观察，所以只能制作细腻的凹凸纹理，如木纹。

（1）打开本书附带文件Chapter-09/虫子/虫子.c4d。

（2）在"材质"编辑器中新建材质，将其命名为"岩石"，然后将其指定给"石头"模型。

（3）打开"材质编辑器"对话框，在通道列表中启用"凹凸"通道，打开"凹凸"设置面板。

（4）单击"纹理"设置栏右侧的长按钮，此时会弹出"打开文件"对话框。

（5）在弹出的对话框内，打开本书附带文件Chapter-09/虫子/岩石_凹凸.jpg。

（6）渲染视图，观察添加了"凹凸"通道的岩石，可以看到模型表面产生了丰富的细碎纹理，如图9-97所示。

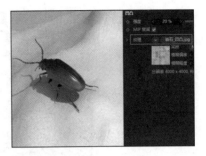

图 9-97

（7）在"凹凸"设置面板内设置"强度"参数，可以调整凹凸纹理的颜色深度。

"凹凸"通道根据灰度图的纹理，可以模拟出高光和阴影纹理并将其叠加到材质表面，使材质产生凹凸纹理。这种凹凸纹理不能近距离观察，所以该通道只能制作细腻的凹凸纹理。

2. "法线"通道

"法线"通道也可以使材质产生凹凸纹理。与"凹凸"通道相比，"法线"通道可以生成更为真实的凹凸纹理。

"法线"通道根据法线贴图的色彩，沿x、y、z 3个轴产生凹凸纹理。打开本书附带文件Chapter-09/虫子/岩石_法线.jpg进行查看，可以看到图中法线贴图的颜色和纹理非常怪异，法线贴图是根据RGB颜色值来设置材质的凹凸方向和力度的。R、G、B颜色值对应x、y、z 3个轴，颜色值越大，凹凸力度越大，如图9-98所示。

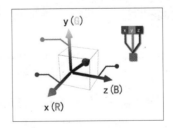

图 9-98

由于"法线"通道生成的凹凸纹理更为精确，所以该通道可以模拟真实的凹凸纹理。

（1）在材质编辑器左侧的通道列表中，启用"法线"通道，打开"法线"设置面板。

（2）单击"纹理"设置栏右侧的长按钮，在弹出的对话框中，打开本书附带文件Chapter-09/虫子/岩石_法线.jpg。此时就为材质添加了法线贴图。

（3）在通道列表中暂时将"凹凸"通道设置为不启用状态，渲染视图，观察添加法线贴图后的效果，如图9-99所示。可以看到岩石模型表面产生了凹凸起伏的效果。

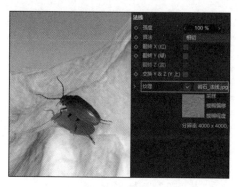

图9-99

（4）在通道列表中启用"凹凸"通道，将两种凹凸纹理叠加使用，岩石的表面质感更为真实。

（5）在通道列表中选择"颜色"通道，打开"颜色"设置面板。

（6）单击"纹理"设置栏右侧的长按钮，在弹出的对话框中打开本书附带文件Chapter-09/虫子/岩石_表面.jpg。

（7）为岩石材质添加固有色纹理，渲染视图，观察设置完毕的岩石材质，如图9-100所示。

图9-100

（8）在"对象"管理器将"草"对象组设置为显示状态，此时整个案例就制作完成了。

9.4.2 项目案例——制作逼真的硬币材质

"置换"通道也可以制作凹凸纹理。与"凹凸"和"法线"通道不同，"置换"通道可以根据图片的纹理，修改模型表面的拓扑结构，也就是根据图片纹理，弯曲模型表面，产生真实的凹凸纹理。置换贴图的黑色区域凹陷，白色区域凸起。

"Alpha"通道可以根据灰度图像的纹理，对模型表面设置透明效果。贴图的黑色区域为完全透明区域，白色区域则为不透明区域。

下面通过案例来学习"置换"通道和"Alpha"

通道。图9-101展示了案例完成后的效果。

图9-101

1. "置换"通道

下面使用"置换"通道制作硬币表面的凹凸纹理。

（1）打开附带文件Chapter-09/硬币/硬币.c4d。为了节省时间，当前场景已经完成了模型和材质的创建。

（2）在"材质"管理器中双击"金属纹理"材质球，打开"材质编辑器"对话框。

（3）在通道列表中启用"置换"通道，打开"置换"设置面板。

（4）单击"纹理"设置栏右侧的长按钮，在弹出的对话框打开附带文件Chapter-09/硬币/硬币置换.jpg。

（5）渲染视图，观察模型表面的凹凸效果，可以看到模型表面产生了奇怪的变形效果，如图9-102所示。

图9-102

这是很多初学者在使用"置换"通道制作贴图时常遇到的问题。我们在学习基础建模知识时，曾经讲过，模型的变形需要有足够的分段数量。目前模型的分段数量太少，导致网格面无法按"置换"通道的贴图产生变形。下面修改模型的分段数量。

①在"对象"管理器中选择"硬币"对象组下的"平面"对象。

②在"属性"管理器中将模型的"宽度分段"和"高度分段"参数分别设置为1 000。

③渲染视图，可以看到网格面根据贴图产生了

生动的凹凸变形效果，如图9-103所示。

图9-103

④当前模型表面向外挤出的高度太高了，打开材质编辑器，在"置换"设置面板将"高度"参数设置为0.5 cm。

⑤渲染视图，可以看到硬币表面的纹理生动地呈现了出来。

（6）此时在场景视图中，模型表面并没有显示模型的置换变形效果。如果希望在场景视图中显示置换变形效果，需要为模型添加"置换"变形器。

①在"对象"管理器中选择"平面"对象。

②按住键盘上的<Shift>键，在"工具栏"中长按"弯曲"变形器，在展开的变形器面板中单击"置换"变形器。

③在"属性"管理器中对"置换"变形器的参数进行设置。在"对象属性"设置面板中启用"仿效"选项。

此时在视图中，模型表面显示出了置换变形效果，如图9-104所示。

图9-104

2."Alpha"通道

接下来使用"Alpha"通道对模型设置透明效果，让平面模型的四角隐藏，完成硬币的制作。

（1）双击"金属纹理"材质球，打开"材质编辑器"对话框。

（2）在通道列表中启用"Alpha"通道，在"Alpha"设置面板中单击"纹理"右侧的长按钮。

（3）在弹出的对话框中打开附带文件Chapter-09/硬币/硬币剪裁.jpg，此时"Alpha"通道会根据贴图中的黑色区域设置透明效果。

（4）渲染场景，观察透明效果，如图9-105所示。

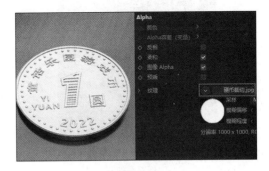

图9-105

至此，硬币案例就制作完成了，在"对象"管理器中将"硬币"对象组设置为显示状态。

9.5 课时36：如何设置材质的特殊通道？

前面所学习的材质通道都是结合生活中质感的特征设立的，例如"透明"通道设置折射效果，"反射"通道设置反射纹理。C4D还设立了一些特殊通道，使用这些通道可以产生有别于真实质感的效果。这些通道分别是"烟雾""环境""辉光"通道。本课将通过案例对上述通道进行详细的讲解。

学习指导

本课内容重要性为【选修课】。

本课的学习时间为40~50分钟。

本课的知识点是掌握"环境""烟雾""辉光"通道的使用方法。

课前预习

扫描二维码观看视频，对本课知识进行学习和演练。

9.5.1 项目案例——制作水晶球材质

利用"烟雾"通道可以在模型内部模拟出烟雾效果。在"环境"通道可以为材质模拟出环境反射效果。与"反射"通道生成的反射纹理不同，"环境"通道是通过设置贴图纹理来模拟材质的反射纹理的。使用"环境"通道制作反射纹理的优点是简单快捷、节省资源，缺点是不能真实映射周围的环境。

本小节将利用上述通道制作华丽的水晶球。图9-106展示了案例完成后的效果。

图 9-106

1. 使用"烟雾"通道

使用"烟雾"通道制作水晶球内部朦胧的磨砂效果。

（1）打开附带文件Chapter-09/水晶球/水晶球.c4d。为了节省时间，场景中已经完成模型制作以及部分材质的设置。

（2）在"材质"管理器中双击以建立新材质，将其命名为"水晶球"，接着将材质指定给"水晶球"模型。

（3）双击"水晶球"材质球，打开"材质编辑器"对话框。

（4）在材质编辑器左侧的通道列表中，将"颜色"通道设置为不启用状态。

（5）选择"烟雾"通道，打开"烟雾"设置面板，此时材质内部会出现烟雾效果。

（6）修改"颜色"色块，可以改变烟雾的色彩，如图9-107所示。

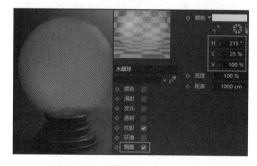

图 9-107

（7）接下来，在"反射"通道对水晶球材质的高光形态进行设置。

在通道列表选择"反射"通道，打开"反射"设置面板，单击"默认高光"设置层按钮，对"默认高光"层进行设置。

将"宽度"参数设置为40%，接着将"高光强度"参数设置为200%，以增强材质高光的强度，如图9-108所示。

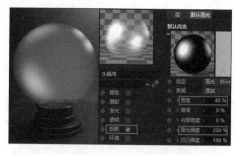

图 9-108

2. 使用"环境"通道

此时水晶球材质表面生成了强烈的高光效果，但是还缺乏玻璃表面的反射纹理。在"反射"通道中添加"GGX"反射层，该反射层可以根据场景静物生成真实的反射纹理。但是当前场景内的内容太少，使用"GGX"反射层生成的反射纹理会非常呆板单调，如图9-109所示。

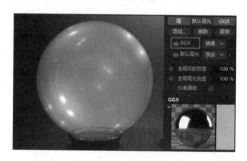

图 9-109

此时水晶球看起来非常模糊油腻，非常像一个橡胶气球，没有体现出玻璃的光滑感。下面使用"环境"通道来生成环境反射纹理。

（1）在通道列表中启用"环境"通道，打开"环境"设置面板。

（2）单击"纹理"设置栏右侧的长按钮，在弹出的"打开文件"对话框中打开附带文件Chapter-09/水晶球/室内环境.hdr。

此时水晶球材质表面的反射纹理太亮了，材质看起来非常生硬。

（3）将"颜色"色块设置为深灰色，此时反射纹理的亮度会降低，如图9-110所示。

图 9-110

初学者可能会奇怪，为什么修改"环境"通道的"颜色"色块，纹理的亮度会降低呢？这是因为，当前"纹理"设置栏的贴图与"颜色"色块之间的关系是"正片叠底"混合关系。选择"正片叠底"混合模式进行混合时，软件会留下贴图中的暗色，将"颜色"色块设置为深灰色，此时两者混合出的结果就会变暗。

当前水晶球材质就设置完毕了，利用"环境"通道制作出的环境反射纹理非常清晰锐利，所以材质表面就会显得非常光滑。

需要初学者注意的是，"反射"通道中的反射层不能与"环境"通道同时使用，因为"反射"通道的反射层会遮盖"环境"通道的纹理。

9.5.2 项目案例——制作火焰材质

"辉光"通道可以在材质的周围添加体积光效果，该通道可以生动地模拟光源四周的光晕效果。下面通过具体案例来学习"辉光"通道。

1. 设置材质发光效果

继续上一案例的操作，使用"发光"通道制作火苗材质的基础色彩。

（1）在"材质"管理器中双击以创建新材质，将材质命名为"火苗"，并将材质指定给"火苗1"和"火苗2"模型。

（2）双击"火苗"材质球，打开"材质编辑器"对话框。设置材质的发光效果。

（3）在通道列表内取消启用"颜色"和"反射"通道，将其设置为不启用状态。

（4）启用"发光"通道，打开"发光"设置面板。

（5）单击"纹理"设置栏的设置按钮，选择"渐变"，如图9-111所示。

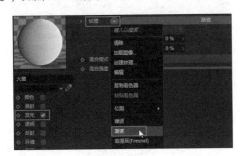

图9-111

（6）在"纹理"设置栏内单击"渐变"贴图缩览图，进入"渐变"贴图设置面板。

（7）设置"类型"选项栏为"二维－V"方式，此时渐变将会由下往上产生。

（8）接下来对"渐变"色彩进行设置。在渐变条下端单击两次，创建两个渐变色块。

（9）参照图9-112对色块的颜色进行设置，以模拟蜡烛火焰的色彩。

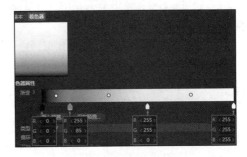

图9-112

（10）将"湍流"参数设置为10%，火苗材质会产生噪波效果。

（11）此时火苗材质的基本形态就设置完成了，渲染场景，观察火苗材质，如图9-113所示。

图9-113

2. 使用"辉光"通道

此时火苗材质的边缘看起来有些生硬，使用"辉光"通道可以让模型周围产生体积光效果，以模拟光源的光晕效果。

（1）在通道列表中启用"辉光"通道，打开"辉光"设置面板。

（2）设置"内部强度"和"外部强度"参数，可以调整辉光从内部开始时的色彩强度，以及辉光在外部结束时的色彩强度。

（3）将"外部强度"参数设置80%，将"内部强度"参数设置为120%，渲染场景，观察辉光效果，如图9-114所示。

图9-114

（4）设置"半径"参数，可以调整辉光向外侧发散的距离。

（5）将"随机"参数设置为100%，此时辉光的形态会出现随机的变形。

（6）如果需要对辉光设置动画，可以通过"频率"参数设置辉光的变化速度。

（7）默认状态下，"材质颜色"选项处于启用状态，此时的辉光会根据材质的颜色生成。

（8）取消启用"材质颜色"选项后，"辉光"设置面板上端可以自定义辉光的颜色和亮度。

此时蜡烛的火苗材质就设置完成了，如图9-115所示。

图9-115

9.6 课时37：如何正确设置贴图？

通过对前面内容的学习，相信大家已经可以熟练设置材质的各项参数了。与材质紧密配合的是贴图。贴图可以为材质提供真实细腻的颜色与纹理。贴图设置会直接影响材质的最终效果，所以贴图设置是非常重要的。

C4D包含了丰富的贴图类型，可以满足设计工作中的所有需要。本课将对贴图功能进行详细的讲解。

学习指导

本课内容重要性为【必修课】。

本课的学习时间为40～50分钟。

本课的知识点是熟练掌握贴图的设置方法。

课前预习

扫描二维码观看视频，对本课知识进行学习和演练。

9.6.1 贴图的设置方法

本章在前面的内容中已经对贴图的设置方法做过一些讲解。在C4D中，贴图的设置与管理是非常

灵活的。下面对这些知识进行讲解。

（1）打开附带文件Chapter-09/飞行器/飞行器.c4d。为了节省时间，场景内的模型和材质基本已经搭建完成。

（2）在"材质"管理器中双击以创建新材质，将材质命名为"金属"，并将其指定给"飞行器"对象。

（3）双击"金属"材质球，打开"材质编辑器"对话框。

（4）在通道列表中选择"反射"通道，在"反射"设置面板中添加"GGX"反射层，然后移除"默认高光"层，如图9-116所示。

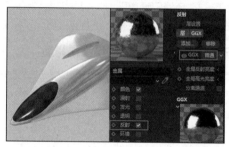

图9-116

（5）在通道列表中选择"颜色"通道，打开"颜色"设置面板。

（6）在"纹理"设置栏中可以为材质设置贴图，单击设置按钮会弹出命令菜单。

菜单中提供了丰富的命令，可以对贴图进行添加、删除，以及修改。

（7）在菜单中执行"加载图像"命令，可以打开"打开文件"对话框，该对话框可以用于添加位图贴图。由于该命令非常常用，因此"纹理"设置栏最右侧也有"加载图像"按钮，如图9-117所示。

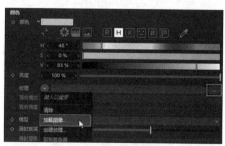

图9-117

（8）在菜单中执行"创建纹理"命令，会弹出"新建纹理"对话框。在对话框内定义尺寸和颜色后，可以创建一张单色位图图片。该图片会自动添加至"纹理"设置栏内，如图9-118所示。

> **提示**
>
> 由于C4D的图像编辑能力非常有限，所以"创建纹理"命令一般是不使用的。

图 9-118

（9）在菜单中执行"加载图像"命令，在弹出的"打开文件"对话框中，打开附带文件Chapter-09/飞行器/金属表面.jpg。

（10）添加贴图，此时"纹理"设置栏的命令菜单会发生变化。

①执行"编辑"命令可以进入贴图设置面板，单击长按钮或者贴图缩览图也可以进入贴图设置面板。

②执行"编辑图像"命令，可以打开外部程序对位图进行编辑。

③执行"定位图像"命令，可以在Windows资源管理器中显示贴图文件的路径位置。

④执行"重载图像"命令，可以重新加载贴图文件，如果贴图文件在Photoshop中进行了修改，可以执行该命令重新加载贴图。

⑤执行"复制着色器"命令，可以复制已经添加的贴图文件。

⑥在通道列表启用"凹凸"通道，打开"凹凸"设置面板。

（11）单击"纹理"设置栏的设置按钮，在弹出的菜单中执行"粘贴着色器"命令，将复制的贴图，粘贴至新的"纹理"设置栏内。

（12）在"凹凸"设置面板中，将"强度"参数设置为3%，渲染视图，观察当前材质效果，如图9-119所示。

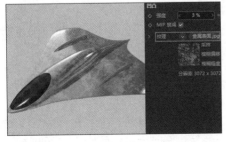

图 9-119

（13）在通道列表中启用"法线"通道，打开"法线"设置面板。

（14）在Windows资源管理器中打开附带文件Chapter-09/飞行器/金属法线.jpg

（15）在资源管理器中拖动位图文件至C4D材质编辑器的"纹理"设置栏中，添加贴图文件，如图9-120所示。

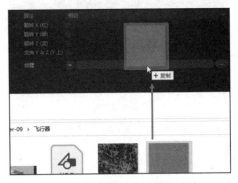

图 9-120

9.6.2 贴图的分类

C4D为用户提供了丰富的贴图类型，可以创建出各种各样的纹理图案。

（1）继续上一案例的操作，在"材质"管理器中双击以创建新材质，将材质命名为"天空"，并将其指定给"背景"对象。

（2）双击"天空"材质球，打开"材质编辑器"对话框，选择"颜色"通道，打开"颜色"设置面板。

（3）单击"纹理"设置栏的设置按钮，可以添加位图贴图，也可以添加C4D提供的矢量贴图。

在C4D中，贴图可以分为4种类型，分别为位图贴图、矢量贴图、合成贴图以及特效贴图。

位图贴图就是直接将位图文件作为贴图进行使用。矢量贴图是计算机根据函数计算生成的贴图，可以通过设置参数改变贴图的形态，如渐变、噪波等贴图。合成贴图可以将多张贴图叠加混合成一张全新的贴图。特效贴图可以对已有贴图添加图像处理命令，从而生成特殊的贴图纹理。该过程非常类似于Photoshop中滤镜命令的使用过程。

1. 位图贴图

位图贴图是最为常用的贴图，而且位图贴图资源丰富，很多网站都有丰富的位图贴图素材。本章在前面的案例中也使用了大量位图贴图。

2. 矢量贴图

矢量贴图也是常用的贴图类型。该类型的贴图设置简单，效果明显。用户利用贴图参数可以自由调整贴图纹理。

（1）在"颜色"设置面板中，单击"纹理"设置栏的设置按钮，在弹出的菜单中可以看到，

C4D将常用的矢量贴图集中放置在菜单中部，如图9-121所示。

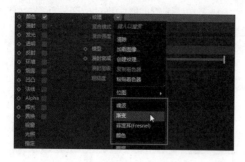

图9-121

（2）选择"渐变"贴图，单击贴图缩览图进入贴图设置面板。

（3）将"类型"选项栏设置为"二维-V"类型。调整渐变条下端的滑块，将渐变条设置为白色到蓝色的渐变，如图9-122所示。

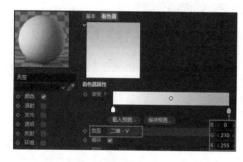

图9-122

（4）将"湍流"参数设置为100%，此时渐变贴图会出现湍流纹理。将"缩放"参数设置为30%，放大湍流纹理。

（5）渲染视图，观察"渐变"贴图模拟出的天空效果，如图9-123所示。

图9-123

通过上述操作可以看到，矢量贴图具有操作快捷、效果直接的特点。C4D包含丰富的矢量贴图，"纹理"命令菜单中部包含了4种常用的矢量贴图，分别为"渐变""噪波""菲涅耳（Fresnel）""颜色"贴图。这些贴图的设置方法简单，图9-124展示了这些贴图能够创建的纹理。

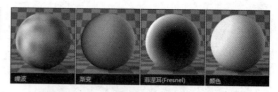

图9-124

"噪波"贴图可以生成黑白噪波纹理。

"菲涅耳（Fresnel）"贴图可以根据"菲涅耳反射"原理，让模型在面对观察者的区域设置一种颜色，在侧面区域设置另一种颜色。

"颜色"贴图可以生成一张单色贴图。

除了上述4种常用贴图以外，"纹理"命令菜单的"表面"子菜单包含的贴图都属于矢量贴图，如图9-125所示。

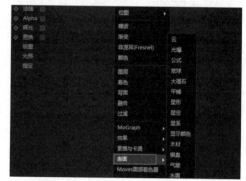

图9-125

这些贴图的使用方法都很简单，由于本书篇幅有限，此处就不详细演示了。读者可以试着添加这些贴图，并对贴图参数进行设置，学习这些贴图的设置方法。

3. 合成贴图

合成贴图可以把多张贴图混合成一张新的贴图。

（1）在"材质"管理器中双击"金属"材质球，打开"材质编辑器"对话框。

（2）在通道列表中选择"颜色"通道，打开"颜色"设置面板。此时"纹理"设置栏内已经添加了"金属表面.jpg"位图贴图。

（3）在"纹理"设置栏中再次添加合成贴图，可以对已添加的贴图进行合成操作。

①单击"纹理"设置栏的设置按钮，"纹理"命令菜单下端有5个贴图，这些贴图都属于合成贴图，如图9-126所示。

②在"纹理"命令菜单中选择"图层"贴图，此时已经添加的"金属表面.jpg"位图贴图会成为"图层"贴图的一个图层。

③单击"纹理"设置栏右侧的长按钮，进入贴图设置面板。

图 9-126

"图层"贴图的设置面板与Photoshop图层面版非常类似，在该面板内可以添加多个贴图，并利用混合模式将贴图图层进行混合。

单击"着色器"按钮，在弹出的菜单中可以添加新的贴图，选择"渐变"贴图，此时面板就包含了两个贴图图层了，如图9-127所示。

图 9-127

（4）在贴图图层列表中，可以对贴图图层的状态进行设置。

单击眼睛图标可以隐藏或显示贴图图层。单击贴图缩览图，进入贴图设置面板。

将"渐变"贴图的混合模式设置为"正片叠底"选项，然后将"透明度"参数设置为50%。此时"渐变"贴图图层与底层的位图贴图进行混合，如图9-128所示。

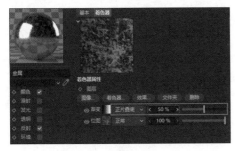

图 9-128

通过上述操作，相信大家可以了解合成贴图的工作模式了。合成贴图本身不产生纹理，该类型贴图通过对纹理贴图进行叠加混合、颜色修改，从而创建出新的贴图。

"纹理"命令菜单包含5种合成贴图，分别是"图层""着色""背面""融合"和"过滤"贴图。

"着色"贴图可以根据纹理贴图的色调附着新的渐变色。该贴图的工作原理和Photoshop的"渐变映射"色彩调整命令的工作原理是相同的。

"背面"贴图可以简化纹理贴图的色彩层次，将柔和的色彩渐变简化为20个或更少的渐变色阶。该贴图的工作原理与Photoshop的"色调分离"色彩调整命令的工作原理是相同的。

"融合"贴图可以将两张纹理贴图融合为一张贴图，在融合过程中可以使用"蒙版通道"对贴图图层进行遮罩。

"过滤"贴图是一个色彩调整命令集合。"过滤"贴图设置面板包含多种色彩调整命令，可以利用这些命令对贴图纹理的色调、色相、饱和度进行调整。

这些贴图的设置方法都很简单，读者可以试着在添加贴图后对设置参数进行调整，观察贴图生成的纹理效果。

4. 特效贴图

特效贴图可以产生特殊的贴图纹理，该类型贴图与Photoshop的滤镜命令非常类似。

（1）在"材质"管理器中双击"金属"材质球，打开"材质编辑器"对话框。

（2）在通道列表中选择"颜色"通道，打开"颜色"设置面板。

（3）单击"纹理"设置栏的设置按钮，在弹出的菜单中执行"效果"→"像素化"命令。

（4）单击"纹理"设置栏右侧的长按钮，进入贴图设置面板。

可以看到，"像素化"贴图可以根据添加的"金属表面.jpg"位图贴图生成像素化纹理，如图9-129所示。这种效果与执行Photoshop的"像素化"滤镜命令后的效果是一致的。

图 9-129

"纹理"命令菜单的"效果"子菜单中包含的贴图都属于特效贴图。

至此，C4D的贴图类型就讲解完毕了。C4D中贴图的种类非常多，初学者不用急着掌握所有贴图的使用方法，将本章介绍的贴图熟练掌握，就完全可以胜任日常工作了。其他一些不太常用的贴图可以在日后的工作中慢慢学习。

9.7　总结与习题

本章详细为大家讲解了 C4D 中材质的设置方法，以及各种贴图的使用方法。

在学习材质时，一定要以图层的概念来理解材质的工作原理，结合不同类型的材质通道，生动地模拟各种质感。

C4D 中贴图的种类非常丰富，初学者只需要熟练掌握常用贴图的使用方法即可。大家应以满足工作需求为目的，安排自己的学习节奏。

习题：制作材质

结合本章所学知识，通过制作材质模拟出石膏、金属、玻璃、岩石的质感。

习题提示

以图层的概念设置材质通道，尝试对贴图设置参数设置不同的值，观察贴图纹理的变化。

利用毛发功能可以制作出普通建模方法无法实现的效果。在虚拟的三维环境中，毛发功能是非常特殊的一项功能，C4D将网格面与材质相互配合，以模拟出接近真实毛发的效果。利用材质编辑器可以对毛发的各种形态进行设置。本章将对毛发技术进行详细的讲解。

10.1 课时 38：如何创建毛发对象？

C4D结合现实世界的毛发形态，设置了3种毛发类型，分别为毛发、羽毛和绒毛，这3种毛发类型各有特点。下面通过具体操作来学习这3种毛发的创建方法。

学习指导

本课内容重要性为【必修课】。

本课的学习时间为40～50分钟。

本课的知识点是熟练掌握毛发的创建方法。

课前预习

扫描二维码观看视频，对本课知识进行学习和演练。

10.1.1 添加毛发效果

C4D将毛发创建命令放置在"模拟"菜单下。毛发效果可以添加给整个模型，也可以添加给模型的网格面。

1. 添加毛发

毛发功能是工作中常用到的功能，该功能可以制作毛发、草坪等效果。

（1）打开本书附带文件Chapter-10/草坪小屋1.c4d。

（2）在"对象"管理器中选择"草地"对象，该对象是利用"平面"工具创建的。

（3）毛发效果可以添加给整个对象，也可以添加给模型的选定对象。

（4）在菜单栏中执行"模拟"→"毛发对象"→"添加毛发"命令。

"对象"管理器会增加"毛发"对象，同

时场景中模型的表面会出现毛发引导线，如图10-1所示。

图 10-1

（5）渲染视图，可以看到在"草地"对象表面布满了棕色的毛发。

（6）当前是在整个模型的表面添加毛发效果，为了更好地划分草地，还可以在选定的网格面上添加毛发效果。

①在"对象"管理器中选择"毛发"对象，按键盘上的<Delete>键，将其删除。

②选择"草地"对象，接着在"模式工具栏"单击"多边形"按钮，对模型的网格面进行编辑。

③使用"实时选择"工具在"顶视图"内选择模型的网格面，如图10-2所示。

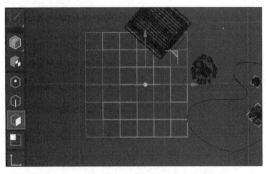

图 10-2

④在菜单栏中执行"模拟"→"毛发对象"→"添加毛发"命令。

此时选择的网格面上会出现毛发效果。同时"草地"对象的标签栏会出现一个"多边形选集"标签，如图10-3所示。

图 10-3

2. 设置毛发参数

在"对象"管理器中选择"毛发对象"，在"属性"管理器中可以看到，"毛发对象"包含丰富的设置参数。

（1）模型表面的引导线可以对毛发形态进行控制。引导线的弯曲形态和角度方向决定了毛发的外观形态。在"属性"管理器中打开"引导线"设置面板，可以对引导线进行设置。

①在"链接"设置栏内，可以看到已经添加了平面模型的"多边形选集"标签。如果更改"链接"设置，可以重新定义毛发的分布位置。

②设置"数量"参数，可以增加或减少引导线的数量，引导线数量的改变并不会影响毛发的数量。

③毛发效果是符合动力学的，所以毛发对象会根据自身重力产生真实的弯曲效果。

④单击"向前播放"按钮，可以看到引导线自动产生下垂变形，设置"分段"参数可以调整毛发的弯曲分段。

⑤设置"长度"参数可以更改引导线的高度。该参数用于调整毛发的长度，将"长度"参数设置为100 cm，如图10-4所示。

图 10-4

（2）在"属性"管理器中打开"毛发"设置面板，在"毛发"设置面板中可以对毛发的数量和弯曲分段进行设置。由于草地比较稀疏，所以可以将"数量"参数调小，将该参数设置为1 000。

（3）在"属性"管理器中打开"动力学"设置

面板，将"启用"选项设置为不启用状态，此时毛发将不再产生下垂变形。渲染视图，可以看到毛发变得稀疏了，如图10-5所示。

图 10-5

3. 设置毛发材质

此时的草地效果还不太生动，草地的颜色和形态都太僵硬了。在C4D中，可以通过调整毛发材质对毛发的颜色和形态进行控制。

毛发对象在创建之初会自动生成毛发材质，在"材质"管理器中双击毛发材质，打开"材质编辑器"对话框。下面通过设置毛发材质对草地的外观进行调整。

（1）在材质编辑器左侧的通道列表中选择"颜色"通道，将颜色渐变条设置为从深绿色至嫩绿色的渐变。此时毛发对象的色彩会发生改变，由原来的褐色转变为绿色。

（2）在材质编辑器左侧的通道列表中选择"高光"通道，在该通道可以对毛发的高光形态进行设置。将"强度"参数设置为5%，将"锐利"参数设置为0。此时毛发的高光强度和对比度将会降低，如图10-6所示。

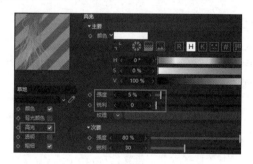

图 10-6

（3）在材质编辑器左侧的通道列表中启用"粗细"通道，在该通道可以对毛发对象的粗细进行调整。

①将"发根"参数设置为3 cm，此时毛发对象的宽度会增加。

②将"变化"参数设置为2 cm，此时毛发发根的宽度为3 cm。在设置了"变化"参数后，毛

发发根的宽度会在1~5 cm之间进行随机变化，如图10-7所示。

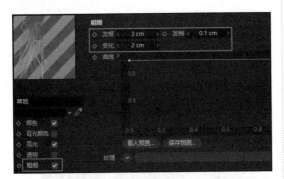

图10-7

（4）设置"发梢"参数可以更改毛发对象的发梢宽度。

（5）在"曲线"设置栏调整曲线的形态，也可以设置毛发对象的粗细变化。

（6）在材质编辑器左侧的通道列表中选择"长度"通道，在该通道可以对毛发的长度进行调整。

①设置"长度"参数可以调整毛发对象的长度。设置"变化"和"数量"参数可以让毛发对象的长度产生随机变化效果。

②设置"变化"参数可以控制随机变化的程度，"数量"参数可以调整参与随机变化的毛发数量。

③将"变化"参数设置为100%，此时草地的高度会产生随机变化的效果。

（7）渲染视图，观察草地的外观效果，如图10-8所示。

图10-8

（8）为了使草地的形态更为生动，还需要让毛发对象弯曲变形。在材质编辑器左侧的通道列表中选择"弯曲"通道，该通道可以对毛发对象设置弯曲变形。

将"弯曲"参数设置为50%，加大毛发对象的弯曲程度。设置"变化"参数为60%，使草地的弯曲效果更加自然。

此时草地就制作完成了，如图10-9所示。读者可以结合上述方法，在场景内添加更多的草地。

图10-9

10.1.2 创建羽毛和绒毛效果

在C4D中，还可以创建羽毛效果和绒毛效果。

1. 创建羽毛效果

使用羽毛对象可以模拟出生动的羽毛形态。羽毛对象与毛发对象不同，羽毛对象需要添加至样条线对象，才能沿样条线两侧生成羽毛效果。

（1）打开本书附带文件Chapter-10/草坪小屋2.c4d。

（2）在"对象"管理器中选择羽毛对象，该对象是使用"样条画笔"工具绘制的样条线。

（3）在菜单栏中执行"模拟"→"毛发对象"→"羽毛"命令，创建羽毛对象。

（4）在"对象"管理器中，拖动羽毛对象至"羽毛"对象的下端，使其成为"羽毛"对象的子对象。

此时样条线对象的两侧将会出现羽毛效果，如图10-10所示。

图10-10

（5）在"材质"管理器中双击羽毛对象的材质，打开"材质编辑器"对话框。

（6）在"颜色"通道中，将颜色渐变条设置为从棕色至橙色的渐变，如图10-11所示。

图 10-11

2. 设置羽毛的形态

"属性"管理器提供了羽毛对象的设置参数。通过对参数的调整，可以使羽毛的形态更加真实生动。

（1）在"对象"管理器中选择羽毛对象，接着在"属性"管理器中打开"对象"设置面板。

为了便于观察羽毛的形态变化，在"对象"设置面板中将"羽毛间距"设置为1.5 cm。

（2）在"属性"管理器中打开"形状"设置面板。在"形状"设置面板中可以对羽毛的外观形态进行设置。

①在"梗"卷展栏中调整"左"和"右"曲线，可以设置羽毛侧面的形态，如图10-12所示。

图 10-12

②在"截面"卷展栏中调整"左"和"右"曲线，可以设置羽支向前或向后的倾斜角度。

③在"曲线"卷展栏中调整"左"和"右"曲线，可以让羽支沿样条线方向发生弯曲，如图10-13所示。

（3）在"属性"管理器中打开"对象"设置面板，该面板提供的参数用于对羽毛的细节特征进行设置。

①设置"羽轴半径"参数，可以调整羽毛开始处的羽支向外侧分离的距离，这样羽支可以和羽毛中心的羽轴进行匹配。

②设置"顶部"参数可以调整羽毛顶部羽支

的分离距离，其作用与"羽轴半径"参数相同，如图10-14所示。

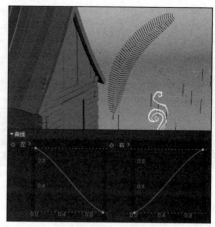

图 10-13

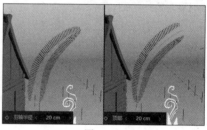

图 10-14

③设置"开始"和"结束"参数可以对羽支的开始位置和结束位置进行调整。

④设置"羽支间距"参数可以调整羽支之间的距离，设置"羽支长度"参数可以调整羽支的伸展长度。

⑤设置"羽支间距"与"羽支长度"参数右侧的"变化"参数，可以对羽支间距和长度添加随机变化效果。

⑥参照图10-15对羽毛对象的参数进行设置，制作出树叶效果。

图 10-15

3. 创建绒毛效果

绒毛对象可以模拟织物或织物表面的绒毛效果。与毛发对象相比，绒毛对象的设置方法更加简单。

（1）打开本书附带文件Chapter-10/ 草坪小

屋3.c4d。

（2）在"对象"管理器中选择"水石"对象，在菜单栏中执行"模拟"→"毛发对象"→"绒毛"命令，创建"绒毛"对象。

此时模型表面将会出现绒毛，如图10-16所示。

图10-16

（3）在"属性"管理器可以对绒毛对象的参数进行设置。该对象的参数非常简单。结合前面毛发对象的相关知识，可以很好地理解"绒毛"对象的参数。

参照图10-17所示，对绒毛对象的参数进行设置，制作出岩石苔藓效果。

图10-17

10.1.3 项目案例——创建卡通草坪小屋场景

本课对毛发对象的功能进行了详细的讲解。利用毛发对象可以制作模拟毛发、草坪、羽毛、绒毛等难以用建模实现的效果。

本小节将结合毛发对象功能，制作卡通场景模型。在案例中使用毛发对象制作草坪、树叶和苔藓等效果。图10-18展示了案例完成后的效果。读者可以结合本课教学视频，对案例进行学习和演练。

图10-18

10.2 课时39：如何制作出生动的毛发效果？

在上一课我们学习了毛发对象的创建方法。C4D还提供了大量命令和工具，用于对毛发对象的形态进行调整与控制。下面将对这些命令和工具进行讲解。

学习指导

本课内容重要性为【必修课】。

本课的学习时间为40~50分钟。

本课的知识点是熟练掌握毛发对象的设置方法。

课前预习

扫描二维码观看视频，对本课知识进行学习和演练。

10.2.1 毛发材质

创建毛发对象后，软件会自动创建毛发材质。毛发材质不仅可以用于设置毛发的色彩和质感，还可以用于改变毛发的形态。

1. 设置毛发的色彩

利用毛发材质可以灵活地对毛发对象的色彩纹理进行定义。

（1）打开本书附带文件Chapter-10/字母1.c4d。为了节省时间，场景中已经创建了毛发对象。

（2）读者可以在"对象"管理器中选择"毛发C"对象，然后在"属性"管理器中查看毛发对象的参数设置。

（3）在"材质"管理器中双击"毛发C"材质，打开"材质编辑器"对话框。在通道列表中选择"颜色"通道。

默认状态下，毛发对象会被设置为棕色，从而模拟头发的质感。

此时在"颜色"设置栏内，设置颜色渐变条可以改变毛发的颜色。在"纹理"设置栏添加贴图，可以使用贴图的色彩来定义毛发色彩。

①单击"纹理"设置按钮，选择"噪波"，添加"噪波"贴图，如图10-19所示。

②单击"噪波"贴图的缩览图，可以进入贴图设置面板。

③将"颜色1"色块由黑色设置为粉红色，然后参照图10-20对噪波贴图参数进行设置，更改噪

波贴图的形态。

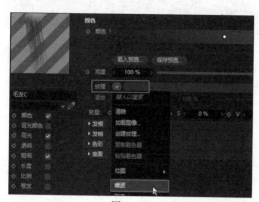

图 10-19

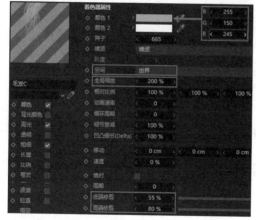

图 10-20

④对视图进行渲染，此时可以看到毛发呈现出红白相间的纹理。

"颜色"设置面板还提供了"发梢"和"发根"卷展栏，在对应的卷展栏内添加贴图纹理，可以分别改变发梢和发根的色彩。

⑤在"背光颜色"通道内，可以设置背光处头发的色彩。对"高光"和"透明"通道进行设置，可以调整毛发的高光和透明度。以上这些通道的设置方法非常简单，读者可以尝试修改设置，观察毛发的效果，自行进行学习。

2. "粗细""长度"与"比例"通道

"粗细""长度"与"比例"通道可以对毛发的粗细、长度和缩放比例进行控制。

（1）在材质编辑器左侧的通道列表中选择"粗细"通道，设置"发根"和"发梢"参数，可以设置毛发的发根和发梢的粗细。

（2）设置"变化"参数可以定义毛发粗细随机变化的范围。

（3）除了通过参数定义毛发的粗细以外，还可以在"曲线"设置栏通过调整曲线形态来控制毛发的粗细。

图 10-21 展示了不同粗细的毛发效果。

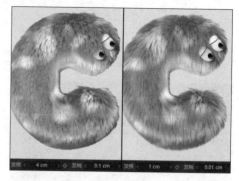

图 10-21

毛发的整体长度是由毛发对象的引导线长度控制的。毛发材质的"长度"通道，可以在毛发整体长度的基础上，对毛发长度进行随机化的设置。

（1）在材质编辑器左侧的通道列表中选择"长度"通道，设置"长度"参数可以对毛发的现有长度进行修改。

（2）设置"变化"和"数量"参数，可以对随机程度和参与随机的数量进行修改。

图 10-22 展示了不同参数对应的毛发长度。

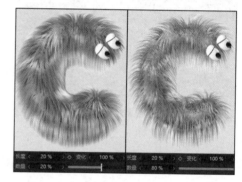

图 10-22

在"比例"通道内，可以对当前毛发对象进行放大和缩小。初学者有时会将"比例"通道与"长度"通道相混淆，实际两者还是有很大区别的。图 10-23 展示了不同比例下的毛发效果。

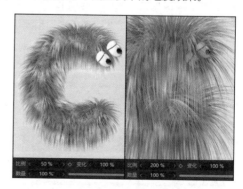

图 10-23

Cinema 4D 三维艺术与设计 50 课（慕课版）

3. "卷发"与"纠结"通道

"卷发"与"纠结"通道都可以使毛发产生蓬松混乱的效果，两者的区别在于"卷发"通道可以让毛发产生较为圆滑的转折。

（1）在材质编辑器左侧的通道列表中选择"卷发"通道。设置"卷发"参数可以调整毛发的弯曲力度。

（2）"缩放 X"和"缩放 Y"参数可以对毛发的卷曲频率进行设置，参数值越高，毛发的卷曲频率就越高。

图 10-24 展示了不同参数下的毛发卷曲效果。

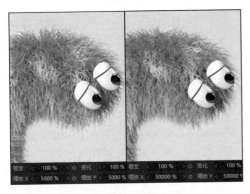

图 10-24

"纠结"通道产生的毛发弯曲效果与"卷发"通道非常类似，两者之间的区别只有在设置长发时才会比较明显。此外就不展示"纠结"通道所产生的毛发卷曲效果了。

4. "密度""集束""紧绷"与"置换"通道

毛发的密度是受毛发对象的"数量"参数控制的。选择毛发对象，在"属性"管理器中设置"数量"参数可以调整毛发的整体密度。

在"密度"通道中，可以在已有毛发密度的基础上，再次调整毛发的密度。

在材质编辑器左侧的通道列表中，选择"密度"通道，设置"密度"参数可以调整毛发的密度。图 10-25 展示了不同参数下的毛发密度效果。

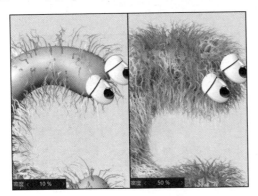

图 10-25

除了通过设置参数控制毛发密度以外，还可以通过在"纹理"设置栏中添加贴图来控制毛发的密度。贴图中白色区域是有毛发的区域，黑色区域是没有毛发的区域。设置"密度级别"参数可以调整贴图的判断级别，高级别参数将会更加精确地对贴图进行判断。

在"集束"通道中可以使毛发产生一簇一簇的汇集效果。

（1）在材质编辑器左侧的通道列表中选择"集束"通道，设置"数量"参数可以控制参与变形的毛发数量。设置"集束"参数可以调整毛发的集束变形程度。设置"半径"参数可以调整毛发的集束半径。设置"扭曲"参数可以使毛发在集束变形的同时产生旋转扭曲效果。

图 10-26 展示了不同集束参数下的毛发效果。

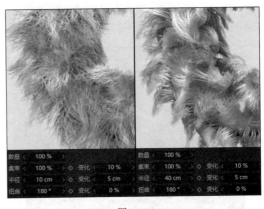

图 10-26

（2）在"紧绷"通道中可以对毛发添加圆形卷曲效果。图 10-27 展示了参数下的毛发卷曲效果。

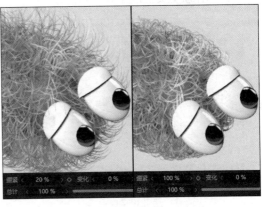

图 10-27

（3）在"置换"通道中可以改变毛发的扭曲形状。选择"置换"通道后，在"X 曲线""Y 曲线""Z 曲线"设置栏，可以通过调整曲线的方式来设置毛发分别在 3 个轴的扭曲形状。图 10-28 展示了设置"X 曲线"后，曲线呈现 S 形的效果。

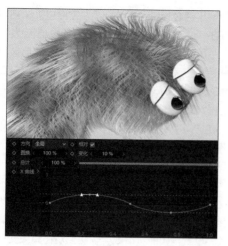

图 10-28

5. 其他通道

"弯曲"通道可以使毛发产生弯曲变形效果。图 10-29 展示了不同参数下的毛发弯曲效果。

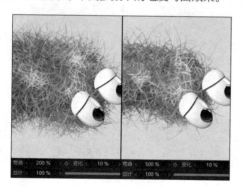

图 10-29

"卷曲"通道可以对毛发设置卷曲变形效果，使毛发产生卷曲效果，如图 10-30 所示。

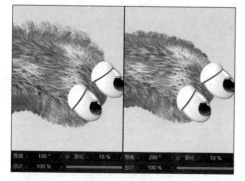

图 10-30

"扭曲"通道可以让毛发沿高度方向产生旋转。

"波浪"通道可以让毛发产生波浪扭曲变形，图 10-31 展示了"波浪"通道对毛发的变形效果。

"拉直"通道可以让毛发的扭曲效果消失，将毛发拉直。

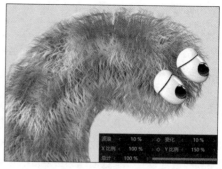

图 10-31

10.2.2　毛发选择与编辑命令

使用毛发材质可以对毛发的细节特征进行设置。除了毛发材质，用户还可以通过毛发选择与编辑命令对毛发引导线进行调整，从而调整毛发的扭曲状态。下面将通过具体操作来学习毛发选择与编辑命令。

1. 添加毛发

在前面内容中，我们已经学习了毛发的添加方法。在 C4D 中，可以根据需要为一个模型添加多个毛发对象，例如，利用一个毛发对象制作皮毛，利用另一个毛发对象制作头发。每个毛发对象都可以独立控制，毛发对象之间不会产生影响。

（1）打开本书附带文件 Chapter-10/字母 2.c4d。

（2）在菜单栏中执行"模拟"→"毛发对象"→"添加毛发"命令。在场景中添加第二个毛发对象。

（3）在"对象"管理器中将新建的毛发对象的名称设置为"头发"。

（4）在"属性"管理器中打开"引导线"设置面板。

（5）在"对象"管理器将"4"对象的"多边形选择集"标签拖动至毛发对象的"链接"设置栏内。

此时毛发对象会按照选择集的区域生成毛发引导线，如图 10-32 所示。当前模型添加了两个毛发对象。

图 10-32

（6）在"引导线"设置面板中，将"长度"参数设置为40 cm，将"分段"参数设置4。

（7）在"属性"管理器中打开"毛发"设置面板，将"数量"参数设置为5 000。

（8）打开"动力学"设置面板，将"启用"选项取消启用。

此时毛发不再有动力学控制，下面就可以通过毛发选择与编辑命令对毛发引导线的形态进行调整了。

2. 毛发选择与编辑命令

"模拟"菜单提供了4组用于对毛发引导线进行编辑的命令，它们分别是"毛发模式""毛发选择""毛发编辑"，以及"毛发工具"命令组。下面我们逐一来了解一下。

（1）在菜单栏中执行"模拟"→"毛发模式"命令，然后在子菜单上端单击菜单控制柄，子菜单将脱离菜单，如图10-33所示。

图 10-33

按照上述方法，将"毛发编辑""毛发选择"，以及"毛发工具"子菜单也从菜单中脱离出来。

将子菜单设置为浮动状态的优点是可以快速执行其中命令。

（2）利用"毛发模式"菜单中包含的命令，可以对引导线的编辑模式进行设置。

①在"毛发模式"菜单中执行"发梢"命令，然后在"毛发工具"菜单执行"移动"命令。

②在视图中拖动鼠标指针，此时可以移动发梢，从而改变引导线的形态，如图10-34所示。

图 10-34

读者可以试着在"毛发模式"菜单中执行不同的命令，然后对引导线的形态进行调整。在这些命令中，"发梢"和"引导线"命令是最常用的。

（3）在"毛发选择"菜单中执行"实时选择"命令，选择部分引导线，接着可以执行"毛发工具"菜单中的编辑命令，对选择的对象进行调整，如图10-35所示。

图 10-35

（4）"毛发编辑"菜单提供了对引导线进行复制、粘贴和删除的命令。这些命令都很简单，大家可以试着操作一下，对其进行学习。这些命令一般在工作中很少用到，所以就不再做过多演示了。

（5）"毛发工具"菜单为用户提供了对毛发进行调整的命令，使用"移动""旋转"和"缩放"命令，可以对毛发引导线进行变形。

"毛发工具"菜单的下端还提供了一些模拟命令，用户可以使用"毛刷""集束""卷曲"命令，对引导线进行各种变形。

10.2.3　项目案例——制作可爱的卡通字母

本课详细为读者介绍了毛发对象的外形编辑方法，利用毛发材质、毛发选择与编辑命令，可以使毛发对象产生各种各样的外形效果。

本小节将结合毛发对象，制作一组可爱的卡通字母，在案例中使用毛发对象为字母添加了各种形态的毛发。图10-36展示了案例完成后的效果。读者可以结合本课教学视频，对案例进行学习和演练。

图 10-36

10.3 总结与习题

在工作中，毛发功能是非常重要的一项功能，使用毛发功能可以轻松制作出动物毛发、织物等。这些模型形态在特效画面中是经常用到的。

毛发对象主要通过材质贴图来控制外观特征。毛发材质包含的参数非常繁杂，但在设置使用时还是非常直观的。初学者要根据毛发的外观特征，系统地对其设置参数进行学习。

习题：添加生动的毛发效果

结合本章所学的知识，为玩偶模型添加生动的毛发效果。

习题提示

在对毛发对象进行设置时，要认真区分毛发材质包含的各项参数，结合毛发外观特征合理地对参数进行设置。

在建模过程中，场景中的模型并非全部都要建立，在建立主要模型后，可以利用C4D的环境对象来制作背景、地面等场景。配合HDRI贴图，环境对象可以模拟出真实的场景效果。

当场景搭建完成后，需要使用渲染功能将场景渲染成图片或动画，C4D提供了丰富的渲染设置命令，用于满足场景在渲染输出时的各种要求。本章将对环境与渲染进行详细讲解。

11.1 课时40：如何创建环境对象？

环境对象包含很多内容，利用环境对象可以为场景创建地面、天空、背景等。环境对象的建立方法简单、直接，它可以在场景中创建丰富的效果。本课将对工作中常用的环境对象进行讲解。

学习指导

本课内容重要性为【选修课】。

本课的学习时间为40~50分钟。

本课的知识点是熟练掌握环境对象的使用方法。

课前预习

扫描二维码观看视频，对本课知识进行学习和演练。

11.1.1 项目案例——对场景使用"地板"对象

使用环境对象中的"地板"对象可以使场景真实。

（1）打开本书附带文件Chapter-11/郊外.c4d。为了节省时间，场景中的模型已经搭建完毕。

（2）在"工具栏"中单击"地板"按钮，在场景中创建"地板"对象。

（3）在"材质"管理器中拖动"浅蓝"材质至"地板"对象，为对象指定材质，如图11-1所示。

（4）在"属性"管理器可以对"地板"对象的参数进行设置，"地板"对象的设置参数非常少。用户可以使用变换工具对"地板"对象进行移动、

旋转和缩放操作，但是"地板"对象是一个无限延伸的平面，所以执行缩放操作时，不会看到明显的变化。图11-2展示了场景添加"地板"对象后的效果。

图11-1

图11-2

11.1.2 项目案例——使用"天空"对象制作场景背景

使用环境对象中的"天空"对象可以为场景创建背景或天空效果。

1. 创建"天空"对象

"天空"对象的创建与设置方法非常简单，单击创建按钮即可。

（1）打开本书附带文件Chapter-11/奖杯.c4d。为了节省时间，场景中的模型已经搭建完毕。

（2）在"工具栏"中长按"地板"按钮，展开环境对象创建面板，在面板中单击"天空"按钮。

（3）在场景中会创建"天空"对象，在"材质"管理器拖动"环境"材质至"天空"对象，对其指

定材质，如图11-3所示。

图11-3

"天空"对象实际上就是一个将场景完全包裹的无限大球体，对"天空"对象设置贴图后，可以模拟出真实的环境场景。

我们可以使用变换工具对"天空"对象进行移动、旋转和缩放操作。由于"天空"对象是一个无限大的球体，所以在执行移动和缩放操作时，"天空"对象不会产生变化。

在为"天空"对象添加贴图纹理后，旋转"天空"对象时，可以清晰地看到贴图纹理随着"天空"对象进行旋转。图11-4展示了"天空"对象模拟出的环境光效果。

图11-4

2. 使用HDRI贴图

在使用"天空"对象制作场景环境时，往往会配合使用HDRI贴图。

在三维设计工作中，常常会听人提到HDRI贴图。HDRI是英文High-Dynamic Range image（高动态范围图像）的缩写。简单说，HDRI是一种亮度范围非常广的图像，它比其他格式的图像有着更大亮度数据的贮存。因此使用HDRI图像作为环境贴图是可以取代灯光照亮场景模型的。

很多HDRI图像文件是以全景图像的形式出现的。全景图象是指包含360°范围的图像，如图11-5所示。全景图像常用于VR技术中，可以是JPG、BMP、TGA等普通图像格式，但这些图像是不带有亮度信息的。

图11-5

在C4D中常将HDRI全景图象设置为"天空"对象的贴图，此时场景会根据贴图的亮度信息照亮场景，并模拟环境场景。

除了使用HDRI贴图制作场景环境以外，在C4D中还常常使用该贴图为反射材质添加反射纹理。

（1）在"对象"管理器中，将"地面"对象设置为显示状态。

（2）将"天空"对象设置为隐藏状态，对场景进行渲染。此时金属材质是不包含环境贴图纹理的。

（3）将"天空"对象设置为显示状态，对场景进行渲染，观察金属材质表面的变化。

图11-6展示了金属材质表面的反射纹理变化。可以看出，使用HDRI贴图对反射材质添加反射纹理，可以让金属材质变得更加真实华丽。

图11-6

11.1.3 项目案例——使用"环境"对象制作雾气效果

"环境"对象可以改变场景的环境色，还可以为场景添加雾气效果。

（1）打开本书附带文件Chapter-11/城市.c4d。为了节省时间，场景模型已经搭建完成。

（2）下面使用"环境"对象改变场景的环境色。在"工具栏"的环境对象中创建面板，单击"环境"按钮，创建"环境"对象。

（3）在"属性"管理器中可以对"环境"对象的参数进行设置。

（4）将"环境颜色"色块设置为蓝色，接着将"环境强度"参数设置为100%。

此时场景的整体色彩将受环境色的影响而变为

蓝色色调，如图11-7所示。

图11-7

（5）将"环境强度"参数设置为0%。此时场景将不受环境色的影响。

（6）启用"启用雾"选项，此时场景内将出现雾气效果。

（7）修改"颜色"色块可以更改雾气的颜色，设置"强度"参数可以调整雾气的透明度。

（8）将"距离"参数设置为5 000 cm，此时会拉近雾气与镜头之间的距离，如图11-8所示。

图11-8

（9）默认状态下，"影响背景"选项处于启用状态；取消启用该选项后，雾气效果将不再覆盖天空区域。

11.1.4 项目案例——为场景添加"前景"与"背景"对象

使用"前景"和"背景"对象，可以为场景的背景和前景添加纹理。

（1）打开本书附带文件Chapter-11/海滩.c4d。为了节省时间，场景模型已经搭建完成。

（2）在"工具栏"的环境对象创建面板中单击"背景"按钮，为场景添加"背景"对象。

（3）在"材质"管理器中拖动"背景"材质至"背景"对象，为对象指定材质。

（4）渲染场景，可以看到场景背景添加了渐变色彩，如图11-9所示。

（5）在"工具栏"的环境对象创建面板中单击"前景"按钮，为场景添加"前景"对象。

（6）在"材质"管理器中双击以创建新材质。将新材质的名称命名为"前景"。

图11-9

（7）双击"前景"材质，打开"材质编辑器"对话框。将"颜色"与"反射"通道取消启用。

（8）选择"发光"通道，单击"纹理"设置栏右侧的长按钮，打开本书附带文件Chapter-11/tex/水波纹理.jpg。

（9）在"材质"管理器中拖动"前景"材质至"前景"对象，为对象指定材质。

（10）渲染场景，可以看到场景被"前景"对象的贴图纹理覆盖。

（11）为"前景"材质设置"Alpha"通道，使材质产生透明效果。在"Alpha"通道单击"纹理"设置栏右侧的长按钮，打开本书附带文件Chapter-11/tex/水波纹理_Alpha.jpg。

此时"前景"材质将会产生透明效果，再次渲染场景，可以看到"前景"对象为场景添加了装饰纹理，如图11-10所示。

图11-10

在使用"前景"和"背景"对象时，可以将两个对象理解为，在场景的前端添加前景图层，以及在场景背景上添加背景图层，对这些图层设置贴图材质后，场景将呈现更为丰富的变化。

初学者需要注意的是，为"前景"和"背景"对象添加位图贴图时，位图贴图会自动与当前渲染窗口的尺寸进行匹配。如果不想让位图贴图产生匹配变形，需要将添加的位图贴图的长宽比例与当前摄像机渲染尺寸的长宽比例保持一致。

11.1.5 项目案例——为场景添加逼真的天空

使用"物理天空"对象可以在场景中模拟真实的天空和光照。

（1）打开本书附带文件Chapter-11/天空场景.c4d。为了节省时间，场景模型已经搭建完成。

（2）在"工具栏"的环境对象创建面板中单击"物理天空"按钮，创建"物理天空"对象。

（3）与"天空"对象相同，"物理天空"对象也是一个将整个场景包裹的无限大的球体。

（4）"物理天空"对象提供了模拟太阳光的参数，另外还可以利用贴图模拟出云彩纹理。

（5）在"属性"管理器中打开"基本"设置面板，启用"云"选项。此时"物理天空"对象的表面会出现云彩纹理，如图11-11所示。

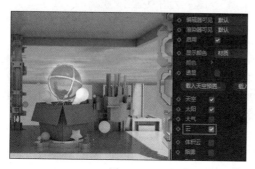

图11-11

（6）在"属性"管理器中打开"云"设置面板，可以对云彩纹理进行设置。

（7）展开"图层1"卷展栏，可以看到，"物理天空"对象是利用"噪波"贴图生成云彩纹理的，如图11-12所示。

图11-12

（8）在"属性"管理器中打开"太阳"设置面板，设置该面板的参数可以对太阳光的色彩、强度，以及阴影状态进行调整。

（9）在"投影"卷展栏中将"密度"参数设置为70%，渲染场景，可以看到场景中的阴影将变得透明，如图11-13所示。

（10）在"属性"管理器中打开"天空"设置面板，设置该面板的参数可以对天空的色彩和亮度进行调整。

图11-13

（11）启用"视平线"选项，此时低于视平线的天空区域将会出现星空纹理，如图11-14所示。

图11-14

（12）在"属性"管理器中打开"时间与区域"设置面板，在该面板可以通过设置日期时间，以及所处城市位置，精确设置太阳的光照角度和强度。

（13）在面板中拖动时钟的指针，可以设置时间，在"城市"选项栏可以设置目标城市，如图11-15所示。

图11-15

（14）拖动时钟的指针，观察场景在早上、中午、傍晚和晚上时的光照效果，如图11-16所示。

使用"物理天空"对象可以模拟真实的太阳光以及云彩纹理。通过添加场景灯光和设置贴图纹理也可以实现这些效果。具体使用"物理天空"对象还是使用灯光对象，要看具体的工作要求。

图 11-16

早上 8 点　　中午 12 点

傍晚 17 点　　晚上 21 点

11.2　课时 41：如何渲染场景？

场景在搭建完成后，接着就需要对场景进行渲染。场景中的灯光设置、材质特效等，需要经过渲染才能观察到最终效果。毕竟场景视图的渲染能力非常有限。本课将对渲染场景的方法进行讲解。

学习指导

本课内容重要性为【必修课】。

本课的学习时间为 40～50 分钟。

本课的知识点是熟练掌握渲染场景的方法。

课前预习

扫描二维码观看视频，对本课知识进行学习和演练。

11.2.1　多种渲染场景的方法

C4D 提供了多种渲染场景的方法，根据工作的需要，我们可以有针对性地选择不同的方法。

1. 渲染工作视图

在工作过程中，可以对工作视图直接进行渲染，以快速观察当前场景的渲染效果。

（1）打开本书附带文件 Chapter-11/ 盆景.c4d。为了节省时间，场景模型已经搭建完成。

（2）在"工具栏"中单击"渲染活动视图"按钮，可以对当前工作视图直接进行渲染，如图 11-17 所示。

利用"渲染活动视图"按钮除了对摄像机视图进行渲染以外，还可以对任意工作视图进行渲染。

图 11-17

① 在视图中按鼠标中键，将视图切换为四格模式。

② 在"顶视图"中单击以激活视图。按键盘上的 <Ctrl + R> 组合键执行"渲染活动视图"命令，对当前激活的视图进行渲染。

③ 软件界面的左下角会出现蓝色进度条来显示渲染进度。在渲染过程中按键盘上的 <Esc> 键，可以取消渲染。

如果要对渲染效果进行设置，可以在"工具栏"中单击"编辑渲染设置"按钮，打开"渲染设置"对话框，对当前渲染效果进行设置。"渲染设置"对话框将在稍后的内容中进行讲述。

初学者需要注意的是，使用"渲染活动视图"命令对视图进行渲染后，渲染结果是无法保存的。另外，一些特殊的渲染效果是无法呈现的，例如运动模糊效果。

2. 区域渲染

如果场景内包含的内容比较多，则对整个场景进行渲染需要消耗较长的时间，此时可以使用区域渲染功能。区域渲染功能包含 3 个渲染命令，分别是"区域渲染""交互式区域渲染"和"渲染所选"命令。下面通过具体操作来进行学习。

（1）在"工具栏"中长按"渲染到图片查看器"按钮，此时会弹出隐藏菜单。

（2）在菜单中执行"区域渲染"命令。此时鼠标指针将变为十字线形状。在工作视图中拖动鼠标指针可以绘制渲染区域。

（3）绘制渲染区域后，系统对区域内的静物进行渲染，如图 11-18 所示。

图 11-18

（4）在菜单栏中执行"渲染"→"区域渲染"命令，也可以执行区域渲染操作。

"区域渲染"命令的优点是快捷简单。

有时用户需要频繁观察对象的最终渲染效果，例如，在对模型的材质进行微调时，就需要频繁观察材质的最终渲染效果。此时可以使用"交互式区域渲染"命令。

（1）在"工具栏"中长按"渲染到图像查看器"按钮，在弹出的菜单中执行"交互式区域渲染"命令。

（2）此时工作视图中会出现区域渲染框，拖动渲染框四周的控制柄，可以调整渲染框的形状和位置。

（3）向上拖动渲染框右侧的渲染质量滑块，可以提升渲染质量；向下拖动滑块则降低渲染质量。

（4）在对场景中的对象进行修改后，渲染框会进行交互式渲染，如图11-19所示。

图 11-19

使用"交互式区域渲染"命令的优势是渲染速度快、效果呈现及时。按键盘上的<Alt + R>组合键可以快速执行"交互式区域渲染"命令，再按键盘上的<Alt + R>组合键可以关闭区域渲染框。

使用"渲染所选"命令也可以对场景视图进行区域渲染。与前两个命令不同，该命令是对选择对象的区域进行渲染。

（1）在"对象"管理器中选择"橘树"对象组，在"工具栏"中长按"渲染到图像查看器"按钮，在弹出的菜单中执行"渲染所选"命令。

（2）此时在工作视图内，将会对选择对象进行渲染，同时其他未被选择的对象会自动隐藏。

图11-20展示了使用"渲染所选"命令进行渲染的结果。

3个区域渲染命令各有特点，在工作中用户应该根据工作需要灵活地加以应用。

图 11-20

3."渲染到图像查看器"命令

"渲染到图像查看器"命令是工作中常用的渲染命令。C4D包含查看位图的工具，它就是"图像查看器"对话框。使用该对话框可以对位图进行查看和修改。在执行"渲染到图像查看器"命令时，C4D会将渲染结果保存为位图，并在"图像查看器"对话框中打开。

（1）在菜单栏中执行"窗口"→"图像查看器"命令，此时会弹出"图像查看器"对话框，如图11-21所示。

图 11-21

（2）在"图像查看器"对话框的菜单栏中执行"文件"→"打开图像"命令，在弹出的"打开文件"对话框中，打开本书附带文件Chapter-11/盆景.jpg。

（3）此时选择的文件将在"图像查看器"对话框中打开。

"图像查看器"对话框右上角提供了图像导航窗口。在"导航器"面板中可以对当前图像进行缩放，以及设置图像查看区域。"柱状图"面板可以显示图像的直方图，利用直方图可以查看图像的色调和颜色分布情况，如图11-22所示。

图 11-22

"图像查看器"对话框右侧还提供了图像信息

面板和图像调整命令。

①在"历史"面板中，可以对多次渲染的结果进行切换查看。

②在"信息"面板中，可以查看图像的信息，其中包含文件的名称、路径、格式等信息。

③在"层"面板中，可以对图像中的图层进行查看，当场景文件在进行多通道渲染时，文件会包含多个通道层。

④"滤镜"面板包含图像调整命令，启用"激活滤镜"选项，此时调整面板内的各项参数，即可对图像的颜色、饱和度进行调整，如图11-23所示。

图 11-23

"滤镜"面板中的色彩调整参数非常简单直观，这些参数与Photoshop中的调整命令非常相似。

⑤在"立体"面板中可以查看三维图像的图像信息。

以上就是"图像查看器"对话框的使用方法，该对话框简洁直观。在设计过程中利用该对话框可以快速查看图像，修改图像。当图像的色彩被修改后，在菜单栏中执行"文件"→"将图像另存为"命令，保存修改结果。

初学者需要注意的是，使用"渲染到图像查看器"命令时，C4D只会对透视视图或摄像机视图进行渲染，是无法对其他正交视图进行渲染的。

11.2.2　渲染与输出设置

场景完成后，需要对其进行正式的渲染与输出，使其成为高质量的图片或者动画文件。这时就需要对渲染与输出的方式进行设置。渲染设置涉及很多内容，其中包括渲染尺寸、保存路径、特殊渲染效果等。

1. "渲染设置"对话框

所有用于渲染设置的参数与命令都被放置在"渲染设置"对话框内。本小节将对该对话框进行详细讲解。

（1）继续上一小节的内容，在"工具栏"中单击"编辑渲染设置"按钮，打开"渲染设置"对话框。

（2）"渲染设置"对话框分为左右两部分，左侧为选项栏，右侧为设置面板，如图11-24所示。

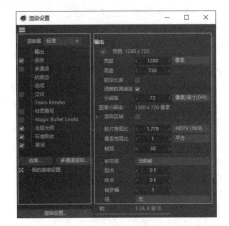

图 11-24

（3）左侧的选项栏上端是"渲染器"选项栏，在该选项栏内可以设置当前使用的渲染器。

（4）默认状态下，C4D包含"标准"和"物理"两种渲染器。如果用户安装了渲染器插件，可以在"渲染器"选项栏内进行选择。

（5）在"渲染器"选项栏中选择"物理"选项，选项栏会增加"物理"选项。

此时将"渲染器"选项栏设置为"标准"选项。在稍后的内容中，再对"物理"设置面板进行介绍。

2. "输出"选项

在"渲染设置"对话框中选择"输出"选项，对话框右侧会显示"输出"设置面板。在该面板可以对渲染尺寸、渲染时间、动画帧率等参数进行设置。

（1）在"输出"设置面板上端提供了"预设"按钮，单击该按钮快速设置渲染尺寸。

（2）"预置"菜单包含4种输出类型，分别是"屏幕""胶片/视频""移动设备""打印"类型。用户可以根据输出用途选择渲染尺寸，如图11-25所示。

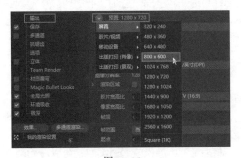

图 11-25

（3）除了可以使用"预置"菜单设置输出画面

尺寸，在"输出"设置面板也可以修改参数，手动设置输出画面尺寸。

在"输出"设置面板中，用户可以对输出画面的高度、宽度、画面单位、分辨率以及胶片宽高比等信息进行设置。这些内容都非常简单，书中就不展开讲述。

3. "保存"设置面板

在"渲染设置"对话框的"保存"设置面板中，可以对输出文件的保存路径、格式等进行设置。

（1）在"渲染设置"对话框左侧启用"保存"选项，此时会激活"保存"设置面板。

（2）单击"文件"设置栏的设置按钮，可以对输出图像的名称和保存路径进行设置。

（3）如果希望保留输出图像中的Alpha通道，可以启用"Alpha通道"选项。

（4）在"合成方案文件"卷展栏中，启用"保存"选项，可以生成包含场景信息的方案文件。例如，设置"目标程序"为After Effects，此时会生成后缀名为.aec的文件。该文件可以直接导入After Effects程序，并且包含场景中的模型、灯光等信息，如图11-26所示。

图11-26

4. "多通道"选项

在"渲染设置"对话框中，启用"多通道"选项。此时可以将场景的指定区域以通道方式输出。

（1）打开"多通道"设置面板，在"分离灯光"选项栏中选择"全部"选项，此时可以将漫射、高光、投影区域以通道方式输出。

（2）在左侧选项栏下端单击"多通道渲染"按钮，此时会弹出通道类型菜单。

（3）在通道类型菜单中可以选择需要添加的通道类型，如添加"深度"通道。

此时"多通道"选项下端会增加"深度"通道选项，如图11-27所示。

将指定范围渲染成通道图像，可以在后期软件中生成选择区域，这样可以有针对性地对图像的特定区域进行调整，例如提升高光亮度、修改阴影色

调等。

图11-27

5. "抗锯齿""选项"与"立体"选项

在"抗锯齿"设置面板中可以对渲染画面中的锯齿进行消除，使渲染画面的纹理更为柔和。

（1）选择"抗锯齿"选项，打开"抗锯齿"设置面板。

（2）在"抗锯齿"选项栏中，可以设置渲染画面的抗锯齿计算方法。

（3）"抗锯齿"选项栏默认选择"几何体"选项。设置该选项栏为"无"选项，在渲染时将不会对渲染画面进行抗锯齿优化，如图11-28所示。

图11-28

（4）选择"几何体"选项，渲染时会对场景中所有对象进行抗锯齿优化，优化范围为16像素×16像素。该选项适用于工作中大部分情况。

（5）如果在"抗锯齿"选项栏中选择"最佳"选项，此时可以手动设置抗锯齿优化的范围。

> **注意**
> 初学者需要注意的是，较好的抗锯齿效果会加大渲染计算量，增加渲染时间。

在"渲染设置"对话框中打开"选项"设置面板，在该设置面板中可以设置场景中需要渲染的各种效果。例如，将"透明"选项设置为不启用状态，场景中的透明材质将不被渲染。

"选项"设置面板内的各选项保持默认设置即可。只有对场景渲染有特殊要求时，才对其进行调整。

在"立体"设置面板中可以对立体图像的渲染画面进行设置。该设置面板在工作中很少用到，所以本书就不做详细讲述了。

6."材质覆写"选项

在"渲染设置"对话框中启用"材质覆写"选项后，可以使用材质覆写功能。材质覆写功能是一项非常重要的功能，该功能可以快速地将场景模型以单一材质进行渲染。这样做的目的是屏蔽材质纹理对模型结构的影响，便于观察模型形体关系。覆写材质功能并不会影响模型本身的材质设置。

（1）启用"材质覆写"选项，使用材质覆写功能对场景进行渲染。此时场景中所有的材质都被覆写。

为简单的白色材质，渲染画面转变为黑白画面，模型的结构关系变得更加清晰，如图11-29所示。

图 11-29

（2）在"材质覆写"设置面板，还可以使用指定材质来覆写材质。

（3）在"材质"管理器拖动"棋盘"材质至"自定义材质"设置栏，此时将使用指定材质覆写材质。

（4）在"材质"管理器拖动"墙体"材质至"材质"设置栏。

（5）当前的"模式"选项栏为"排除"方式，"材质"设置栏内的材质将会被排除并覆写，如图11-30所示。

图 11-30

提示

使用棋盘格贴图对模型进行覆写，可以直观地观察模型的UV贴图坐标设置。

在"材质覆写"设置面板的"保持"卷展栏下，还可以对材质覆写过程中需要保持的材质进行设置。这些选项都非常简单，读者可以尝试设置后，渲染场景并进行观察，书中就不进行演示了。

7."Magic Bullet Looks"调色插件

"渲染设置"对话框为用户提供了"Magic Bullet Looks"调色插件，利用该插件可以对渲染画面的色彩进行调整。

（1）在"渲染设置"对话框中选择"Magic Bullet Looks"选项，打开对应的设置面板。

（2）在设置面板中单击"打开Magic Bullet Looks"按钮，此时会打开"Magic Bullet Looks"调色插件，如图11-31所示。

图 11-31

（3）在调色插件中使用添加工具，可以对渲染画面的亮度、对比度、色调关系等进行调整。

（4）在调色插件的右下端，单击"TOOLS"按钮，在打开的工具面板单击"Color Correction"卷展栏下的"Colorista"按钮，添加工具，如图11-32所示。

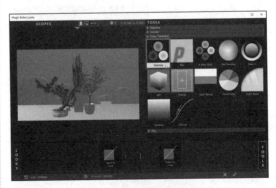

图 11-32

（5）在调色插件下端，单击添加的"Colorista"工具，在调色插件的右侧面板内对工具的参数进行调整。图11-33展示了使用"Colorista"工具对画面色彩进行调整的效果。

图11-33

（6）除了使用工具调整渲染画面以外，调色插件还提供了很多预设方案。这些方案可以用于快速修改画面色调。

①在调色插件下端，单击"Look : Untitled"按钮，将添加的"Colorista"工具移除。

②在调色插件右下端，单击"LOOKS"按钮，在展开的面板中单击预设方案，可以快速添加色彩调整工具。

③在调色插件下端，单击"√"按钮，确认完成调色操作，关闭调色插件，如图11-34所示。

图11-34

（7）渲染工作视图。此时渲染画面会呈现调色后的效果，如图11-35所示。

图11-35

虽然"Magic Bullet Looks"调色插件可以为渲染效果增色不少，但是在工作中往往使用Photoshop对渲染图像进行后期处理，所以关于"Magic Bullet Looks"调色插件，读者了解其工作原理即可。

8."全局光照"选项

"全局光照"选项是渲染功能的重要部分。为了追求真实的渲染效果，在很多场景都需要使用"全局光照"选项。本书在第8章讲述灯光对象时，简单讲述了使用"全局光照"选项为场景添加反射光的方法。

"全局光照"选项启用前，C4D在渲染时，仅会计算场景的受光面和背光面。在启用"全局光照"选项后C4D将会计算光源的反射、折射等各种效果，因此画面会更为真实，但也会更消耗系统资源。下面通过具体操作来学习"全局光照"选项。

（1）打开本书附带文件Chapter-11/全局光照.c4d。为了节省时间，场景模型已经搭建完成。

（2）对场景视图进行渲染，观察当前场景的光照效果，如图11-36所示。

图11-36

（3）当前的渲染设置并未添加"全局光照"选项，所以画面中的光照效果非常生硬，阴影区域缺乏层次感。

（4）在"工具栏"中单击"编辑渲染设置"按钮，打开"渲染设置"对话框。

（5）单击"效果"按钮，选择"全局光照"，添加"全局光照"选项。

（6）渲染场景，可以看到此时的光照效果变得更为生动了，阴影区域也产生了反光效果，如图11-37所示。

图11-37

选择"全局光照"选项，打开"全局光照"设置面板。在"全局光照"设置面板中，主要是通过"主算法"选项栏和"次级算法"选项栏，对光能的传递效果进行运算的。

设置"主算法"选项栏可以生成光源照射到物体模型上反射出的反光。

设置"次级算法"选项栏可以生成光源投射到模型表面，与周围模型再次进行光能传递的反射效果。

在"主算法"和"次级算法"选项栏内可以设置光能传递的算法。使用不同的算法，得到的渲染结果是不同的。

准蒙特卡罗（QMC）：选择该选项，系统可以根据物理世界的光能传递原理，对光源进行计算，但该算法会消耗较长的渲染时间。

辐照缓存：选择该选项，系统会利用阴影点，如图11-38所示，对整个场景的光能传递进行分析和模拟，并将阴影点的计算结果存储到缓存中。这样在第二次渲染时，还可以利用上一次的缓存数据进行渲染。该渲染方式对动画渲染非常有帮助。选择"辐照缓存"选项后，可以通过"漫射深度"参数来设置光能的反弹次数，反弹次数越多，场景中的光影效果就越生动细腻，同时渲染出来的画面也越亮。

图 11-38

辐照缓存（传统）：该算法是老版本C4D包含的全局光照算法，其渲染速度和效果均没有新版"辐照缓存"算法优秀。

辐射贴图："次级算法"选项栏提供了"辐射贴图"选项，该算法综合场景中的光源强度和光源位置，生成辐射贴图。该算法渲染时非常节省时间，常用于渲染预览画面。因为该算法只能进行一次光能反弹计算，所以渲染出来的画面偏暗。

光子贴图："次级算法"选项栏提供了"光子贴图"选项，选择该选项，可以对场景中的光能传递进行计算，并将计算结果保存在晶体单元格内，如图11-39所示。选择该选项时，可以利用"最大

深度"参数对光能传递的次数进行控制。

图 11-39

伽马：选择该选项，可以对渲染画面的亮度进行控制。使用不同的光能传递计算方式，得到的画面亮度是不同的。光能传递的次数越多，画面就会越亮，次数越少则越暗。此时可以使用"伽马"参数对画面亮度进行调整。

采样：在选择"准蒙特卡罗（QMC）"选项对场景的光能传递进行计算时，渲染画面中有时会出现黑斑。此时可以对"采样"选项栏进行调整，选择较高的采样选项可以有效解决黑斑问题。

预设：该选项栏包含了C4D为用户预设的"全局光照"设置方式。读者可以结合上述知识，分别在"预设"选项栏中选择不同的选项，观察"全局光照"设置面板的设置方式。在选项栏中，带有"内部"字样的选项适合渲染室内场景，带有"外部"字样的选项适合渲染室外场景。

9."环境吸收"选项

设置"环境吸收"选项可以在模型的接缝处和转折处生成真实细腻的阴影，从而使模型的形体结构更加清晰。

（1）打开本书附带文件Chapter-11/钟表.c4d。为了节省时间，场景模型已经搭建完成。

（2）对场景进行渲染，此时模型表面的细节并没有展现出来，如图11-40所示。

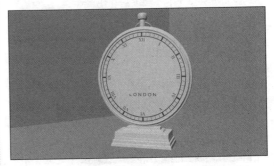

图 11-40

（3）在"工具栏"中单击"编辑渲染设置"按钮，打开"渲染设置"对话框。

（4）在对话框左侧的选项栏中单击"效果"按钮，选择"环境吸收"，添加"环境吸收"选项。

（5）渲染场景，此时可以看到模型的转折处和接缝处产生了真实细腻的阴影，模型的形体结构变得更加清晰，如图11-41所示。

图11-41

"环境吸收"设置面板提供了对阴影外观进行设置的选项。

设置"颜色"设置栏中的颜色渐变条，可以改变阴影的色彩，将渐变条设置为由橙色到白色的渐变。渲染场景，可以看到阴影变为了渐变色，如图11-42所示。

图11-42

"最小光线长度"和"最大光线长度"参数是工作中较常用到的两个参数。默认设置下"最小光线长度"参数为0 cm，增大该参数，场景中的最小阴影宽度会变大，如图11-43所示。

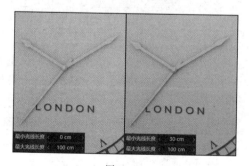

图11-43

使用"最大光线长度"参数可以限制阴影的最大宽度，减小该参数，场景中的阴影长度会变短，

如图11-44所示。

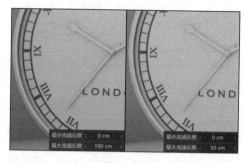

图11-44

10. "物理"选项

"渲染设置"对话框的左上角是"渲染器"选项栏，在选项栏内选择"物理"选项后，C4D将使用"物理"渲染器对场景进行渲染。此时，选项栏会出现"物理"选项，选择该选项，可以"对物"理渲染器的渲染方式进行设置。

本书在第7章讲述摄像机的使用方法时，讲到过使用"物理"渲染器渲染场景的知识。只有开启"物理"渲染器，才可以利用"摄像机"对象的"光圈"和"快门速度"参数来制作景深模糊效果和运动模糊效果。

初学者需要了解"物理"渲染器的"采样器"选项栏。在渲染场景时，渲染器采样数量越多，渲染的结果就越细腻，同时渲染时间也会越长。

"采样器"选项栏提供了3种渲染采样方式，分别为"固定的""自适应""递增"，如图11-45所示。

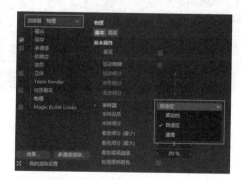

图11-45

固定的：选择该选项，渲染器将按照固定的采样数量对场景进行渲染。

自适应：该选项是默认选项，使用该选项渲染时，渲染器会根据渲染区域的重要程度增加采样数量。该选项适用于大部分场景渲染。

递增：选择该选项后，渲染器会持续对场景进行细分采样渲染，直至取消渲染。渲染的时间越长，得到的渲染画面质量就越高。

11.3 总结与习题

C4D提供了丰富的环境对象，使用这些对象可以轻松、快速地制作出地面、天空，以及背景等环境模型。

所有场景都需要渲染输出才能够呈现在观众眼前。C4D的渲染功能非常强大，"渲染设置"对话框提供了丰富的渲染功能，以满足各种渲染需求。初学者务必要掌握这些功能。

习题：创建环境模型

尝试使用各种环境对象创建地面、天空，以及背景等环境模型。通过创建过程，掌握环境对象的设置方法。

习题提示

在添加环境对象时，要结合不同场景的特点进行设置，使环境对象能够生动地与场景模型融合在一起。

通过对前面章节的学习，相信读者已经对C4D非常熟悉了，并且能够利用C4D进行场景的创建和制作了。熟练地掌握模型、材质、灯光等要素的制作技巧，是制作优秀动画的前提条件。当场景中的模型、材质、灯光都设置完毕后，下一步就可以设置生动、逼真的动画效果了。

C4D具有非常强大的动画编辑功能，本章将由浅入深地讲解关于动画的基础知识，配合具体的案例，使读者轻松掌握基础动画的编辑技巧。

12.1　课时42：如何让场景动起来？

简单来讲，动画就是在单位时间内产生的形体动作。所以动画包含两方面信息，一方面是形体动作，另一方面是动作的执行时间。在设定动画时，要充分考虑动作与时间的关系。这与动画是否生动有重要的关系。本课将对动画的基本概念以及创建方法进行讲解。

学习指导

本课内容重要性为【必修课】。

本课的学习时间为40~50分钟。

本课的知识点是熟练掌握动画的基本创建方法。

课前预习

扫描二维码观看视频，对本课知识进行学习和演练。

12.1.1　动画的基本概念

动画是以人类的视觉为基础而产生的。将一系列相关联的静态图像在眼前快速切换，大脑会感觉静态图片产生了动态变化。根据以上原理，动画制作技术就产生了。

组成动画的静态图像可以称为"帧"。电影是由很多张胶片组成的连续画面，电影中的单张胶片就是1帧画面，如图12-1所示。

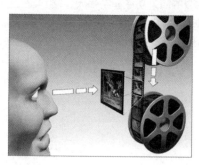

图12-1

1. 动画的帧率

动画的帧率是指在单位时间内的帧数。单位时间内帧数越多，动画画面就越细腻、流畅；帧数越少，动画画面会产生抖动和闪烁的现象。

不同的动画格式具有不同的帧率，每秒至少要播放15帧才可以形成流畅的动画。为了减小文件体积，网页中的动画文件通常会设置较低的帧率。例如，Flash动画的帧率为15帧/秒，传统电影的帧率为24帧/秒，如图12-2所示。现在一些游戏CG为了追求逼真的视觉效果，其帧率甚至会达到每秒60帧。

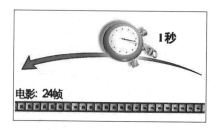

图12-2

在C4D中设置动画生成的工程文件有两种格式，分别为NTSC格式和PAL格式。NTSC格式的帧率是30帧/秒，该格式主要应用于美洲地区的电视行业。PAL格式的帧率是25帧/秒，该格式主要应用于亚洲、欧洲等地区的电视行业。我国电视行业使用的是PAL格式。

默认状态下，C4D工程文件的格式为NTSC格式。因此，在设置动画之前，需要将工程文件的格式设置为PAL格式。

下面通过具体的案例来学习帧率与动画的关系，以及帧率的修改方法。

（1）打开本书附带文件Chapter-12/汽车行驶.c4d。

（2）在视图下端单击"向前播放"按钮播放动画，对当前动画进行查看。

（3）当前工程文件的格式为NTSC格式，其帧率是30帧/秒。

（4）动画的总帧数是90帧，所以动画的时长为3秒，如图12-3所示。

图12-3

（5）在菜单栏中执行"编辑"→"工程设置"命令，此时"属性"管理器会打开"工程"设置面板。

提示

按键盘上的<Ctrl + D>组合键，可以快速打开"工程"设置面板。

（6）在"时间"卷展栏下，可以看到"帧率"参数为30。

（7）将"帧率"参数设置为25，此时工程文件的帧率被修改为25帧/秒。

当工程文件的帧率被修改后，动画的总帧数也会发生改变，原来的动画总帧数为90帧。修改帧率后，动画总帧数为75帧，如图12-4所示。

图12-4

初学者需要注意的是，改变工程文件的帧率后，在"渲染设置"对话框中，需要将渲染帧率与工程文件的帧率保持一致。

在"工具栏"中单击"编辑渲染设置"按钮，打开"渲染设置"对话框，在"输出"设置面板中将"帧频"参数设置为25。此时对场景动画进行渲染，才能正确输出。

2. 关键帧与中间帧

在为场景设置动画时，用户不需要对每一帧画面都进行设置，只需要定义关键帧即可。关键帧之间的过渡画面可以由程序自动生成。

在图12-5中位置1和位置3的模型动作为关键帧动作，位置2的过渡动作是计算机生成的。

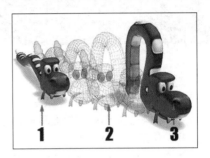

图12-5

下面通过设置一段简单的动画，帮助读者对"关键帧"和"中间帧"的概念进行理解。

（1）打开本书附带文件Chapter-12/飞机1.c4d。

（2）在视图下端单击"转到开始"按钮，将"时间滑块"移至第0帧位置。

（3）在"对象"管理器中选择"飞机"对象，在"属性"管理器中打开"坐标"设置面板。

（4）单击"P.X"参数前端的关键帧按钮，使其变为红色，在第0帧位置创建关键帧。

（5）创建关键帧后，视图下端的时间滑条中会生成关键帧，如图12-6所示。

图12-6

（6）在视图下端单击"转到结束"按钮，将"时间滑块"移至第100帧位置。

（7）在"属性"管理器中将"P.X"参数设置为380 cm。单击该参数前端的关键帧按钮，使其变为红色。

此时在第100帧位置也创建了关键帧，如图12-7所示。

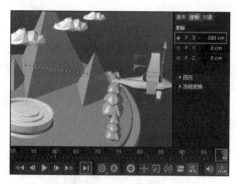

图12-7

（8）此时飞机的飞行动画就设置完成了，单击"向前播放"按钮播放动画，观察动画效果。

在场景视图中可以看到，飞机的动画轨迹会以蓝色线条进行展示。

动画轨迹两端较大的黑色节点标明了关键帧的位置。

动画轨迹上还有很多较小的黑色节点，这些节点标明了中间帧位置，如图12-8所示。

图12-8

12.1.2　动画的创建方法

了解动画的基本概念后，下面学习动画的创建方法。在C4D中，几乎所有可编辑参数都可以被记录为动画。除了将对象的移动、旋转等变换操作设置为动画以外，对象的属性、材质等也可以设置为动画。

1. 创建与删除关键帧

在C4D中创建关键帧的方法非常灵活，单击动画设置按钮即可创建关键帧，再次单击动画设置即可删除关键帧。

（1）打开本书附带文件Chapter-12/飞机2.c4d。

（2）在视图下端将"时间滑块"移至第50帧位置。

（3）在"对象"管理器中选择"飞机"对象，在"属性"管理器打开"坐标"设置面板。

（4）在视图中沿y轴和z轴调整"飞机"对象的位置。

（5）在移动参数前端的动画设置按钮时拖动鼠标指针，为"P.X""P.Y""P.Z"3个参数创建关键帧。

（6）播放动画，可以看到飞机的飞行轨迹发生了改变，如图12-9所示。

图12-9

（7）将"时间滑块"移至第50帧位置，在视图中重新对"飞机"对象的位置进行调整。

（8）此时"P.X""P.Y""P.Z"3个参数前端的动画设置按钮将变为橙色，如图12-10所示。

图12-10

参数前端的动画设置按钮变为橙色，表示当前参数栏的数值与关键帧记录的数值不同。如果未将新的参数设置为关键帧就继续播放动画，新设置的参数将会失效，对象将继续按原来的关键帧参数进行运动。

（9）在"P.X""P.Y""P.Z"3个参数前端的动画设置按钮处拖动鼠标指针，动画设置按钮重新变为红色，当前参数将替换来的关键帧参数。

以上就是创建和更新关键帧的方法，删除关键帧的方法也很简单。

（1）在"坐标"设置面板中，单击"P.X"参数前端的动画设置按钮，按钮将转变为空心状态。

此时该参数的关键帧被删除，如图12-11所示。

图12-11

（2）除了单击动画设置按钮删除关键帧以外，还可以在时间滑条内删除关键帧。

（3）在视图下端的时间滑条内，单击第50帧位置处的关键帧，按键盘上的<Delete>键即可将关键帧删除。

此时"P.Y""P.Z"两个参数的关键帧也会被删除。

2. "记录活动对象"按钮

对单独参数设置关键帧的方法非常灵活，但是也非常烦琐。在设置复杂动画时，不可能对每个参数都单独进行设置，这时候需要用到"记录活动对象"按钮来记录动画参数。

（1）打开本书附带文件Chapter-12/飞机3.c4d。

（2）在视图下端将"时间滑块"移至第10帧位置。

（3）在"对象"管理器中选择"飞机"对象，在"属性"管理器中打开"坐标"设置面板。

（4）在动画控制按钮区域，单击"记录活动对象"按钮。此时可以看到，"飞机"对象的移动、旋转和缩放参数都将会创建关键帧，如图12-12所示。

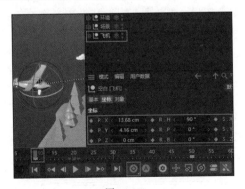

图12-12

（5）将"时间滑块"移至第90帧位置，沿z轴旋转"飞机"对象，然后单击"记录活动对象"按钮创建关键帧。

（6）播放动画，可以看到"飞机"对象产生了翻滚动作，如图12-13所示。

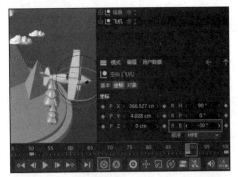

图12-13

使用"记录活动对象"按钮创建关键帧时，会将对象的移动、旋转和缩放等参数同时创建关键帧。

在动画控制按钮区域，可以设置"记录活动对象"按钮创建关键帧的方式。

（1）打开本书附带文件Chapter-12/飞机3.c4d。

（2）在动画控制按钮区域中，分别单击"移动""缩放"和"参数"按钮。

（3）当以上按钮处于激活状态时，此时单击"记录活动对象"按钮，将不会创建对应的关键帧。

（4）将"时间滑块"移至第10帧位置，单击"记录活动对象"按钮，此时只会对"选转"参数创建关键帧，如图12-14所示。

图12-14

（5）将"时间滑块"移至第90帧位置，沿z轴旋转"飞机"对象，然后单击"记录活动对象"按钮创建关键帧。

（6）播放动画，可以看到"飞机"对象产生了翻滚动作。

"记录活动对象"按钮的右侧有5个关键帧设置按钮，它们可以控制关键帧的创建方式。默认状态下"移动""缩放""旋转"和"参数"按钮，处于开启状态，激活某个按钮后，单击"记录活动对象"按钮将不再创建对应的关键帧。

3."自动关键"帧按钮

激活"自动关键帧"按钮后，C4D将自动创建场景动画。使用该方式创建动画更为直接和灵活，该方式非常适合用于创建复杂的角色动画。

（1）再次打开本书附带文件Chapter-12/飞机3.c4d。

（2）在视图下端单击"自动关键帧"按钮，此时工作视图的边框将呈现红色。

（3）在场景中，对象的任何变化都将被自动记录为动画。

（4）使用"旋转"工具，分别在第0帧、第50帧和第100帧，对"飞机"对象的z轴进行旋转，如图12-15所示。

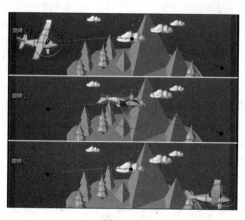

图12-15

（5）播放动画，可以看到之前的旋转操作都已被记录为动画。飞机在飞行过程中产生了翻滚动作。

使用"自动关键帧"按钮记录动画的优势就是直接、灵活，操作者只需要将注意力放在动画的动作设置上，而无须关心关键帧的创建。

4.创建点级别动画

在C4D中可以直接对模型的顶点设置动画，这极大地增强了动画设置的灵活性。

（1）打开本书附带文件Chapter-12/水草.c4d。

（2）在动画控制按钮区域中，单击"点级别动画"按钮，将其设置为关闭状态。此时创建关键帧就可以记录顶点的动画了。

> **提示**
> 默认状态下，"点级别动画"按钮为激活状态，此时无法记录顶点动画。

（3）将"时间滑块"移至第0帧位置，在"对象"管理器中选择"水草"对象。

（4）在菜单栏中执行"网格"→"移动"→"笔刷"命令。接着在"属性"管理器中对"笔刷"工具的"尺寸"和"强度"参数进行设置。

（5）使用"笔刷"工具，对"水草"模型的顶点位置进行调整，改变模型的形态。

（6）单击"记录活动对象"按钮，创建关键帧，如图12-16所示。

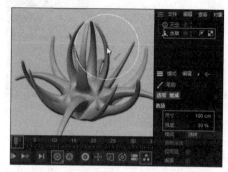

图12-16

（7）重复上述操作，分别在第50和第100帧位置，修改模型的顶点位置，并创建关键帧。

（8）播放动画，可以看到"水草"模型产生了柔和摆动的动画效果。

12.1.3 动画的播放与编辑

下面通过具体操作来学习动画的播放与编辑。

1.动画播放按钮

动画创建完毕后，可以利用动画播放按钮查看动画效果。

（1）打开本书附带文件Chapter-12/飞机4.c4d。

（2）在视图下端单击"向前播放"按钮，可以播放动画。

（3）"向前播放"按钮两侧是"转到上一帧"按钮和"转到下一帧"按钮，这两个按钮用于将"时间滑块"，向前移动一帧或向后移动一帧。

（4）单击"转到上一关键帧"和"转到下一关键帧"按钮，可以将"时间滑块"在关键帧之间进行跳转，如图12-17所示。

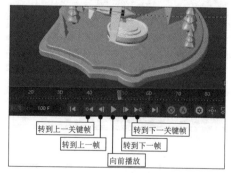

图12-17

（5）单击"转到开始"或"转到结束"按钮，

可以将"时间滑块"移至开始或结束位置。

以上这些动画播放按钮都非常简单，大家试着操作就可以熟练掌握。

2. 设置动画长度

动画播放按钮的左侧是动画长度控制条。利用动画长度控制条可以对当前场景动画的长度进行设置。

（1）将"开始时间帧"参数设置为-20 F，将"结束时间帧"参数设置为150 F，此时可以看到整个动画的长度。

（2）拖动动画长度控制条两端的控制柄，可以设置动画的长度。

（3）动画长度控制条的长度改变后，视图下端的时间滑条的刻度也会发生改变，如图12-18所示。

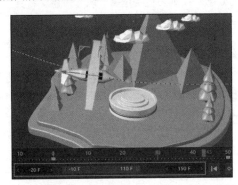

图 12-18

3. 调整关键帧

对象设置动画后，视图中会出现对象的运动轨迹。运动轨迹中大节点为关键帧节点，小节点为中间帧节点。在视图中可以调整关键帧节点的位置，从而改变轨迹形状。

（1）在视图中拖动"飞机"对象运动轨迹中的关键帧节点，改变其位置。此时"飞机"对象的动画也会发生改变。

（2）在时间滑条中，拖动关键帧，可以改变关键帧的位置，如图12-19所示。

图 12-19

（3）在时间滑条中，右击关键帧，在弹出的快捷菜单中可以对当前关键帧执行"复制""剪切"和"粘贴"命令。

（4）在时间滑条中，拖动鼠标指针，可以选择多个关键帧。关键帧选择集两端有缩放控制柄，拖动控制柄可以调整动画的长度，如图12-20所示。

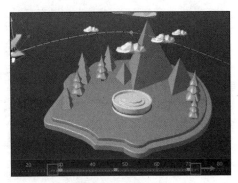

图 12-20

在时间滑条中可以灵活地对关键帧进行设置和调整。但是时间滑条的操作空间太过狭窄，对关键帧的操作一般在"时间线窗口"对话框中进行。另外，"时间线窗口"对话框还提供了更多设置关键帧的命令，使关键帧编辑工作变得更为高效。

12.1.4 "时间线窗口"对话框

"时间线窗口"对话框包含两种工作模式，分别为"摄影表"模式和"函数曲线"模式。这两种模式都是对关键帧进行设置的重要方式。

在菜单栏中执行"窗口"→"时间线窗口（摄影表）"命令，或者执行"窗口"→"时间线窗口（函数曲线）"命令，可以打开两种模式的"时间线窗口"对话框。

在"时间线窗口"对话框的工具栏中单击"摄影表"按钮或者"函数曲线模式"按钮，可以在两种模式之间进行切换，如图12-21所示。

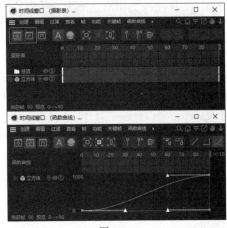

图 12-21

在"函数曲线"模式下可以对对象的运动曲线

进行设置，而"摄影表"模式更像是演员的出场顺序表。例如1~50帧卡车开进画面，10~50帧卸下货物。接下来通过具体操作来学习"时间线窗口"对话框的使用方法。

1. 调整动画顺序

在"时间线窗口"对话框中，可以直观、快捷地对动画关键帧进行调整。

（1）打开本书附带文件Chapter-12/螺旋塔.c4d。为了节省时间，当前场景已经设置了动画效果。

（2）播放动画可以看到塔会螺旋升起，塔周围的装饰球会向外膨胀。

（3）当前动画的顺序是错乱的。下面需要在"时间线窗口"对话框对动画顺序进行编辑。

> **提示**
>
> 打开"时间线窗口"对话框的方法有很多，可以在菜单栏中执行"窗口"→"时间线窗口（摄影表）"命令，也可以在"对象"管理器中右击目标对象，在弹出的快捷菜单中执行"显示时间线窗口"命令。

（4）在"对象"管理器中右击"塔"对象，在弹出的快捷菜单中执行"显示时间线窗口"命令。打开"时间线窗口"对话框。

此时"时间线窗口"对话框只展示"塔"对象的关键帧。

（5）在对话框的工具栏中单击"自动模式"按钮，此时场景内设置了动画的对象都会在对话框中展示出来，如图12-22所示。

图 12-22

> **技巧**
>
> 在"时间线窗口"对话框工具栏中激活"仅对象管理器所选"按钮，此时选择动画对象，该对象的关键帧会自动在"时间线窗口"对话框进行展示。

（6）"时间线窗口"对话框的左侧是对象列表栏，场景内所有设置了动画的对象都会陈列在列表栏中。

（7）在列表栏中单击"总览"按钮可以选择当前场景中所有的关键帧。

（8）在列表栏中选择动画对象，可以选择该对象包含的所有关键帧。

（9）对象名称的右侧还提供了"隐藏动画"和"独显动画"按钮。单击"隐藏动画"按钮，对象将不产生动画效果；单击"独显动画"按钮，场景内将单独显示该对象的动画效果，如图12-23所示。

图 12-23

（10）在列表栏中选择"塔"对象，将其关键帧全部选中。

（11）"时间线窗口"对话框的右侧是关键帧列表栏，关键帧被选择后将会显示为橙色。

（12）当关键帧被选择后，关键帧列表栏上端会出现关键帧控制条，调整控制条两端的控制柄，可以调整动画长度。

（13）水平移动关键帧控制条，可以调整动画的时间位置，如图12-24所示。

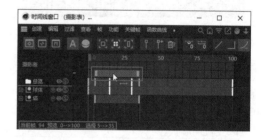

图 12-24

> **提示**
>
> "时间线窗口"对话框下端展示了动画长度，以及当前关键帧的位置。

（14）将"塔"对象的动画的开始帧设置到第5帧，将结束帧设置到第35帧。

（15）如果对象包含多组动画效果，需要在列表栏中将对象展开，然后选择对应的关键帧。

（16）在列表栏中展开"球体"对象，可以看到其内部包含"缩放"动画效果，以及"晃动球体"动画效果。

（17）单击"缩放"选项，将x、y、z 3个轴的缩放关键帧全部选择。

（18）设置缩放动画的开始帧为第25帧、结束帧为第45帧，如图12-25所示。

（19）在列表栏中选择"晃动球体"对象，将其关键帧选中。

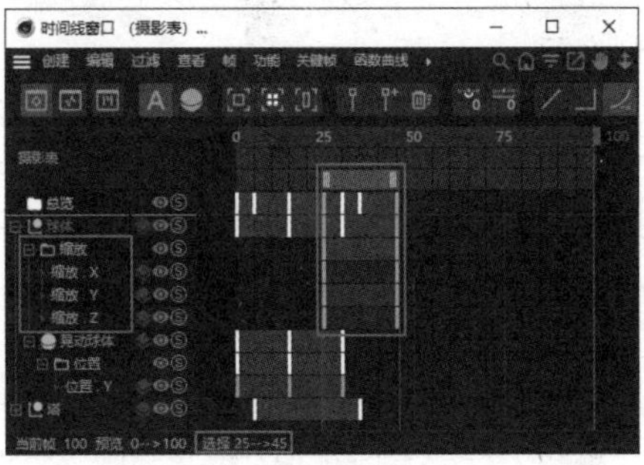

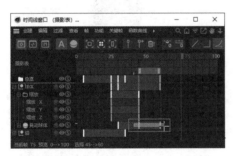

图 12-25

（20）调整关键帧的位置，将动画的开始帧设置为第30帧、结束帧设置为第60帧。

2. 复制与粘贴关键帧

在"时间线窗口"对话框可以对关键帧进行复制、剪切和粘贴等操作，使对象的动画呈现更为丰富的变化。

（1）在关键帧列表栏中框选"晃动球体"对象后端的两个关键帧，在"时间线窗口"对话框的菜单栏中执行"编辑"→"复制"命令，如图12-26所示。

图 12-26

（2）在关键帧列表栏上端的刻度条内拖动鼠标指针，可以移动"时间滑块"，将"时间滑块"移至第75帧位置。

（3）在列表栏中选择"晃动球体"对象，然后在对话框的菜单栏中执行"编辑"→"粘贴"命令，将复制的关键帧粘贴至第75帧位置处，如图12-27所示。

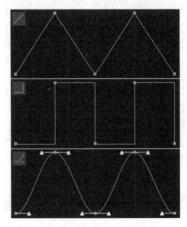

图 12-27

注意

不选择"晃动球体"对象，是无法执行"粘贴"命令的，因为C4D无法确定关键帧的粘贴位置。

播放动画，可以看到"晃动球体"对象持续产生晃动。

3. 设置函数曲线

将"时间线窗口"对话框设置为"摄影表"模式，可以对动画的长度和出场顺序进行编辑。切换为"函数曲线"模式后，可以对对象的运动曲线进行设置。

（1）在"时间线窗口"对话框的工具栏中单击"函数曲线模式"按钮，切换对话框的模式。

（2）在工具栏中单击"仅对象管理器所选"按钮，然后在场景中单击"晃动球体"对象，此时只有该对象会出现在对话框中，如图12-28所示。

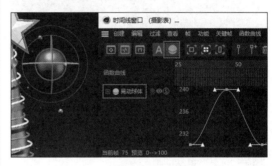

图 12-28

在C4D中关键帧包含3种曲线模式，分别为"线性""步幅"和"样条"模式。选择不同的曲线模式，关键帧的曲线会呈现不同的形状，同时对象的运动也会发生改变。

在"时间线窗口"对话框的工具栏中分别单击"线性""步幅"和"样条"按钮，观察曲线的形状，播放动画，观察不同模式下的动画效果，如图12-29所示。

图 12-29

4. 设置重复动画

在"时间线窗口"对话框中可以使对象的动画进行重复运动。

（1）在关键帧列表栏中将"晃动球体"对象右侧的两个关键帧选择。

（2）按键盘上的<Delete>键，将选择的关键帧删除。接着将剩余的3个关键帧选择。

（3）在对话框的菜单栏中执行"功能"→"轨迹之前"→"重复之前"命令。此时动画曲线前端出现黑色的重复曲线。

（4）在对话框的菜单栏中执行"功能"→"轨迹之前"→"重复之后"命令。此时动画曲线后端也出现黑色的重复曲线，如图12-30所示。

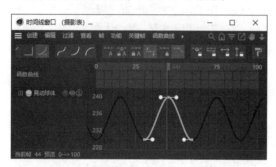

图12-30

播放动画，可以看到"晃动球体"对象将会产生持续的上下晃动动画。

12.1.5 项目案例——制作电视节目动画

本课对动画的创建与编辑方法进行了详细的讲解。本小节将制作电视节目动画。图12-31展示了案例完成后的效果。读者可以结合本课教学视频，对案例进行学习和演练。

图12-31

12.2 课时43：如何创建层级动画？

在复杂的场景动画中，模型往往由很多组件组成。在设置动画前，需要为模型对象设置父子层级关系，将复杂的模型组合关系变得清晰、易于控制。

对模型组设置了父子层级后，可以使用层级动画控制功能设置动画效果。在父子层级中，其中一个对象将影响与之关联的对象，这样可以使模型按照现实世界的逻辑关系产生动画效果，如机器人机械手臂模型、角色模型等。

层级动画功能包含两种类型的运动学，即正向运动学和反向运动学。本课将为读者介绍层级动画的创建方法。

学习指导

本课内容重要性为【选修课】。

本课的学习时间为40~50分钟。

本课的知识点是熟练掌握层级动画的创建方法。

课前预习

扫描二维码观看视频，对本课知识进行学习和演练。

12.2.1 正向动画控制

在真实世界里，很多动作都是符合正向动画控制方式的。以太阳、月球和地球的旋转方式为例，地球环绕太阳旋转，太阳可以作为地球的父对象；月球围绕地球旋转，地球可以作为月球的父对象，按照上述逻辑对3个球体设置父子层级关系，此时太阳移动时，地球也会随着移动；地球在围绕太阳旋转时，月球将随着地球运动。

使用正向动画控制功能，可以将复杂的动画设置变得逻辑清晰、简单明了。下面通过具体操作来学习正向动画控制功能。

1. 建立父子层级关系

在设置动画前，需要先分析动画效果，按正确的逻辑关系对模型组建立父子层级关系。父子层级关系必须正确建立，否则可能会导致动画无法正确设置。

（1）打开本书附带文件Chapter-12/拖拉机.c4d。这是一组拖拉机玩具模型，接下来要对拖拉机的行驶过程设置动画。

（2）在设置动画前，先对拖拉机模型组的各个组件设置正确的父子层级关系。

①在"工具栏"中长按"立方体"按钮，在打开的对象建立面板中单击"空白"按钮，创建空白

对象。

②在"对象"管理器中将空白对象命名为"机车行驶",然后将拖拉机模型组所有的对象都设置为空白对象的子对象,如图12-32所示。

图12-32

（3）将空白对象设置为拖拉机模型组的父对象后,调整空白对象的位置,可以使拖拉机模型组产生移动动画。

（4）拖拉机在行驶过程中会产生颠簸,所以还要将拖拉机模型组进行分组。整体来看,模型组可以分为"拖拉机车身"和"拖车斗"两部分。按照以上逻辑将模型组分为两组,如图12-33所示。

图12-33

在真实世界中,拖拉机的发动机会带动车轴,然后车轴带动轮毂,轮毂会带动轮胎进行旋转。但在虚拟环境中,动画设置相对简单,可以将轮毂设置为轮胎的子对象,而仅对轮胎设置旋转动画。按照上述逻辑,对轮毂和轮胎设置父子层级关系。

至此,模型的父子层级关系就设置完毕了。此时对"机车行驶"空白对象设置移动动画,空白对象会带着整个机车模型组进行移动。对"拖拉机车身"对象设置抖动动画,子对象"轮胎"和"货物"等模型也会跟着产生抖动效果。

2. 计算动画运动距离

正确建立模型的父子层级关系后,下面就可以对其设置动画了。为了使动画更为生动,需要对运动距离进行计算。

先计算车轮旋转角度与车身移动距离的关系。简单来说就是计算车轮转一周,车身会移动多远。这就要先计算出车轮的周长。

（1）在场景中选择"轮胎1"对象,在视图下端的缩放参数栏可以看到模型的宽度和高度是85 cm,也就是说轮胎的直径是85 cm,如图12-34所示。

图12-34

（2）圆形的周长公式是$L=\pi d$,简单来说就是圆的周长等于直径乘以圆周率。将轮胎的直径85 cm乘以3.14,得出轮胎的周长约等于267 cm。

（3）为了简化动画设置,在动画中将"轮胎1"对象旋转3周,这时车身会移动约800 cm。

通过上述计算,已经得到了车身移动距离和"轮胎1"对象的旋转次数的关系,但是其他轮胎模型比较小,所以还要计算出小轮胎与大轮胎之间的周长比。

（1）在场景中选择"轮胎3"对象,在缩放参数栏可以看到该轮胎模型的直径是60 cm,通过计算可以得到"轮胎3"对象的周长约等于188 cm。

（2）将"轮胎1"对象的周长除以"轮胎3"对象的周长,可以得到两个轮胎的周长比约等于1.4∶1。

也就是说"轮胎1"对象旋转1圈,"轮胎3"对象旋转1.4圈。

3. 设置正向动画效果

计算运动距离后,接下来就可以设置动画了。

（1）按键盘上的<Ctrl + D>组合键,打开"工程"设置面板,将当前场景的帧率设置为25帧/秒。

（2）在"工具栏"中单击"编辑动画设置"按钮,打开"动画设置"对话框,在"输出"设置面板中将帧率也设置为25帧/秒。

（3）在视图下端将动画结束帧设置为300 F，将动画长度设置为300帧，如图12-35所示。

图12-35

（4）将"时间滑块"移至第0帧位置，在"对象"管理器中选择"机车移动"空白对象。

（5）在"属性"管理器中打开"坐标"设置面板，然后单击"P.X参数"左侧的动画设置按钮，创建关键帧。

（6）将"时间滑块"移至第300帧位置，接着将"P.X"参数设置为-800 cm。单击动画设置按钮，创建关键帧，如图12-36所示。

图12-36

（7）播放动画，可以看到拖拉机模型组随着空白对象的移动产生了动画效果。

（8）接下来需要根据拖拉机模型组的移动距离设置轮胎的旋转动画。通过前面的计算，我们知道"轮胎1"对象旋转3周，车身会移动800 cm。轮胎旋转1周是360°，那么旋转3周则是1 080°。接下来根据上述数据对轮胎设置动画效果。

①将"时间滑块"移至第0帧位置，选择"轮胎1"模型，然后在"属性"管理器中打开"坐标"设置面板，为"P.B"参数设置关键帧。

②将"时间滑块"移至第300帧位置，将"P.B"参数设置为-1 080°，然后创建关键帧，如图12-37所示。

图12-37

（9）接下来需要设置"轮胎3"对象的旋转动画。通过前面的计算，我们知道大轮胎和小轮胎的周长比是1.4：1。因此，"轮胎1"对象旋转1 080°时，"轮胎3"对象旋转1 512°。

①将"时间滑块"移至第0帧位置，选择"轮胎3"对象，在"属性"管理器中为"P.B"参数设置关键帧。

②将"时间滑块"移至第300帧位置，将"P.B"参数设置为-1 512°，然后创建关键帧，如图12-38所示。

图12-38

（10）播放动画，可以看到"轮胎1"和"轮胎3"根据车身的移动距离准确地产生了旋转效果。使用上述方法，为其他4个轮胎模型设置旋转动画。

（11）拖拉机在行驶时是非常颠簸的，所以还需要为拖拉机模型组设置抖动动画效果。

①在"对象"管理器中右击"拖拉机车身"对象，在弹出的快捷菜单中执行"动画标签"→"振动"命令。

②此时对象将增加"振动"标签，在"属性"管理器中可以对标签的参数进行设置。

③启用"启用旋转"选项，此时模型会产生振动，将x、y、z 3个轴向的"振幅"参数设置为3°，将"频率"参数设置为5。

④播放动画，可以看到"拖拉机车身"对象组会产生振动动画，如图12-39所示。

图 12-39

⑤接下来使用上述方法，对"拖车斗"对象组添加"振动"标签。

⑥拖车斗的晃动比车身的晃动更加剧烈，所以其"振动"标签中的参数也会有所变化。

⑦在"属性"管理器中将"种子"参数设置为10。

⑧启用"启用位置"选项，此时"拖车斗"对象组会产生振动动画，将 x、y、z 3个轴的"振幅"参数设置为 2 cm，将"帧率"参数设置为5。

⑨启用"启用旋转"选项，将 x、y、z 3个轴的"振幅"参数设置为3°，将"频率"参数设置为5。

⑩播放动画，"拖车斗"对象组产生振动动画，如图12-40所示。

图 12-40

（12）为了使拖拉机拖斗内的货物产生真实的颠簸效果，可以使用"模拟标签"对模型的运动方式进行控制。

①在"对象"管理器中右击"拖车斗"对象组，在弹出的快捷菜单中执行"模拟标签"→"碰撞体"命令，为对象组添加标签。

②在"对象"管理器中同时选择"货物1""货物2"和"货物3"对象。

③右击选择的对象，在弹出的快捷菜单中执行"模拟标签"→"刚体"命令。

添加"模拟标签"后，货物模型在拖车斗模型

组内产生了较为真实的碰撞动画。

4. 正向动画控制的优势

通过对上述内容的学习，相信读者已经掌握了正向动画的设置方法。动画设置可以分为两个环节，首先根据动画效果，对模型设置正确的父子层级关系。其次对父对象设置动画控制，使模型的子对象自动产生动画效果。

使用正向动画控制功能设置动画，可以将复杂的动画拆解为多个简单的动画。

例如，使用空白对象控制机车的整体移动，使用车体的振动带动车轮和货物模型产生动画。对于车轮模型来讲，只需要设置其旋转动作，其移动和振动动作都由其父对象进行控制。

12.2.2　项目案例——制作拖拉机行驶动画

在上一小节，我们详细学习了正向动画的建立与设置方法。下面将结合上述知识，制作一组拖拉机行驶的动画。图12-41展示了案例完成后的效果。读者可以结合本课教学视频，对案例进行学习和演练。

图 12-41

12.2.3　反向动画控制

使用正向运动学设置动画时，运动效果由父对象传递给子对象，但是对子对象设置的动画效果却不传递给父对象。

正向运动学是非常有用的，但不能模拟生活中的所有运动，在生活中具有连接关系的对象（如一串锁链），在其中一个子对象（如锁链的中的一个铁环）的位置、角度发生变化时，其连接对象也会受到影响。

使用反向动力学（Inverse Kinematics，IK）可以模拟这种特性，它能反转父子层级关系，让子对象的运动影响父对象的运动，并且使父子对象相互影响，所以能够将子对象准确地移至目标位置。

1. 反向动力学的设置方法

反向动力学的设置方法与正向动力学很相似。

首先也需要根据动画效果，建立正确的父子层级关系；其次通过"IK"标签，在父子对象之间建立"IK"绑定。这时就可以通过调整子对象来影响父对象。

（1）打开本书附带文件Chapter-12/机械臂.c4d。为了节省时间，场景中的模型已经搭建完成。

注意

在为模型组设置父子层级关系前，一定要将模型的轴心设置到准确的位置，因为模型的坐标轴位置决定了模型的旋转方式。

（2）根据机械臂的工作原理，在"对象"管理器中为机械臂模型组建立父子层级关系，如图12-42所示。

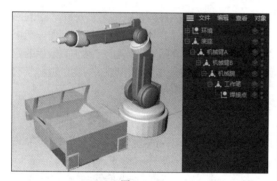

图12-42

（3）在"对象"管理器中右击"机械臂A"对象，在弹出的菜单中执行"装配标签"→"IK"命令。

（4）在"属性"管理器中对添加的"IK"标签进行设置。拖动"机械腕"对象至"结束"设置栏内。

此时"机械臂A"对象和"机械腕"对象之间将会产生一条操作线，如图12-43所示。

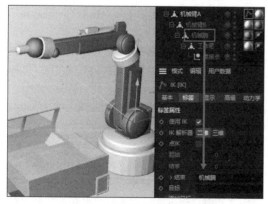

图12-43

（5）在"目标"设置栏下端单击"添加目标"按钮，此时会自动创建一个"机械腕.目标"空白

对象。

（6）选择"机械腕.目标"空白对象，在"属性"管理器的"对象"设置面板内设置空白对象的外观形态。改变空白对象的外观形态是为了在设置动画时，能更加快捷地选择该对象，如图12-44所示。

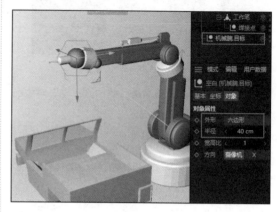

图12-44

（7）调整"机械腕.目标"空白对象的位置，可以影响机械臂的形态。此时就是通过子对象来影响父对象的。

2. 约束对象的运动

目前沿y轴摆动机械臂时，机械臂的旋转动作是正确的，但是在沿z轴摆动机械臂时，机械臂的底座位置将会产生错误，如图12-45所示。

图12-45

为了解决机械臂在旋转时出错的问题，需要对模型添加"约束"标签。

（1）在"对象"管理器中右击"底座"对象，在弹出的菜单中执行"装配标签"→"约束"命令。

（2）在"属性"管理器中，对添加的"约束"标签的参数进行设置。

（3）在"约束"卷展栏中启用"向上"选项，此时"约束"设置面板会添加"上行矢量"选项，在该选项内可以对"上行矢量"的约束方式进行控制。

（4）在"上行矢量"设置面板的"目标"卷展

栏内，将"轴向"选项栏设置为"Y+"方式，此时"底座"对象将会沿y轴进行旋转。

（5）在"对象"管理器中拖动"机械腕.目标"对象至"目标"设置栏内，然后将"上行矢量"选项栏设置为"X−"方式。此时"底座"对象的x轴会指向"机械腕"对象，如图12-46所示。

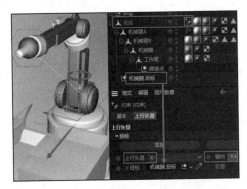

图12-46

（6）再次调整"机械腕.目标"空白对象，机械臂模型组的旋转动作就变得正常了。

3. 设置多组IK控制

在对象层级中，可以创建多组IK控制，使模型组的动作更加灵活。

（1）在"对象"管理器中右击"机械腕"对象，在弹出的菜单中执行"装配标签"→"IK"命令。

（2）在"属性"管理器中对"IK"标签的参数进行设置。

（3）拖动"焊接点"对象至"结束"设置栏，单击"目标"设置栏下端的"添加目标"按钮，添加IK目标对象。

（4）将新生成的"焊接点.目标"对象设置为"机械腕.目标"对象的子对象。

（5）此时调整"机械腕.目标"对象，机械臂模型组的形态会发生变化，同时"焊接点.目标"对象也会随着移动。

（6）调整"焊接点.目标"对象可以调整"工作笔"对象的形态，如图12-47所示。

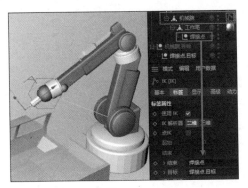

图12-47

4. 设置图层保护

当对象的IK控制设置完毕后，就可以为模型设置关键帧，添加动画效果了。为了防止在动画创建过程中出现误操作，可以为不需要调整的对象设置图层保护。

（1）使用鼠标中键在"对象"管理器中单击"底座"对象，将整个父子层级中的对象全部选择。

（2）右击选择的对象，在弹出的快捷菜单中执行"加入新层"命令，为选择的对象添加图层。

（3）打开"层"管理器，在图层管理栏内单击"锁定"按钮，将图层锁定。此时被锁定的图层内包含的对象将不可编辑。

（4）在将不需要调整的对象锁定后，在场景视图内就可以只对目标对象进行调整，而不会影响其他对象了，如图12-48所示。

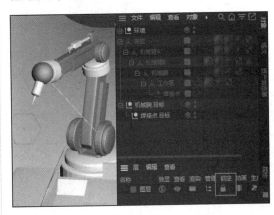

图12-48

12.2.4　项目案例——制作机械臂动画

在上一小节，我们学习了反向动画的创建与设置方法，下面，制作机械臂焊接产品的动画。图12-49展示了案例完成后的效果。读者可以结合本课教学视频，对案例进行学习和演练。

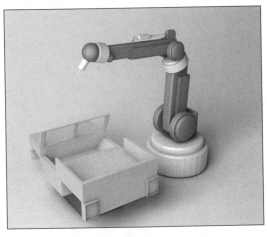

图12-49

12.3 总结与习题

C4D 提供了系统、全面的动画设置功能，使用这些功能可以制作出各种动画效果。

动画设置是 C4D 中重要的功能，在工作中，很多工作都需要动画功能来完成。所以初学者要熟练掌握动画功能。

习题：为模型设置动画

结合本章所学知识，为模型设置动画，使用"时间线窗口"对话框中的各项功能，对动画进行设置与修改。

习题提示

"时间线窗口"对话框是调整动画的重要环境，其中包含丰富的命令，可以根据具体需求使用其中的命令。

13

运动图形命令和效果器在C4D中非常重要。使用它们可以创建丰富的特效动画。

运动图形命令可以对模型进行克隆、分裂等变形。在此基础上配合效果器，可以使模型产生更为丰富的变形。本章将对常用的运动图形命令和效果器进行讲解。

13.1 课时44：运动图形命令的工作原理

在开始学习之前，首先要了解运动图形的工作模式，使用运动图形命令可以制作克隆、分裂等效果，使用效果器可以对运动图形添加各种变形效果。下面通过具体操作来学习运动图形命令的工作原理。

学习指导

本课内容重要性为【必修课】。

本课的学习时间为40～50分钟。

本课的知识点是熟悉运动图形命令的工作原理。

课前预习

扫描二维码观看视频，对本课知识进行学习和演练。

13.1.1 使用运动图形命令与效果器

"克隆"命令是动画制作中最常用的运动图形命令。该命令可以用非常灵活的方式对模型进行各种形式的克隆。

1. 添加"克隆"对象

添加"克隆"对象的方法非常简单，将需要进行克隆的对象设置为"克隆"对象的子对象即可。

（1）打开本书附带文件Chapter-13/六边形.c4d。在场景中已经准备了需要进行克隆的模型。

（2）在场景中选择"六边形"对象，按住键盘上的<Alt>键，在"工具栏"中单击"克隆"按钮，为选择的对象添加克隆操作，如图13-1所示。

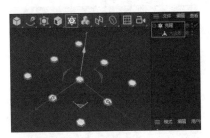

图 13-1

（3）在"对象"管理器中选择"克隆"对象，在"属性"管理器中可以对其参数进行设置。

"模式"选项栏提供了5种模式，分别为"对象""线性""放射""网格"和"蜂窝"模式。其中"线性""放射"和"网格"模式比较直观，选择这些选项后，即可按对应的形状进行克隆。下面我们来学习"对象"和"蜂窝"模式。

（1）在场景中新建一个"圆柱体"对象。在"对象"管理器中选择"克隆"对象。

（2）在"属性"管理器中将"模式"选项栏设置为"对象"模式。

（3）在"对象"管理器中拖动"圆柱体"对象至"对象"设置栏。此时"六边形"对象会在"圆柱体"对象表面进行克隆分布。

（4）将"分布"选项栏设置为"边"选项，此时"六边形"对象将在"圆柱体"对象的边线上进行克隆分布，如图13-2所示。

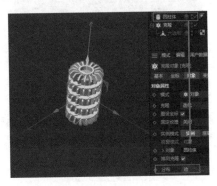

图 13-2

在"属性"管理器将"克隆"对象的"模式"选项栏设置为"蜂窝"模式。此时"六边形"对象将会按蜂窝结构进行克隆分布。

设置"偏移"参数可以调整克隆模型间的偏移距离。设置"宽数量"和"高数量"参数可以调整克隆模型的数量，如图13-3所示。

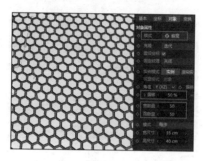

图13-3

2. 添加效果器

效果器命令可以为"克隆"对象添加丰富的变形效果，并且这些变形效果可以被记录为动画。

（1）在"对象"管理器中选择"克隆"对象。接着在"工具栏"中长按"克隆"按钮，此时会弹出运动图形命令面板。

（2）单击"简易"按钮，为"克隆"对象添加"简易"效果器。此时在效果器的影响下，"克隆"对象的高度会整体提升。

（3）在"属性"管理器内可以对"简易"效果器的参数进行设置。

（4）在"参数"设置面板中启用"位置"和"旋转"选项，并对"位置"和"旋转"参数进行设置，此时克隆对象整体会发生变化，如图13-4所示。

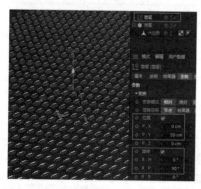

图13-4

3. 设置域

当前"简易"效果器是对"克隆"对象整体进行变形。域对象可以对效果器的影响范围进行控制。

（1）在"对象"管理器中选择"简易"效果器对象，在"工具栏"中单击"线性域"按钮，为效果器添加域对象。

此时"线性域"对象可以对效果器的影响范围进行调整，使"克隆"对象仅在一侧产生变形。

（2）在视图中移动"线性域"对象，可以调整变形范围，如图13-5所示。

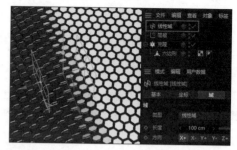

图13-5

除了可以在"工具栏"中为效果器添加域对象外，还可以在"属性"管理器中添加域对象。

（1）在"对象"管理器中选择"线性域"对象，按键盘上的<Delete>键，将其删除。

（2）选择"简易"效果器，在"属性"管理器中打开"域"设置面板。

（3）在设置面板中长按域对象添加按钮，选择"球体域"，为效果器添加域对象，如图13-6所示。

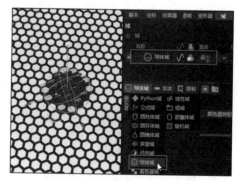

图13-6

此时对"球体域"对象设置动画，可以制作出"克隆"对象翻滚变形的动画。

以上就是在工作中使用运动图形命令和效果器的一般流程。结合使用运动图形命令与效果器，可以使模型产生有规律的动画，域对象可以对动画的变形范围进行控制。

13.1.2 "克隆"命令

"克隆"命令在运动图形命令中非常常用。

（1）打开本书附带文件Chapter-13/苹果.c4d。在场景中已经准备了需要进行克隆的模型。

（2）在"对象"管理器中选择"苹果"对象，然后在菜单栏中执行"运动图形"→"网格克隆工具"命令。

（3）在场景中拖动"苹果"对象，此时C4D会根据目标对象创建出"克隆"对象。

（4）在"对象"管理器中可以看到，"苹果"对象被复制并放置到"克隆"对象的子对象中，如图13-7所示。

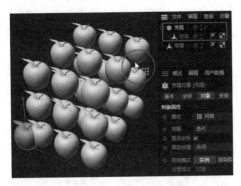

图 13-7

（5）选择"克隆"对象，在"对象"管理器中可以对其参数进行设置。

"运动图形"菜单包含所有的运动图形命令和效果器命令。菜单的底端还提供了"线性克隆工具"和"放射克隆工具"命令。这两个命令可以创建线性克隆效果和放射克隆效果，其操作方法和"网格克隆工具"命令相同。

13.1.3 "矩阵"命令

"运动图形"菜单还提供了"矩阵"命令，该命令与"克隆"命令非常类似。很多初学者不清楚两者之间的区别。下面通过具体操作来学习"矩阵"命令。

1. 创建"矩阵"对象

"矩阵"对象的创建方法非常简单，单击"矩阵"按钮即可创建。

（1）打开本书附带文件Chapter-13/矩阵.c4d。在场景中已经准备了所需模型。

（2）在"工具栏"中长按"克隆"按钮，打开运动图形命令面板，接着单击"矩阵"按钮，创建"矩阵"对象。

（3）按住键盘上的<Shift>键，在"工具栏"中单击"弯曲"按钮，为"矩阵"对象添加变形器。

（4）在"属性"管理器中对"弯曲"变形器的参数进行设置。将"对齐"选项组设置为"X+"模式，然后单击"匹配到父级"按钮，使"矩阵"对象适配变形框。

（5）对"强度"和"角度"参数进行设置，此时"矩阵"对象会产生弯曲变形，如图13-8所示。

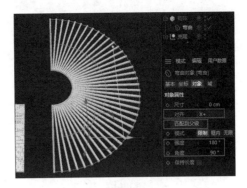

图 13-8

（6）在"对象"管理器中展开"克隆"对象组，对"弯曲"变形器设置相同的参数。

此时可以看到，由于"克隆"对象是对网格模型进行的克隆，所以进行弯曲操作后网格模型会产生拉伸现象。

"矩阵"对象包含的长方体并非网格模型，而是代表矩阵点位的虚拟对象，所以"矩阵"对象包含的长方体是不会产生拉伸现象的，如图13-9所示。

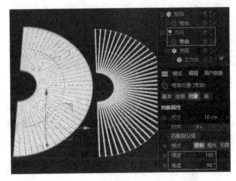

图 13-9

（7）按键盘上的<Shift + R>组合键，对当前场景进行渲染。可以看到"克隆"对象是可以被渲染的，而"矩阵"对象包含的虚拟对象是无法被正常渲染的。

在实际工作中，"克隆"命令用于对模型进行复制操作，而"矩阵"命令则是用于创建复制点位。

2. 转换"矩阵"对象和"克隆"对象

"克隆"命令和"矩阵"命令能够创建的对象类型完全一致，所以两种命令创建的对象可以相互转换。

在"对象"管理器中选择"克隆"对象，然后在菜单栏中执行"运动图形"→"切换克隆/矩阵"命令。此时"克隆"对象会转变为"矩阵"对象，如图13-10所示。

"切换克隆/矩阵"命令还可以将"矩阵"对

象转变为"克隆"对象，方法是完全一样的。

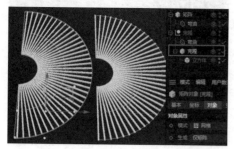

图 13-10

13.1.4 项目案例——制作起伏的字幕背景

在简单学习运动图形命令和效果器的工作原理后，接下来使用"克隆"命令制作华丽的字幕背景。图 13-11 展示了案例完成后的效果。读者可以结合本课教学视频，对案例进行学习和演练。

图 13-11

13.2 课时 45: 常用运动图形命令有何特点?

运动图形命令包含很多类型，在运动图形命令面板，以及"运动图形"菜单中可以使用这些命令。每种运动图形命令都有各自的特点。下面对常用的运动图形命令进行介绍。

学习指导

本课内容重要性为【选修课】。

本课的学习时间为 40 ~ 50 分钟。

本课的知识点是熟悉常用的运动图形命令。

课前预习

扫描二维码观看视频，对本课知识进行学习和演练。

13.2.1 "破碎（Voronoi）"命令

"破碎（Voronoi）"命令可以将网格模型分裂为碎块。分裂网格模型可以为下一步设置碰撞破碎

动画做准备。

1. 添加"破碎（Voronoi）"对象

在菜单栏或运动图形命令面板中，都可以添加"破碎（Voronoi）"对象。

（1）打开本书附带文件 Chapter-13/ 苹果破碎.c4d。场景中已经准备了所需模型。

（2）选择"苹果"对象，按住键盘上的 <Alt> 键，然后在菜单栏中执行"运动图形"→"破碎（Voronoi）"命令。

此时场景模型会产生破碎效果，每个碎块都会以不同的颜色进行标注，如图 13-12 所示。

图 13-12

（3）在"属性"管理器中可以对"破碎（Voronoi）"对象的参数进行设置，打开"对象属性"设置面板，在该面板中可以对破碎的形态进行设置。

（4）启用"着色碎片"选项，C4D 将会使用各种颜色对每个碎块进行标注，这样便于用户观察碎块的形态。

> **提示**
>
> "着色碎片"选项只是用于标注碎块形态，不会对模型的材质产生影响。

（5）设置"偏移碎片"参数，可以让碎块间产生缝隙。

（6）启用"仅外壳"选项，可以使碎块产生类似于蛋壳的造型，设置"厚度"参数可以为外壳指定厚度，如图 13-13 所示。

图 13-13

2. 设置碎块的形态

在"属性"管理器中可以灵活地对碎块的数量、

形态等进行设置。

（1）在"属性"管理器中打开"来源"设置面板，在该面板可以对碎块的数量和形态进行设置。

（2）在"来源"设置栏内，选择"点生成器－分布"设置项，此时将会显示"点生成器－分布"卷展栏。

（3）在"点生成器－分布"卷展栏内设置"分布形式"选项栏，可以对碎块的分布形式进行设置。默认选项为"统一"。

（4）设置"点数量"参数可以调整碎块的数量。设置"种子"参数可以随机改变碎块的形态，如图13-14所示。

图 13-14

"分布形式"选项栏还提供了其他几种碎片分布形式，分别为"法线""法线反转"和"指数"分布形式。

使用"法线"和"法线反转"分布形式，可以按照模型的法线方向设置碎块的分布形式，设置"标准偏差"参数可以看到，碎块的分布点会由模型中心向外或向内进行偏移。

如果使用"指数"分布形式，在x、y、z3个轴偏移碎块的分布点，设置"标准偏差"参数可以调整分布点偏移的距离。以上这些碎块分布形式都很直观，读者可以试着设置，观察碎块分布形式的变化。

3. 添加分布来源

"破碎（Voronoi）"对象内可以添加多个分布来源，这样可以让碎块的形态变得更为丰富。

（1）选择"破碎（Voronoi）"对象，在"属性"管理器的"来源"设置栏中选择"点生成器－分布"设置项。

（2）在"点生成器－分布"卷展栏的"名称"设置栏中，对该点生成器的名称进行设置，将其设置为"基础破碎"，如图13-15所示。

（3）在"来源"设置栏下端单击"添加分布来源"按钮，添加新的分布来源，并将其名称设置为"细碎破碎"。

图 13-15

（4）将新添加的分布来源的"分布形式"选项栏中设置为"指数"分布形式，将分布点的沿x轴和y轴进行偏移，如图13-16所示。

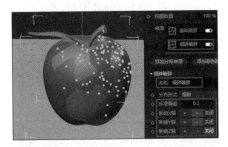

图 13-16

此时模型添加了两组分布来源，模型表面的碎块变得更为丰富。

除了添加分布来源以外，"破碎（Voronoi）"对象还可以根据网格模型或者样条线的形态进行破碎。

（1）在"对象"管理器中拖动"地面"对象至"来源"设置栏内。

（2）为了便于观察模型，在"来源"设置栏内，将"基础破碎"和"细碎破碎"设置项暂时关闭，如图13-17所示。

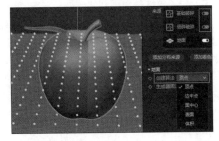

图 13-17

此时可以看到，模型在"地面"对象的顶点位置产生了破碎效果。另外，在"创建算法"选项栏中可以设置参考网格模型的方式。"破碎（Voronoi）"对象除了可以参考"顶点"进行破碎以外，还可以参考"边中心点""面中心点"等进行破碎。

"破碎（Voronoi）"对象除了可以参考网格模

型进行破碎以外，还可以参考样条图形进行破碎，其设置方法与上述方法相同。由于篇幅有限，此处就不讲述了，读者可以试着进行操作，并对破碎后的效果进行观察。

13.2.2 "分裂"命令

使用"分裂"命令也可以使模型产生破碎效果。与"破碎（Voronoi）"命令不同，"分裂"命令是按照模型的网格结构对模型进行破碎的。

（1）打开本书附带文件Chapter-13/面包.c4d。场景中已经准备了所需模型。

当前场景中的"面包"对象由多个网格模型组成，而且网格模型的表面还进行了分割。

（2）选择"面包"模型，在"模式工具栏"中单击"多边形"按钮，对模型的网格面进行编辑。

（3）在菜单栏中执行"选择"→"填充选择"命令，对网格面进行选择。此时可以看到模型是由分割开的网格面片组成的，如图13-18所示。

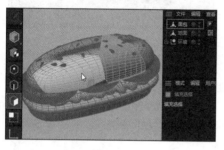

图 13-18

（4）在"模式工具栏"中单击"模型"按钮，退出"多边形"编辑模式。

（5）按住键盘上的<Alt>键，在菜单栏中执行"运动图形"→"分裂"命令，添加"分裂"对象。

（6）为了更清楚地观察"分裂"对象的变形效果。下面对"分裂"对象添加模拟标签。在"对象"管理器右击"分裂"对象，在快捷菜单中执行"模拟标签"→"刚体"命令。

（7）播放动画，可以看到面包模型坠落至地面模型。

此时模型还没有分裂，还需要对"分裂"对象进行设置。

（8）选择"分裂"对象，在"属性"管理器中打开"对象属性"设置面板。

（9）在"模式"选项栏中可以设置分裂的方式。默认设置为"直接"方式，此时模型将维持原本状态，不会产生分裂。选择"分裂片段"方式，模型的每个网格面片将分裂为单独对象。选择"分裂片段 & 连接"方式，网格面片在分裂时，连接的面片会合并为一个对象，如图13-19所示。

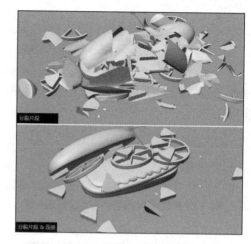

图 13-19

13.2.3 "实例"命令

本书在第4章讲述生成器时，讲到生成器中包含"实例"生成器。"实例"生成器可以帮助用户复制场景对象。

运动图形命令包含"实例"命令，我们可以将该命令看作"实例"生成器的升级版。该命令除了可以用于在场景中复制对象以外，还可以制作变形效果。"实例"命令用于为复制对象创建拖尾效果。

（1）打开本书附带文件Chapter-13/指针.c4d。场景中已经准备了所需模型。

（2）在场景中选择"指针"模型，然后在菜单栏中执行"运动图形"→"实例"命令，创建"实例"对象。

（3）在选择模型的同时创建"实例"对象，选择的模型会自动加入"对象参考"设置栏。

（4）选择"实例"对象，在"属性"设置栏中打开"对象属性"设置面板，可以看到"指针"对象已经加入"对象参考"设置栏，如图13-20所示。

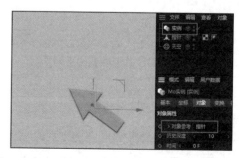

图 13-20

（5）接下来对"实例"对象设置动画。将"时间滑块"移至第0帧位置，单击"记录活动对象"按钮，创建关键帧。

（6）将"时间滑块"移至第50帧位置，调整"实例"对象的位置，单击"记录活动对象"按钮，创建关键帧。

（7）播放动画，可以看到"实例"对象在移动时后端会产生拖尾效果。

（8）在"对象属性"设置面板中，设置"历史深度"参数可以调整拖尾的数量，如图13-21所示。

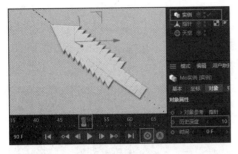

图13-21

13.2.4 "追踪对象"命令

使用"追踪对象"命令可以根据对象的运动轨迹生成样条图形。

（1）打开本书附带文件Chapter-13/五星.c4d。场景中已经准备了所需模型。

（2）播放动画，可以看到"五星"对象已经设置了移动和旋转动画。

（3）选择"五星"对象，在菜单栏中执行"运动图形"→"追踪对象"命令。

（4）创建"追踪对象"对象后，播放动画，可以看到模型的顶点处产生了轨迹图形，如图13-22所示。

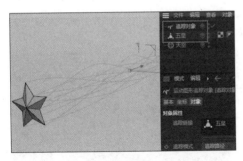

图13-22

（5）选择"追踪对象"对象，在"属性"管理器中可以对运动轨迹的形态进行设置。

（6）将"限制"选项组设置为"从开始"选项，C4D会根据对象运动开始时的运动形态设置轨迹，选择"从结束"选项C4D会根据运动结束时的运动形态设置轨迹。

（7）设置"总计"参数可以定义轨迹的长度，

如图13-23所示。

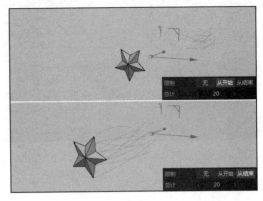

图13-23

由"追踪对象"命令创建的运动轨迹，可以作为二维图形进行编辑。创建一个半径为10 cm的圆环，对圆环和"追踪对象"对象添加"扫描"生成器。此时运动轨迹从二维图形变为三维图形，如图13-24所示。

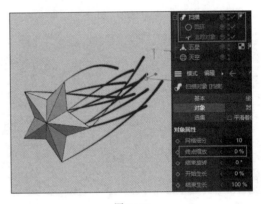

图13-24

13.2.5 "运动样条"命令

使用"运动样条"命令可以创建变化丰富的样条图形。"运动样条"对象包含3种模式，分别为"简单""样条"和"Turtle"模式。每种模式都会生成不同的样条图形。

1."简单"模式

"运动样条"对象在"简单"模式下可以生成类似于花瓣的线条。

（1）打开本书附带文件Chapter-13/运动样条.c4d。场景中已经准备了所需的样条图形。

（2）在菜单栏中执行"运动图形"→"运动样条"命令，创建"运动样条"对象。

（3）在"属性"管理器中打开"对象属性"设置面板。"模式"选项栏提供了3种模式，分别为"简单""样条"和"Turtle"模式，如图13-25所示。

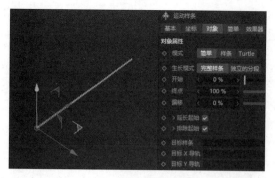

图13-25

（4）默认状态下，"运动样条"对象被设置为"简单"模式。

（5）在"属性"管理器中打开"简单"设置面板，在该面板可以对样条线的形态进行设置。

①设置"分段"参数，可以调整样条图形的分段数。设置"角度"参数可以更改样条的角度。

②设置"曲线""弯曲"和"扭曲"参数，可以调整样条图形的弯曲形态，如图13-26所示。

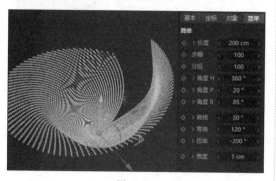

图13-26

"简单"设置面板中的参数都非常简单，读者可以试着对参数进行设置，并观察样条图形的变化。

2. "样条"模式

"运动样条"对象在"样条"模式下可以根据指定的样条图形来定义自身外观。

（1）在场景中选择"运动样条"对象，在"属性"管理器的"对象属性"设置面板中，将"模式"选项栏设置为"样条"模式。

此时"属性"管理器会增加"样条"设置面板。

（2）打开"样条"设置面板，在"对象"管理器中拖动"文本样条"对象至"源样条"设置栏。

此时"运动样条"对象会以文本样条对象的形态显示，如图13-27所示。

（3）在"属性"管理器中打开"对象属性"设置面板，设置"开始""终点"和"偏移"参数可以调整"运动样条"对象在文字图形上的分布。

图13-27

（4）对"开始""终点"和"偏移"参数设置关键帧，可以制作出文字描绘动画，如图13-28所示。

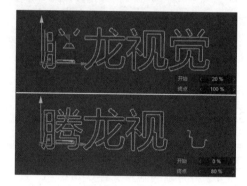

图13-28

3. "Turtle"模式

"运动样条"对象在"Turtle"模式下可以生成植物样条图形。

（1）在场景中选择"运动样条"对象，在"属性"管理器的"对象属性"设置面板中，将"模式"选项栏设置为"Turtle"模式。

此时"属性"管理器会增加"Turtle"设置面板。在该设置面板内可以对Turtle函数公式进行设置，如图13-29所示。

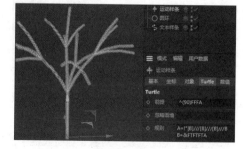

图13-29

（2）在"工具栏"中长按"挤压"按钮，在展开的生成器面板内单击"扫描"按钮。

（3）在"对象"管理器中，将"圆环"和"运动样条"对象设置为"扫描"生成器的子对象。

此时场景中将生成三维模型，如图13-30所示。

图 13-30

13.2.6 "文本"命令

运动图形命令包含"文本"命令,使用"文本"命令可以基于文字创建丰富的运动动画效果。

(1)打开本书附带文件Chapter-13/文本动画.c4d。场景中已经准备了所需的环境模型。

(2)在"工具栏"中长按"克隆"按钮,此时会展开运动图形命令面板,单击"文本"按钮。

(3)在"材质"管理器中拖动"蓝"材质至新创建的"文本"对象,对其指定材质。

(4)在"属性"管理器中打开"对象属性"设置面板,对文本内容和样式进行设置,如图13-31所示。

图 13-31

(5)在运动图形命令面板中,单击"公式"按钮,为"文本"对象添加效果器。

(6)在"属性"管理器中打开"效果器"设置面板,将"强度"参数设置为20%。

(7)播放动画,可以看到每个字母都会有规律地产生缩放动画,如图13-32所示。

图 13-32

(8)在"对象"管理器中选择"文本"对象,在"属性"管理器中打开"字母"设置面板。

可以看到新添加的"公式"效果器添加在"字母"设置面板的"效果"设置栏内。此时效果器将对"文本"对象的每个字母产生影响。

(9)在"效果"设置栏中选择"公式"效果器,然后按键盘上的<Delete>键将其删除。

(10)在"属性"管理器中打开"单词"设置面板,在"对象"管理器中拖动"公式"效果器至"效果"设置栏。

此时播放动画,可以看到文本中的每个单词都会产生缩放动画,如图13-33所示。

图 13-33

13.2.7 项目案例——制作玻璃炸裂的动画

本课整体介绍了运动图形命令的特点和效果。接下来使用"破碎(Voronoi)"命令制作一组生动的玻璃炸裂动画,图13-34展示了案例完成后的效果。读者可以结合本课教学视频,对案例进行学习和演练。

图 13-34

13.3 课时 46:效果器的工作原理

建立运动图形后,可以使用效果器对运动图形进行各种各样的变形,并将变形过程设置为动画。C4D提供了丰富的效果器,本课将对效果器的工作原理进行讲解。

学习指导

本课内容重要性为【必修课】。

本课的学习时间为40~50分钟。

本课的知识点是熟悉效果器的工作原理。

课前预习

扫描二维码观看视频，对本课知识进行学习和演练。

13.3.1 效果器的添加方法

前面已经使用了几次效果器，并对效果器的工作原理做了简单介绍。本小节将对效果器做更为详细的讲解。

1. 效果器的工作对象

效果器可以对运动图形添加变形效果，同时也可以为网格模型添加变形效果。

（1）打开本书附带文件Chapter-13/舞动的球体.c4d。场景中已经准备了所需模型。

（2）之前的操作中，都是将变形器添加给运动图形，下面把变形器添加给网格模型。在菜单栏中执行"运动图形"→"效果器"→"公式"命令，在场景中添加"公式"效果器。

（3）在"对象"管理器中拖动"公式"效果器至"分布球体"对象下端，为模型添加效果器。

（4）在"属性"管理器中对"参数"设置面板进行设置，播放动画，会发现"公式"效果器并没有对模型产生影响，如图13-35所示。此时还需要对效果器的变形方式进行设置。

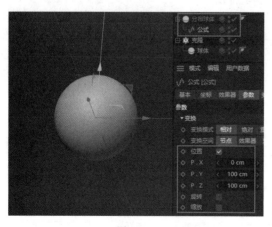

图 13-35

（5）在"属性"管理器中打开"变形器"设置面板。将"变形"选项组设置为"点"模式，此时效果器将对模型的顶点进行变形。

（6）播放动画，可以看到球体模型的外形根据效果器的控制产生了动画效果，如图13-36所示。

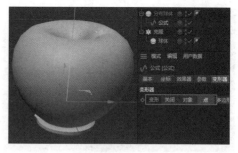

图 13-36

通过上述操作可以看出，效果器不但可以作用于运动图形，对网格对象也同样有效。接下来，使"克隆"对象沿"分布球体"模型的网格面进行分布，使克隆对象根据网格对象的外形产生动画效果。

（1）在"对象"管理器中选择"克隆"对象，打开"属性"管理器的"对象属性"设置面板。

（2）将"模式"选项栏设置为"对象"模式，然后将"分布球体"对象拖动至"对象"设置栏。

（3）将"分布"选项栏设置为"多边形中心"选项，此时"克隆"对象的子对象将会分布于模型的多边形面的中心处。

（4）播放动画，可以看到"克隆"对象的子对象随球体的变形而产生了动画，如图13-37所示。

图 13-37

（5）在"对象"管理器中将"分布球体"对象设置为隐藏状态，球体跳动动画效果就制作完成了。

在C4D中，效果器都可以使网格对象产生变形，只需要在"变形器"设置面板对效果器的"变形"方式进行调整即可。选择"点"和"多边形"方式，效果器将作用于模型的顶点和网格面；选择"对象"方式，效果器将作用于模型整体。

2. 效果器的基础参数

C4D包含很多种类效果器，虽然每种效果器的变形效果有所不同，但是其工作模式是基本一致的。

在"属性"管理器中可以对效果器的参数进行设置。效果器一般包含"基本""坐标""效果器""参数""变形器"和"域"6个设置面板。其中"效果器""参数"和"域"这3个设置面板是最常用到的。以"公式"效果器为例，对以上3个设置面板进行学习。

（1）在"对象"管理器中选择"公式"效果器，在"属性"管理器中打开"效果器"设置面板。

（2）在"效果器"设置面板中，可以对效果器的变形强度和变形方式进行设置。

（3）设置"强度"参数可以调整效果器的变形强度，设置"公式"设置栏可以修改效果器的变形方式，如图13-38所示。

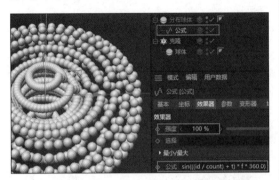

图13-38

（4）在"参数"设置面板中，可以对效果器的类型和影响范围进行设置。

（5）在"参数"设置面板中，启用"位置"选项，效果器将对对象的位置进行调整。启用"旋转"和"缩放"选项，效果器将对对象的角度和缩放进行调整，如图13-39所示。

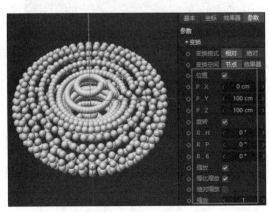

图13-39

（6）在"域"设置面板中可以对效果器添加域对象，域对象可以对效果器的影响范围进行控制。该设置面板在前面的内容中已经做过讲述，此处不

再重复。

13.3.2 效果器的层级关系和顺序

在工作中，为了实现一些复杂的动画效果，往往需要为对象添加多个效果器。效果器在"对象"管理器中所处的层级关系和顺序不同，得到的动画结果也会有较大区别。下面通过具体操作对效果器的层级关系和顺序进行学习。

1. 效果器的层级关系

如果要对包含效果器的对象进行克隆操作，那么除了要克隆目标对象以外，还要克隆对目标对象起作用的效果器，否则克隆操作将会失败。

（1）打开本书附带文件Chapter-13/铺装瓷牌.c4d。场景中已经准备了所需模型。

接下来使用"简易"效果器，为"牌"对象制作翻滚动画。

（2）在"对象"管理器中选择"单排克隆"对象，然后在菜单栏中执行"运动图形"→"效果器"→"简易"命令。

（3）在"属性"管理器中可以对"简易"效果器的参数进行设置。

（4）在"参数"设置面板中，取消启用"位置"选项。启用"旋转"选项，并将"R.B"参数设置为-180°，如图13-40所示。

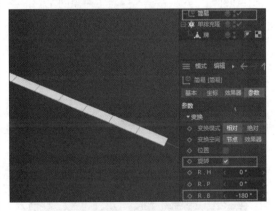

图13-40

此时"克隆"对象包含的"牌"对象会整体产生-180°的旋转。为了动态地展示反转效果，还需要为效果器添加域对象。

（5）在"属性"管理器中打开"域"设置面板，长按"创建一个新域对象"按钮，在弹出的菜单中执行"线性域"命令。

（6）将"线性域"对象的"长度"参数设置为10 cm，沿x轴在视图中移动"线性域"对象，可以看到"牌"对象产生了反转效果，如图13-41所示。

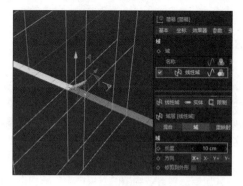

图 13-41

（7）为了使"牌"对象在反转动作中产生由隐藏变为显示的效果，还需要启用"可见"选项。

（8）选择"简易"效果器，在"属性"管理器中打开"参数"设置面板，在设置面板底部启用"可见"选项。

（9）此时，沿 x 轴移动"线性域"对象，"牌"对象会在反转动作中逐渐显示。

（10）下面对"线性域"对象设置关键帧，为"牌"对象制作翻滚平铺的动作。

①将"时间滑块"移至第0帧位置，沿 x 轴将"线性域"对象移至"克隆"对象的右侧，在视图下端单击"记录活动对象"按钮，创建关键帧。

②将"时间滑块"移至第60帧位置，沿 x 轴将"线性域"对象移至"克隆"对象的左侧，在视图下端单击"记录活动对象"按钮，创建关键帧。此时瓷牌的翻滚平铺动画就设置完成了。

（11）播放动画，可以看到瓷牌一边翻滚一边对地面进行平铺，如图13-42所示。

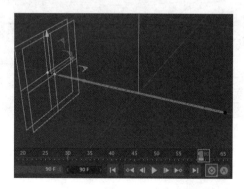

图 13-42

（12）当前只是制作了一列瓷牌的翻滚平铺动画，为了使瓷牌铺满整个地面，需要对当前"单排克隆"对象再次进行克隆。

①在"对象"管理器中选择"单排克隆"对象，按住键盘上的<Alt>键，在"工具栏"单击"克隆"按钮，添加克隆效果。

②在"属性"管理器的"参数"设置面板中

对"克隆"对象的克隆方式进行设置，如图13-43所示。

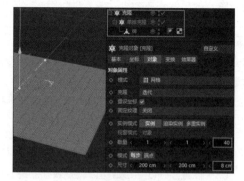

图 13-43

此时播放动画，可以看到瓷牌会整齐地进行翻滚平铺。

为了使瓷牌的翻滚平铺动画更生动，还需要让平铺动画产生随机变化。

③选择"克隆"对象，在菜单栏中执行"运动图形"→"效果器"→"随机"命令，添加"随机"效果器。

④在"属性"管理器的"参数"设置面板中，将"时间偏移"参数设置为 5 F，如图13-44所示。

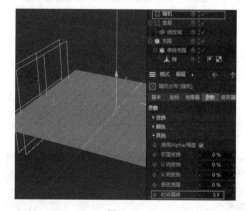

图 13-44

此时虽然对"克隆"对象添加了"随机"效果器，但是瓷牌的翻滚平铺动画并没产生随机变化。产生这种问题的原因是当前场景的数据流顺序没有正确排列。

（13）当前在"对象"管理器中，"简易"效果器是放置在"克隆"对象外部的，需要将"简易"效果器放置到"克隆"对象的内部，这样才能使动画产生随机效果。

①按住键盘上的<Ctrl>键，在"对象"管理器中依次选择"单排克隆"对象和"简易"效果器。

②按键盘上的<Alt + G>组合键，为选择的对

象建立群组，将对象组的名称设置为"单排平铺"。

③将"单排平铺"对象组拖动至"克隆"对象的底部，使其成为"克隆"对象的子对象。

> **提示**
>
> 为了便于观察，可以在"对象"管理器中将"线性域"对象设置为隐藏状态。

④播放动画，此时可以看到翻滚平铺动画产生了随机变化的效果，如图13-45所示。

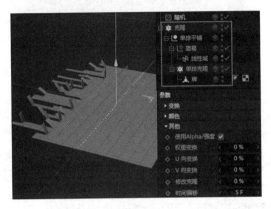

图13-45

根据上述操作可以看出，在"对象"管理器中，效果器所处的顺序和层级会影响到动画的最终效果。

（14）此时为了使瓷牌的翻滚平铺动画更具韵律感，还可以为"克隆"对象添加"步幅"效果器。

①选择"克隆"对象，在菜单栏中执行"运动图形"→"效果器"→"步幅"命令，添加"步幅"效果器。

②在"属性"管理器中打开"参数"设置面板，将"时间偏移"参数设置为−20 F。

③播放动画，可以看到瓷牌的翻滚平铺动画产生了20帧步幅的错落效果，如图13-46所示。

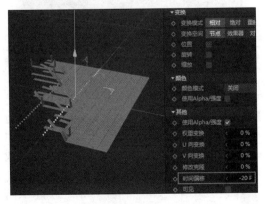

图13-46

此时，瓷牌的翻滚平铺动画就更富有层次感了。在以上的动画设置中，"随机"效果器可以使

瓷牌在平铺的过程中产生随机翻动效果，"步幅"效果器可以让瓷牌在翻滚的过程中产生步幅递进的效果。

2. 效果器的顺序

同一运动图形可以添加多个效果器，效果器的添加顺序不同，制作的动画也会不同。

（1）打开本书附带文件Chapter-13/数字弹跳.c4d。场景中已经准备了所需模型。

（2）在"对象"管理器中选择"数字克隆"对象，在菜单栏中执行"运动图形"→"效果器"→"简易"命令，添加"简易"效果器。

（3）在"属性"管理器中打开"参数"设置面板，对"简易"效果器的参数进行设置。

（4）将"P.Z"参数设置为3 cm，此时数字模型将会沿z轴发生移动，如图13-47所示。

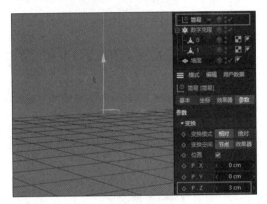

图13-47

（5）在"属性"管理器中打开"域"设置面板，为"简易"效果器添加"圆柱体域"对象，并将"内部偏移"参数设置为0%，如图13-48所示。

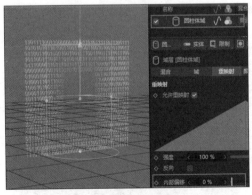

图13-48

（6）使用"旋转"工具对"圆柱体域"对象的角度进行调整，将其沿y轴旋转90°。

（7）在视图中调整"圆柱体域"对象控制框的黄色控制柄，使"圆柱体域"对象控制框能够覆盖数字模型，如图13-49所示。

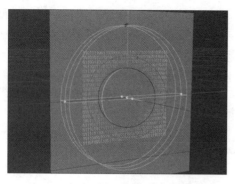

图 13-49

（8）在"域"设置面板的底端，将效果器的"轮廓模式"设置为"曲线"模式，然后将"样条动画速度"参数设置为100 F。

（9）此时播放动画，可以看到数字模型将会产生涟漪状起伏效果，如图13-50所示。

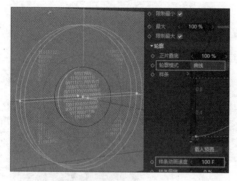

图 13-50

（10）当前数字模型的涟漪状起伏效果有些生硬，下面添加"随机"效果器，增强动画的生动性。

①在"对象"管理器中选择"数字克隆"对象，在菜单栏中执行"运动图形"→"效果器"→"随机"命令，添加"随机"效果器。

②在"属性"管理器中打开"参数"设置面板，对"随机"效果器的参数进行设置，如图13-51所示。

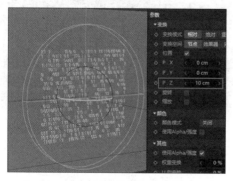

图 13-51

③在"属性"管理器中打开"效果器"设置面

板，将"随机模式"设置为"湍流"模式。

④将"动画速率"参数设置为20%，减慢湍流动画的抖动速度；将"缩放"参数设置为10%，减小湍流动画的抖动范围。

⑤播放动画，可以看到数字模型会同时产生涟漪状起伏效果和随机抖动效果，如图13-52所示。

图 13-52

（11）此时数字模型的抖动动画就制作完成了。为了使数字模型的抖动动画更加生动，还可以对数字模型添加"延迟"效果器。该效果器可以使目标对象根据动画动作的运动惯性产生延迟效果。

①在"对象"管理器中选择"数字克隆"对象，然后在菜单栏中执行"运动图形"→"效果器"→"延迟"命令，添加"延迟"效果器。

②在"属性"管理器中打开"效果器"设置面板，将"延迟"效果器的"模式"选项栏设置为"弹簧"模式。

③播放动画，可以看到数字模型一边移动一边像弹簧一样抖动，如图13-53所示。

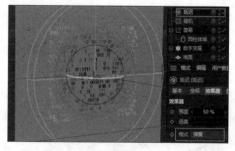

图 13-53

此时"数字克隆"对象一共添加了3个效果器，分别是"简易""随机"和"延迟"效果器。选择"数字克隆"对象，在"属性"管理器中打开"效果器"设置面板，在"效果器"设置栏内可以看到这些效果器，如图13-54所示。

在"效果器"设置栏中可以添加、删除和关闭效果器。"效果器"设置面板底端提供了可以影响当前效果器的参数，修改效果器对应的参数，可以增强或减弱效果器的效果。

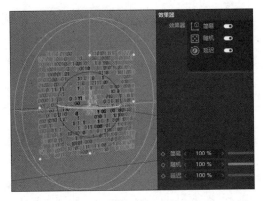

图 13-54

在"效果器"设置栏拖动效果器，可以对效果器的先后顺序进行调整，效果器是按照从上至下的顺序为对象添加效果的。将"延迟"效果器移至其他效果器的顶端，此时"延迟"效果器将失效，因为该效果器只对已有的动画产生影响。

13.3.3 项目案例——制作跳动的数字动画

学习效果器的工作原理后，接下来使用多种效果器制作跳动的数字动画，图 13-55 展示了案例完成后的效果。读者可以结合本课教学视频，对案例进行学习和演练。

图 13-55

13.4 课时 47：常用效果器有何特点？

C4D 提供了丰富的效果器，在前面的课程中，我们已经学习了一些常用的效果器，如"简易""随机"等。本课将对工作中较常用的效果器进行讲解。

学习指导

本课内容重要性为【选修课】。

本课的学习时间为 40 ~ 50 分钟。

本课的知识点是熟悉常用效果器的设置方法。

课前预习

扫描二维码观看视频，对本课知识进行学习和演练。

13.4.1 "公式"和"继承"效果器

"公式"和"继承"效果器是工作中较常用到的效果器。

1. "公式"效果器

"公式"效果器可以根据数学公式使运动图形对象产生有规律的运动。

（1）打开本书附带文件 Chapter-13/公式效果器.c4d。场景中已经准备了所需模型。

（2）在"对象"管理器中选择"克隆"对象，接着在菜单栏中执行"运动图形"→"效果器"→"公式"命令，添加"公式"效果器。

（3）添加"公式"效果器后，播放动画，可以看到运动图形受效果器的影响产生了动画，如图 13-56 所示。

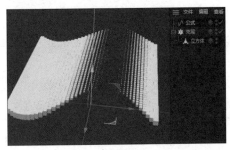

图 13-56

（4）在"属性"管理器中打开"参数"设置面板，对"公式"效果器的参数进行设置。

（5）将"位置"和"缩放"选项设置为不启用状态。

（6）启用"旋转"选项，接着将"R.P"参数设置为 90°。此时"克隆"对象将会沿 y 轴产生有规律的翻滚动画，如图 13-57 所示。

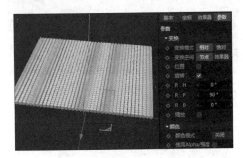

图 13-57

（7）在"属性"管理器中打开"效果器"设置面板，在"公式"设置栏中可以看到当前动画所依据的计算公式。

（8）"变量"卷展栏提供了计算公式中各个函数的含义，修改"t-工程时间"和"f-频率"参数可以改变当前动画的节奏，如图13-58所示。

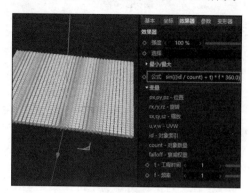

图13-58

2. "继承"效果器

"继承"效果器可以使运动图形继承目标对象的动画动作。

（1）在"对象"管理器中单击"公式"效果器右侧的"√"按钮，将其设置为隐藏状态。

（2）选择"克隆"对象，在菜单栏中执行"运动图形"→"效果器"→"继承"命令，添加"继承"效果器。

（3）在"属性"管理器中打开"效果器"设置面板，在"对象"管理器中拖动"翻滚立方体"对象至"对象"设置栏。

（4）"翻滚立方体"对象设置了动画，播放动画，可以看到"克隆"对象继承其动画，如图13-59所示。

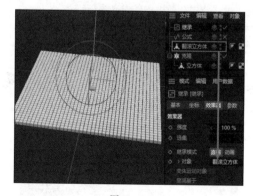

图13-59

（5）当前"继承"效果器的"继承模式"是"直接"方式，选择"动画"模式。

（6）将"变换空间"选项栏设置为"节点"。此时播放动画，可以看到"克隆"对象的每个模型都会继承动画，如图13-60所示。

（7）设置"开始"和"终点"参数，可以对"克隆"对象的动画持续时间进行设置。

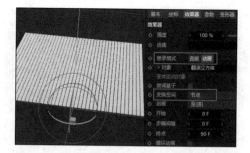

图13-60

（8）启用"循环动画"选项后，"克隆"对象的动画将会变成循环动画，如图13-61所示。

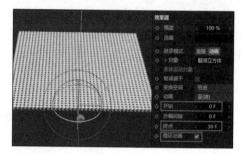

图13-61

通过上述操作，可以看出"公式"和"继承"效果器都可以使"克隆"对象产生富有韵律的动画。

13.4.2 项目案例——制作球体拼缀文字的效果

使用"推散"效果器可以将堆叠在一起的运动图形分散开，使其保持独立。利用"推散"效果器可以制作出有趣的效果。

本小节将使用"推散"效果器制作球体拼缀文字的效果，图13-62展示了案例完成后的效果。下面通过具体操作来学习"推散"效果器的操作方法。

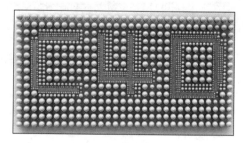

图13-62

（1）打开本书附带文件Chapter-13/推散.c4d。场景中已经准备备了所需模型。

（2）在场景中选择"平面"对象，可以看到模型的网格面已经根据文字的形状进行了细分，如图13-63所示。

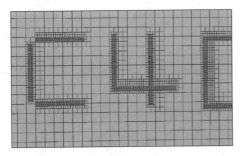

图 13-63

（3）在"对象"管理器中选择"克隆"对象，在"属性"管理器中打开"参数"设置面板。

（4）将"模式"设置为"对象"方式，在"对象"管理器拖动"平面"对象至"对象"设置栏，最后将"分布"选项栏设置为"多边形中心"方式。

此时"克隆"对象的小球会分布在"平面"对象的网格面上，如图 13-64 所示。

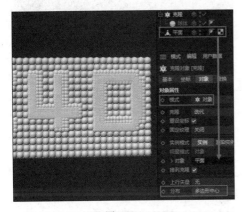

图 13-64

由于"平面"对象的网格面的分布非常细密，所以"克隆"对象的小球会相互交错地叠加在一起。

（5）使用"推散"效果器可以将小球分散，避免小球叠在一起。

①选择"克隆"对象，在菜单栏中执行"运动图形"→"效果器"→"推散"命令，添加"推散"效果器。

添加"推散"效果器后，所有小球都会被分散开。

②在"属性"管理器的"效果器"设置面板中，设置"半径"参数可以调整小球分散的距离。该参数一般根据小球的半径进行设置。

③改变"半径"参数后，在小球密集出现的区域还是会出现叠加现象，此时增大"迭代"参

数可以使分散的计算结果更精准，如图 13-65 所示。

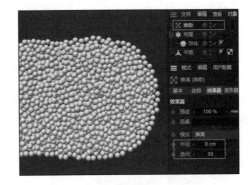

图 13-65

"推散"效果器有多种分散方式，在"模式"选项栏可以对其进行设置。默认为"推离"方式。

选择"隐藏"方式，当小球叠在一起时，C4D将通过隐藏的方式使小球发生叠加现象。

选择"分散缩放"方式后，小球叠在一起时将自动缩小，从而避免发生叠加现象，如图 13-66 所示。

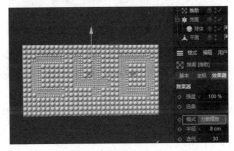

图 13-66

此时，案例就制作完成了。"模式"选项栏还有"沿着X""沿着Y"和"沿着Z"3种分散方式，使用这些方式可以沿着单轴将小球分散，使其避免发生叠加现象。

13.4.3 "着色""声音"和"重置效果器"效果器

"着色"与"声音"效果器可以使运动图形根据图像或声音产生变形效果。这两个效果器是工作中较常用到的效果器。

"重置效果器"效果器比较特殊，可以将效果器产生的变形效果移除。下面通过具体操作来学习这3个效果器。

1."着色"效果器

"着色"效果器可以根据图像或视频的色彩，使运动图形产生变形效果。

（1）打开本书附带文件Chapter-13/声音.c4d。

场景中已经准备了所需模型，"克隆"对象根据"平面"对象的网格面进行分布。

（2）在"对象"管理器中选择"克隆"对象，在菜单栏中执行"运动图形"→"效果器"→"着色"命令，添加"着色"效果器。

（3）在"属性"管理器中打开"着色"设置面板，单击"着色器"设置栏右侧的长按钮。

（4）在弹出的"打开文件"对话框中打开本书附带文件Chapter-13/星空.jpg。

此时"克隆"对象将会根据添加的位图贴图，产生缩放效果，如图13-67所示。

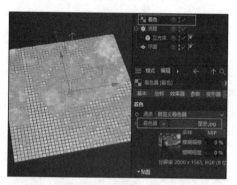

图 13-67

（5）在"属性"管理器中打开"参数"设置面板，取消启用"缩放"选项。此时"克隆"对象的缩放效果将不受影响。

（6）在"颜色"卷展栏内取消启用"使用Alpha/强度"选项，此时贴图将不再影响"Alpha"通道。

（7）启用"位置"选项，将"P.Z"参数设置为30 cm。此时"克隆"对象会随着贴图颜色的亮度移动，如图13-68所示。

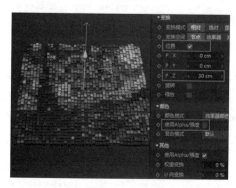

图 13-68

使用"着色"效果器，除了可以使用位图贴图来影响运动图形，还可以使用视频的纹理来影响运动图形。在"着色器"设置栏内添加视频，运动图形会根据视频的颜色产生变形效果。

2."声音"效果器

"声音"效果器可以根据声波，使运动图形产生变形效果。

（1）在"对象"管理器中选择"克隆"对象，在菜单栏中执行"运动图形"→"效果器"→"声音"命令，添加"声音"效果器。

（2）在"属性"管理器中打开"效果器"设置面板，单击"音轨"设置栏的设置按钮，执行"载入声音"命令。

（3）在弹出的对话框中打开本书附带文件Chapter-13/电子音乐.mp3。

此时播放动画，可以看到运动图形根据声波产生了抖动动画，如图13-69所示。

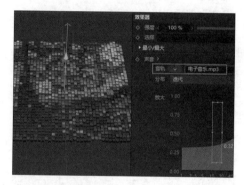

图 13-69

（4）在"放大"设置栏内可以对声波的范围进行设置。接着在"探测属性"卷展栏内将"采样"选项栏设置为"步幅"方式，如图13-70所示。

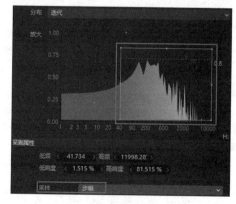

图 13-70

此时播放动画可以看到，运动图形会根据声波产生抖动效果，很多视频中背景音乐的动画效果都是使用"声音"效果器制作的。

3."重置效果器"效果器

"重置效果器"效果器是比较特殊的效果器，可以将其他效果器产生的变形效果移除，使运动图形回到初始状态。

（1）在"对象"管理器中选择"克隆"对象，然后在菜单栏中执行"运动图形"→"效果器"→"重置效果器"命令，添加"重置效果器"效果器。

此时"克隆"对象将不会因"声音"效果器产生动画效果。

（2）在"属性"管理器中打开"参数"设置面板，在"颜色"卷展栏启用"颜色"选项。此时"克隆"对象将不受"着色"效果器影响，如图13-71所示。

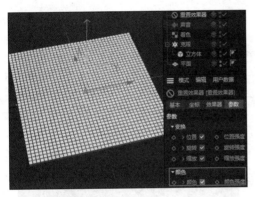

图 13-71

（3）在"属性"管理器中打开"域"设置面板，为"重置效果器"添加"球体域"对象。

（4）对"球体域"对象设置体积动画，制作出"克隆"对象逐步还原为初始状态的动画效果，如图13-72所示。

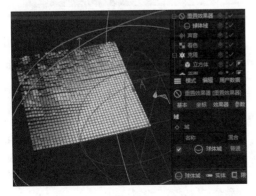

图 13-72

13.4.4 项目案例——制作堆砌文字的动画

使用"体积"效果器可以根据网格模型的范围来设置运动图形的变形效果。本小节将利用"体积"效果器制作堆砌文字的动画。图13-73展示了案例完成后的效果。

图 13-73

（1）打开本书附带文件 Chapter-13/体积.c4d。可以看到，场景中已经准备了文字模型。

（2）在"对象"管理器中将"克隆"对象设置为显示状态。

此时"克隆"对象刚好可以覆盖文字模型。

（3）选择"克隆"对象，在菜单栏中执行"运动图形"→"效果器"→"体积"命令，添加"体积"效果器。

（4）在"属性"管理器中打开"效果器"设置面板，将"文字模型"对象拖动至"体积对象"设置栏，如图13-74所示。

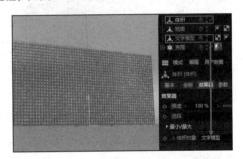

图 13-74

此时还无法看出"体积"效果器对"克隆"对象产生的影响。

（5）在"属性"管理器中打开"参数"设置面板，取消启用"缩放"选项，然后在设置面板底部启用"可见"选项。

（6）将"文字模型"对象设置为隐藏状态。此时"克隆"对象将根据文字模型的体积进行显示，如图13-75所示。

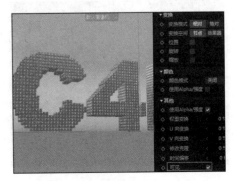

图 13-75

此时在"变换"卷展栏内，设置"位置""旋转"和"缩放"参数，可以对当前范围内运动图形的形态进行调整。读者可以尝试设置这些参数，观察效果器对"克隆"对象的影响。

接下来使用模拟标签制作文字模型的堆砌动画。

（1）在"对象"管理器中右击"克隆"对象，在弹出的快捷菜单中执行"模拟标签"→"刚体"命令。

（2）在"对象"管理器中右击"地面"对象，在弹出的快捷菜单中执行"模拟标签"→"碰撞体"命令。

（3）播放动画，可以看到"克隆"对象包含的立方体模型会坍塌至地面，如图13-76所示。

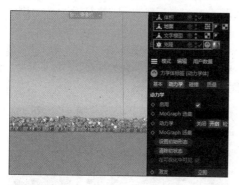

图 13-76

（4）当动画播放至第50帧之后，"克隆"对象的坍塌动作将执行完毕。单击"向前播放"按钮，暂停动画播放。

（5）在"对象"管理器中单击"克隆"对象右侧的"刚体"标签，对其进行设置。

（6）在"属性"对话框中打开"动力学"设置面板，单击"设置初始形态"按钮。此时"克隆"对象将从坍塌后的状态变为初始状态。

（7）将"时间滑块"移至第20帧位置，然后在"动力学"设置栏前端单击动画设置按钮，创建关键帧，如图13-77所示。

图 13-77

（8）将"时间滑块"移至第30帧位置，在"动力学"选项组选择"关闭"选项，单击动画设置按钮，创建关键帧。

至此，堆砌文字的动画就制作完毕了。播放动画，可以看到在经过1秒的静止后，坍塌的模型将还原至初始状态。当前动画主要是利用模拟标签制作的，关于该标签，本书将在下一章为读者详细讲解。

13.4.5　效果器的管理方法

一个动画场景往往需要多个效果器进行创建。此时"对象"管理器会罗列很多效果器对象。为了便于对场景中效果器的管理，此时可以使用"群组"效果器对效果器进行分组。

（1）打开本书附带文件Chapter-13/群组效果器.c4d。当前场景中的数字弹跳动画已经设置完毕了，可以看到"对象"管理器包含多个效果器对象。

（2）在"对象"管理器中选择"数字克隆"对象，在"属性"管理器中打开"效果器"设置面板。

在"效果器"设置栏内可以看到当前对象添加了3个效果器，如图13-78所示。

图 13-78

（3）在"效果器"设置栏中选择已添加的效果器，然后按键盘上的<Delete>键，依次将其删除。此时"数字克隆"对象的动画将会消失。

（4）在菜单栏中执行"运动图形"→"效果器"→"群组"命令，添加"群组"效果器。

（5）在"对象"管理器中选择"群组"对象，然后在"属性"管理器中打开"效果器"设置面板。

（6）依次将"简易""随机"和"延迟"效果器拖动至"效果器"设置栏内。

（7）此时播放动画，"数字克隆"对象的动画又恢复了，如图13-79所示。

"群组"效果器可以将多个效果器整合为一个效果器，此时只需要对运动图形添加"群组"效果器即可完成添加多个效果器的操作。这样可以方便用户在多个运动图形间复制效果器。

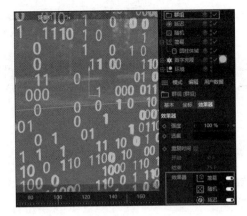

图 13–79

13.5　总结与习题

本章为大家详细讲解了运动图形命令与效果器

的使用方法。使用运动图形命令与效果器，可以创建出丰富的动画。

运动图形命令与效果器虽然繁杂，但是功能直观明了，且易于控制，所以非常适合初学者学习和掌握。

习题：制作模型的翻滚和分裂动画

结合本章所学知识，制作模型的翻滚和分裂动画。

习题提示

使用运动图形命令与效果器制作动画时，要注意运动图形对系统资源的占用，避免网格数量过多而导致系统死机。

在C4D中，动力学功能和粒子系统在制作动画时非常重要。动力学功能可以根据物理学原理，使场景中的对象按照现实世界的运动方式产生下落和碰撞动画。粒子系统可以模拟密集对象的运动。本章将对动力学功能与粒子系统进行详细讲解。

14.1 课时48：如何正确设置模拟标签？

本书在前面章节中，为了配合案例制作，已经使用了几次模拟标签。为对象添加模拟标签后，对象将根据物理学原理，生成真实的下落和碰撞动画。模拟标签包含的内容非常丰富，本课将详细讲解模拟标签的工作原理和设置方法。

学习指导

本课内容重要性为【必修课】。

本课的学习时间为40～50分钟。

本课的知识点是掌握模拟标签的工作原理与设置方法。

课前预习

扫描二维码观看视频，对本课知识进行学习和演练。

14.1.1 "刚体"标签

对象在添加"刚体"标签后，将会模拟坚硬物体的形体特征，如金属、石头等。下面通过具体操作来学习"刚体"标签。

1. 添加"刚体"标签

"刚体"标签的添加方法很简单，在菜单栏或"对象"管理器的快捷菜单中都可以添加。

（1）打开本书附带文件Chapter-14/刚体.c4d，场景中已经准备了案例所需的模型。

（2）在"对象"管理器中右击"破碎墙面"对象，然后在弹出的快捷菜单中执行"模拟标签"→"刚体"命令，添加模拟标签。

（3）此时播放动画，可以看到"破碎墙面"对象会径直向下坠落。

> **提示**
>
> 除了可以通过快捷菜单添加标签以外，还可以通过"创建"菜单添加，"创建"菜单下的"标签"子菜单包含了C4D中所有的标签命令。

（4）在"对象"管理器中右击"地面"对象，利用快捷菜单中为其添加"模拟标签"中的"碰撞体"标签。

（5）播放动画，可以看到"破碎墙面"对象坍塌至"地面"对象上，如图14-1所示。

图 14-1

2. 设置"碰撞体"标签

"刚体"标签可以让对象产生下坠的动画，"碰撞体"标签可以让对象模拟静止的碰撞体，如地面、墙面等。模拟标签之间是可以相互切换的，在为对象添加模拟标签后，在"属性"管理器中可以更改标签的类型。

（1）在"对象"管理器中单击"破碎墙体"对象右侧的"刚体"标签。

（2）在"属性"管理器中打开"动力学"设置面板。

（3）关闭"启用"选项后，"刚体"标签将关闭。

（4）在"动力学"选项组中选择"关闭"选项后，"刚体"标签将转变为"碰撞体"标签。

（5）标签类型发生改变，对象的动画效果也会发生变化，如图14-2所示。

如果在"动力学"选项组中选择"检测"选项，模拟标签将转变为"检测体"标签。选择不同的选项，模拟标签会发生不同改变。

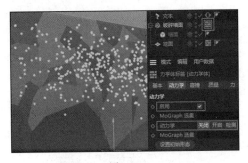

图 14-2

3. 激发动画

在场景中为对象添加"模拟标签"后，默认情况下，对象将会立即产生动画，但有些时候需要设置触发条件，对象才能产生动画。例如，对象需先受到撞击，再产生坍塌动画。此时，就需要对模拟标签的激发方式进行设置。

（1）在"对象"管理器中单击"破碎墙面"对象的"刚体"标签。

（2）在"属性"管理器中打开"动力学"设置面板。

（3）单击"激发"选项栏，可以看到"刚体"标签提供了3种激发动画的方式。该选项栏默认选择"立即"方式，此时播放动画，对象会立即产生动画。

（4）选择"开启碰撞"方式后，"破碎墙面"对象在接触到其他对象后才会产生动画，如图14-3所示。

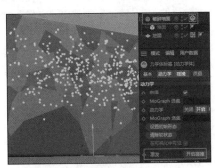

图 14-3

（5）在"对象"管理器中选择"撞击体"对象，在菜单栏中执行"创建"→"标签"→"模拟标签"→"检测体"命令，为对象添加模拟标签。

（6）在"对象"管理器中可以看到，"撞击体"对象的"动力学"类型为"检测"。

（7）将"时间滑块"移至第0帧位置，单击"记录活动对象"按钮，创建关键帧，如图14-4所示。

（8）将"时间滑块"移至第20帧位置，在"顶视图"将"撞击体"对象沿z轴下移至"破碎墙面"前端。

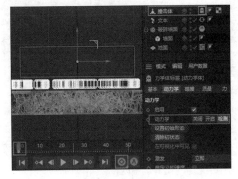

图 14-4

（9）单击"记录活动对象"按钮，创建关键帧。播放动画，可以看到当"撞击体"对象接触到"破碎墙面"对象后，"破碎墙面"对象产生塌陷动画，如图14-5所示。

图 14-5

提示

为了便于观察，可以将"撞击体"对象设置为隐藏状态。

4. 设置刚体碰撞效果

当添加了"检测体"标签的对象接触到添加了"刚体"标签的对象时，将会激发动画。"检测体"标签激发的坍塌动画看起来有些缓慢、缺乏力量感。下面将添加了"检测体"标签的对象转变为添加"刚体"标签的对象。当两个添加"刚体"标签的对象碰撞在一起时，将会产生渐射效果。

（1）在"对象"管理器中单击"撞击体"对象的"检测体"标签。

（2）在"属性"管理器中打开"动力学"设置面板。

（3）将"动力学"选项组设置为"开启"方式，此时"检测体"标签将转变为"刚体"标签。

此时"撞击体"对象将不会按照关键帧进行移动，而会径直坠落至地面，如图14-6所示。

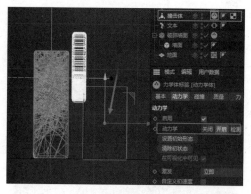

图 14-6

（4）此时需要给"撞击体"对象增加一个运动方向，使其撞击"破碎墙面"对象。"刚体"标签的设置面板提供了"初始速度"的设置参数，它可以为对象设置初始的运动方式。

①单击"撞击体"对象的"刚体"标签，在"属性"管理器中打开"动力学"设置面板。

②启用"自定义初速度"选项，此时选项下端会出现"初始线速度"和"初始角速度"参数栏。

③将"初始线速度"参数的 z 轴参数设置为 -500 cm。播放动画，可以看到"撞击体"对象会沿 z 轴进行移动。

④此时"破碎墙面"对象被"撞击体"对象撞击后向四周溅射，如图 14-7 所示。

图 14-7

提示

此时为了便于观察，可以将"撞击体"对象设置为隐藏状态。

（5）在"对象"管理器中单击"破碎墙面"对象的"刚体"标签。打开"属性"管理器的"动力学"设置面板。

（6）"激发"选项栏的下端是"激发速度阈值"参数，利用该参数可以设置"刚体"对象的撞击力度。

（7）"激发速度阈值"参数的默认值为 10 cm。此时撞击对象的移动速度，在单位时间内移动距离超过 10 cm，就可以激发动画。将该参数设置为 180 cm，此时需要较大的撞击力才可以激发动画。

（8）播放动画，可以看到"破碎墙面"对象只有上端的少数模型受到了撞击影响，如图 14-8 所示。

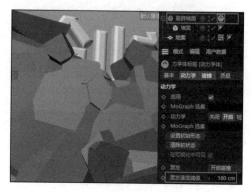

图 14-8

5. 使用效果器激发动画

除了可以使用"开启碰撞"方式来激发添加"刚体"标签对象的动画以外，还可以使用"在峰速"方式来激发动画。"在峰速"方式指的是只有对象的移动速度达到峰值时，才能激发动画。

（1）打开本书附带文件 Chapter-14/峰值.c4d，场景中已经准备了案例所需的模型。

（2）在"对象"管理器中单击"克隆"对象的"刚体"标签。

（3）打开"属性"管理器的"动力学"设置面板，可以看到当前"激发"选项栏为"立即"方式。

（4）播放动画，"克隆"对象会立即下坠并坍塌。

（5）将"激发"选项栏设置为"在峰速"方式，此时播放动画，"克隆"对象将不再产生动画，如图 14-9 所示。

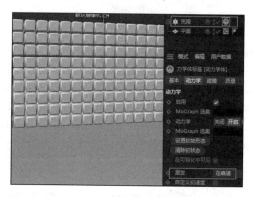

图 14-9

（6）选择"在峰速"方式时，需要对象的运动速度达到峰值才会激发动画。为了激发动画，需要让对象产生运动。

①在"对象"管理器中选择"克隆"对象，在菜单栏中执行"运动图形"→"效果器"→"简易"命令，添加"简易"效果器。

②在"属性"管理器的"参数"设置面板中将"P.Y"参数设置为1 cm。

此时"克隆"对象受到"简易"效果器影响整体向上移动1 cm，但是当前"克隆"对象并没有产生动画，所以无法激发添加"刚体"标签的对象产生动画，如图14-10所示。

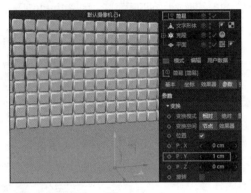

图 14-10

（7）接下来通过为效果器添加域对象，使其产生动画。

①选择"简易"效果器，在"属性"管理器中打开"域"设置面板。

②在"域"设置栏中添加"球体域"对象，接着单击"尺寸"参数前端的动画帧创建按钮，创建关键帧，如图14-11所示。

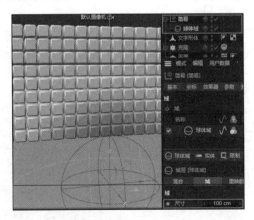

图 14-11

③将"时间滑块"移至第20帧位置，设置"尺寸"参数为300 cm。

④单击"尺寸"参数前端的动画帧设置按钮，创建关键帧。此时"克隆"对象将随着域对象范围

的变化，产生位移动画。

（8）播放动画，"克隆"对象在移动过程中，激发"在峰速"方式，所以添加了"刚体"标签的对象产生了动画，如图14-12所示。

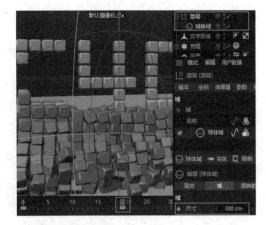

图 14-12

14.1.2　项目案例——制作墙体撞击的动画

结合本节讲述的"刚体"标签设置方法，制作墙体撞击动画，图14-13展示了案例完成后的效果。读者可以结合本课教学视频，对案例进行学习和演练。

图 14-13

14.1.3　模拟标签的层级关系

一个复杂的模型往往包含丰富的子对象。在为父对象添加模拟标签后，可以对其子对象设置不同的控制效果。另外，对于内部包含不同层级的模型，如"文字"对象，模拟标签也提供了不同的控制方法。下面通过具体操作来进行学习。

1. 设置子对象碰撞动画

在为父对象添加模拟标签后，可以对其子对象施加不同的控制效果。

（1）打开本书附带文件Chapter-14/玩具.c4d，场景中已经准备了案例所需的模型。

（2）在"对象"管理器中右击"拖拉机车身"对象，在弹出的快捷菜单中执行"模拟标签"→"刚

体"命令。

（3）添加"刚体"标签后，默认情况下"继承标签"选项栏被设置为"应用标签到子级"方式。

（4）播放动画，可以看到拖拉机模型组在坠落至地面的过程中，其子对象会散开，如图14-14所示。

图14-14

（5）将"时间滑块"恢复至第0帧位置，接着在"属性"管理器中打开"碰撞"设置面板。

（6）将"继承标签"选项栏设置为"复合碰撞外形"方式，再次播放动画，可以看到拖拉机模型组此时被视为一个整体，其子对象不会散开，如图14-15所示。

图14-15

注意

在修改"继承标签"选项栏时，一定要注意将"时间滑块"移至第0帧位置，否则可能会导致模型组无法恢复至初始状态。

将"继承标签"选项栏设置为"无"，此时只有添加了"刚体"标签的"拖拉机车身"对象才会产生碰撞动画，其子对象不会参与碰撞。

2. 设置层级对象碰撞动画

使用"文本"命令创建的文字模型，其内部是

带有层级关系的，"刚体"标签可以对不同层级下的模型进行控制。

（1）打开本书附带文件Chapter-14/象棋.c4d，场景中已经准备了案例所需的模型。

场景中的"文本"对象就是由运动图形命令中的"文本"命令创建的。

（2）在"对象"管理器中右击"文本"对象，在弹出的快捷菜单中执行"模拟标签"→"刚体"命令，为对象添加"刚体"标签。

（3）在"属性"管理器的"动力学"设置面板中，将"激发"选项栏设置为"开启碰撞"方式。

（4）播放动画，可以看到"文本"对象受到"象棋"对象的撞击，向四周溅开，如图14-16所示。

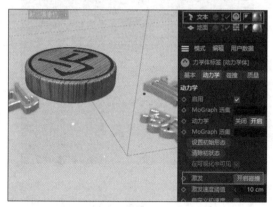

图14-16

（5）在"属性"管理器中打开"碰撞"设置面板，"独立元素"选项栏默认为"全部"方式，此时"文字"对象的所有文字模型都是独立的。

（6）将"独立元素"选项栏设置为"顶层"方式，播放动画，可以看到"文本"对象会分散在两行，如图14-17所示。

图14-17

（7）将"独立元素"选项栏设置为"第二阶段"方式，播放动画，可以看到"文本"对象会根据空格符的个数将文本模型分为若干词组模型，如

图14-18所示。

图 14-18

3. 精准设置碰撞

模型的外形是多种多样的，有些模型在添加模拟标签后，可能会得到意想不到的碰撞效果。例如中空的环状模型或者碗状模型。此时需要对模拟标签的"外形"选项栏进行设置。

（1）打开本书附带文件Chapter-14/饼干.c4d，场景中已经准备了案例所需的模型。

（2）在"对象"管理器中右击"盘子"对象，在弹出的快捷菜单中执行"模拟标签"→"碰撞体"命令，为对象添加"碰撞车"标签。

（3）在"属性"管理器中打开"碰撞"设置面板，可以看到"外形"选项栏被自动设置为"静态网格"类型。

（4）播放动画，可以看到"克隆饼干"对象会坠入"盘子"对象中，如图14-19所示。

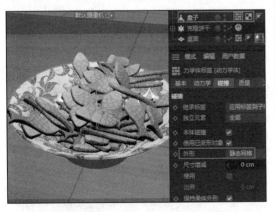

图 14-19

在高版本的C4D中，为对象添加"刚体"标签后，标签会根据模型的形状自动设置"外形"选项栏的类型。如果模型是中空的，"外形"选项栏会自动切换为"静态网格"类型。

"外形"选项栏可以对添加了模拟标签的碰撞体设置不同的外形，碰撞体的外形不同，碰撞后的

结果也不同。

①将"外形"选项栏设置为"方盒"类型，此时"盘子"对象的碰撞外形将变为方盒。

②播放动画，"克隆饼干"对象将不再坠入"盘子"对象的内部，而只是停留在其上端，如图14-20所示。

图 14-20

为了帮助读者更加深入地理解"外形"选项栏，需要对当前文档的工作环境进行设置。

（1）打开本书附带文件Chapter-14/外形.c4d，场景中已经准备了案例所需的模型。

（2）在菜单栏中执行"编辑"→"工程设置"命令，此时"属性"管理器陈列出工程设置选项。

（3）在"属性"管理器中打开"动力学"设置面板。

（4）启用"启用"选项和"碰撞外形"选项。此时播放动画，在场景中可以看到"立方体"对象外部出现了标准的"碰撞外形"边框，如图14-21所示。

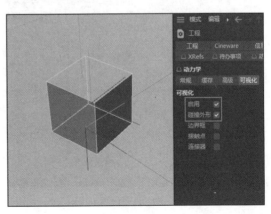

图 14-21

（5）单击"立方体"对象的"刚体"标签，在"属性"管理器中打开"碰撞"设置面板。

（6）默认状态下"外形"选项栏将被设置为"自动"类型，此时"刚体"标签会根据对象的外形自

动生成碰撞外形。

（7）如果将"外形"选项栏设置为"方盒""椭圆体"等其他类型，"立方体"对象的"碰撞外形"边框会发生改变。

（8）对象的碰撞外形发生改变，得到的碰撞动画也会有所区别，如图14-22所示。

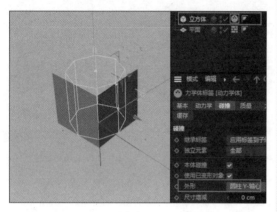

图 14-22

"外形"选项栏提供了很多选项，读者可以试着设置不同的选项，观察形体碰撞框的变化。

一般情况下，将"外形"选项栏设置为"自动"就可以满足大部分碰撞外形设置需要。但是如果添加模拟标签的对象是中空的，需要将"外形"选项栏设置为"静态网格"方式。当碰撞体包含动画时，可以将"外形"选项栏设置为"动态网格"方式，"动态网格"方式比"静态网格"方式更加精准，同时也会消耗更多系统资源。

设置"尺寸增减"参数，可以将碰撞外形的范围增大或减小，如图14-23所示。

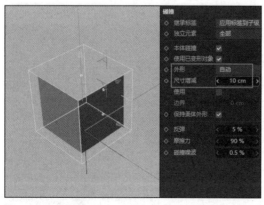

图 14-23

14.2 课时49：如何设置"柔体"标签与"布料"标签？

为对象添加"柔体"标签后，模型即可产生柔

体变形。前面曾经讲到，模拟标签在参数设置中是可以相互转换的，"柔体"标签可以转变为"刚体"标签。

C4D还提供了"布料"标签，该标签可以让模型生动地模拟布料变形。"布料"标签不能和其他标签进行转换。下面通过具体操作进行学习。

学习指导

本课内容重要性为【选修课】。

本课的学习时间为40~50分钟。

本课的知识点是掌握"柔体"标签与"布料"标签的使用方法。

课前预习

扫描二维码观看视频，对本课知识进行学习和演练。

14.2.1 "柔体"标签

"柔体"标签可以让模型的外形产生柔软的变形效果，从而生动地模拟出橡胶、塑料等具有弹性的材料。

1. 添加"柔体"标签

我们可以在"对象"管理器中为对象添加"柔体"标签，也可以在菜单栏执行标签添加命令为对象添加"柔体"标签。另外，在"属性"管理器中也可以将"刚体"和"柔体"标签进行切换。

（1）打开本书附带文件Chapter-14/柔体字母.c4d，场景中已经准备了案例所需的模型。

（2）在"对象"管理器中，右击"C"对象，在弹出的快捷菜单中为其添加"柔体"标签。

（3）播放动画，可以看到"C"对象在落至地面后会发生柔体变形，如图14-24所示。

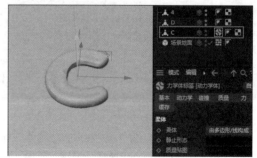

图 14-24

（4）单击"C"对象的"柔体"标签，在"属性"管理器中打开"柔体"设置面板。

（5）将"柔体"选项栏设置为"关闭"，此时"柔

体"标签会转变为"刚体"标签,同时其图标也会发生改变。

(6)播放动画,可以看到字母模型产生了刚体碰撞效果,如图14-25所示。

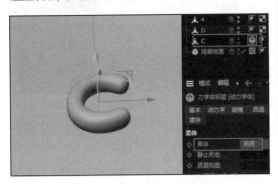

图14-25

将"柔体"选项栏设置为"由多边形/线构成"选项,此时模型恢复至"柔体"标签状态。

2. 设置柔体动画

"属性"管理器的"柔体"设置面板提供了丰富的设置参数,这些参数用于对柔体动画的效果进行设置。

"柔体"设置面板中的设置参数主要可以分为3组,分别为"弹簧""保持外形"和"压力"设置组。

"弹簧"设置组用于控制柔体模型的弹性。"保持外形"设置组用于使柔体模型保持原有形状。"压力"设置组用于让柔体模型产生充气的效果。下面通过操作来学习这些设置组的使用方法。

(1)在"对象"管理器中单击"C"对象的"柔体"标签。

(2)在"属性"管理器中打开"柔体"设置面板,将"构造"参数设置为1。设置"构造"参数可以调整柔体模型的弹性强度,该参数越小,柔体模型的弹性越弱。

(3)播放动画,可以看到字母模型在下落后,变得更加扁平,如图14-26所示。

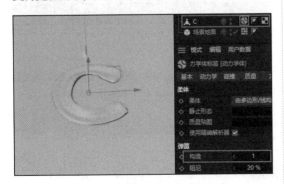

图14-26

(4)设置"斜切"参数可以增强或减弱四边形网格面的变形力度。图14-27展示了不同"斜切"参数下的四边形网格面的变形程度。

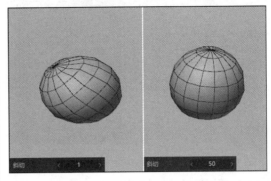

图14-27

(5)设置"弯曲"参数可以控制网格面之间夹角的弯曲程度。图14-28展示了不同"弯曲"参数下柔体模型的变形效果。

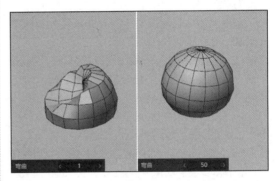

图14-28

在"保持外形"设置组内,设置"硬度"参数可以增强柔体模型变形后的还原速度。将"硬度"参数设置为3,播放动画,可以看到柔体模型在摔扁后,很快恢复至最初形态,如图14-29所示。

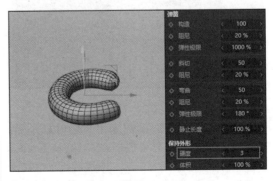

图14-29

在"压力"设置组内,设置"压力"参数可以改变柔体模型产生的充气效果。将"压力"参数设置为50,播放动画,可以看到柔体模型在下落后膨胀变大，如图14-30所示。

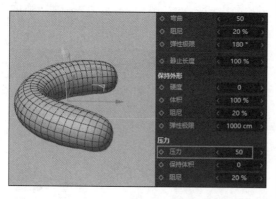

图14-30

3. 模拟标签融合关键帧动画

在为对象添加模拟标签后，模型本身包含的动画将会失效。在"力"设置面板，可以将模拟标签生成的重力与原有动画进行融合，使对象的动画产生更为丰富的变化。

（1）打开本书附带文件Chapter-14/柔体字母动画.c4d。

（2）场景中"C"对象已经设置了动画，播放动画，可以看到在第40帧至第120帧之间，字母模型产生移动和旋转动画。

（3）在"对象"管理器中右击"C"对象，在弹出的快捷菜单中为对象添加"柔体"标签。

（4）播放动画，可以看到字母模型产生坠落动画，其本身的移动和旋转动画消失，如图14-31所示。

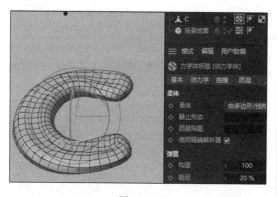

图14-31

（5）在"对象"管理器中单击"C"对象的"柔体"标签。在"属性"管理器中打开"力"设置面板。

（6）将"跟随位移"和"跟随旋转"参数设置为10，此时"柔体"标签生成的下坠动画将会消失。

（7）播放动画，可以看到"C"对象，将根据设置的关键帧产生动画，如图14-32所示。

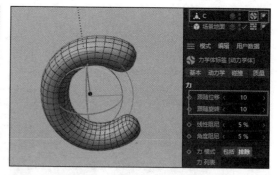

图14-32

通过上述操作，可以看到通过设置"力"设置面板中的参数，可以在模拟标签动画和关键帧动画之间进行切换。此时，如果对"跟随位移"和"跟随旋转"参数设置关键帧，可以将模拟标签动画和关键帧动画融合在一起。

（1）将"时间滑块"移至第40帧位置，将"跟随位移"和"跟随旋转"参数设置为0，然后分别单击它们前端的动画设置按钮，设置关键帧。

（2）将"时间滑块"移至第120帧位置，将"跟随位移"和"跟随旋转"参数设置为10，分别单击它们前端的动画设置按钮，设置关键帧。

（3）播放动画，可以看到字母模型在第0帧至第40帧坠落至地板。

（4）在第40帧至第120帧，随着"跟随位移"和"跟随旋转"参数逐步变为10，字母模型会缓缓升入空中，如图14-33所示。

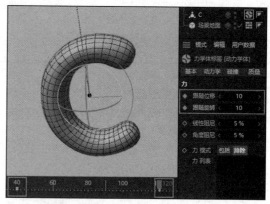

图14-33

此时字母模型的下落和升起动画就制作完成了。字母模型先是坠落至地面，然后像气球一样缓缓升入空中。使用"压力"参数可以制作出气球充气的动画效果。

①在"对象"管理器中单击"C"对象的"柔体"标签。

②在"属性"管理器中打开"柔体"设置面板，将"时间滑块"移至第40帧，单击"压力"参数

前端的动画设置按钮，创建关键帧。

③将"时间滑块"移至第60帧，将"压力"参数设置为10，然后单击该参数前端的动画设置按钮，创建关键帧。

④播放动画，可以看到字母模型在坠落至地面后会像气球一样缓缓升入空中，如图14-34所示。

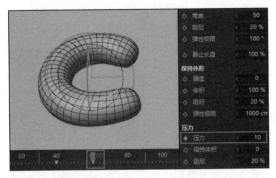

图14-34

14.2.2 项目案例——制作气球升空的动画

结合本节讲述的"柔体"标签设置方法，制作出气球升空的动画，图14-35展示了案例完成后的效果。读者可以结合本课教学视频，对案例进行学习和演练。

图14-35

14.2.3 "布料"标签

使用"布料"标签可以让模型模拟柔软的布料。本小节将利用"布料"标签让模型模拟布料效果，图14-36展示了案例完成后的效果。

图14-36

1. 添加"布料"标签

与"刚体"标签和"柔体"标签的使用方法相同，为模型添加"布料"标签后，模型将会模拟布料效果。注意，"布料"标签有一套独立的"模拟标签"系统，与"刚体"标签和"柔体"标签不能相互转换。

（1）打开本书附带文件Chapter-14/布料.c4d。场景中已经包含了所需模型。

（2）在"对象"管理器中右击"布料"对象，在弹出的快捷菜单中执行"模拟标签"→"布料"命令，为其添加"布料"标签。

（3）使用相同的方法，为"地面"和"布料挂环"对象添加"布料碰撞器"标签。

（4）播放动画，此时模型不会产生任何动画，这是因为"布料"对象还没有塌陷为网格对象，如图14-37所示。

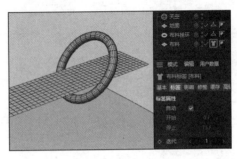

图14-37

（5）选择"布料"对象，按键盘上的<C>键对其执行塌陷操作，再次播放动画，可以看到"布料"对象产生了布料变形动画。

2. 设置布料的外形

在"对象"管理器中单击"布料"标签，接着在"属性"管理器中打开"标签属性"设置面板。在该设置面板中可以对布料的外观进行设置。

（1）在"标签属性"面板上端，取消启用"自动"选项，此时可以通过"开始"和"停止"参数来设置动画的时长。

（2）将"停止"参数设置为100 F，此时"布料"对象将在第100帧时静止，如图14-38所示。

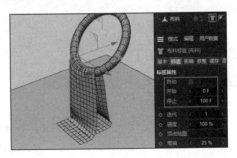

图14-38

（3）设置"迭代"参数可以控制"布料"对象的整体硬度，"迭代"参数越大，"布料"对象的硬度也越大。

（4）设置"硬度"参数也可以调整"布料"对象的硬度。若该参数设置为100%，"布料"对象将会变得非常柔软，产生非常多的褶皱。

（5）设置"弯曲"参数可以调整"布料"对象的柔软度。当该参数为0%时，"布料"对象将会变得非常柔软，如图14-39所示。

（6）设置"橡皮"参数可以使"布料"对象产生柔软的拉伸变形。将"橡皮"参数设置为100%，"布料"对象会产生明显的拉伸。

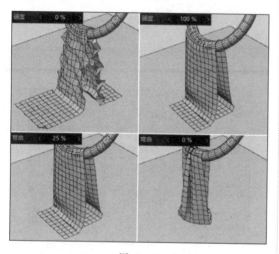

图14-39

（7）设置"反弹"参数可以使"布料"对象产生弹跳效果。将"反弹"参数设置为300%，"布料"对象会产生强烈的弹跳效果，如图14-40所示。

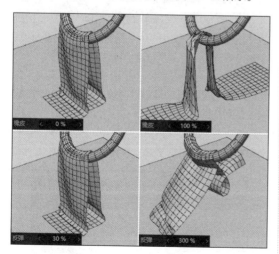

图14-40

（8）设置"摩擦"参数可以增大或减小"布料"对象和其他模型碰撞时的摩擦力。设置"尺寸"参数可以增大或减小"布料"对象的体积。

（9）启用"使用撕裂"选项后，"布料"对象在下落时会产生撕裂现象。

（10）设置"撕裂"参数可以调整产生撕裂现象所需的碰撞力度。该参数值越大，越不容易产生撕裂现象。

（11）启用"使用撕裂"选项后，播放动画，此时"布料"对象会出现错误的撕裂现象，如图14-41所示。

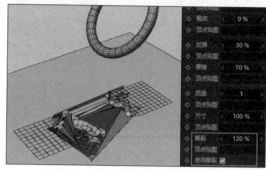

图14-41

（12）为了正确制作撕裂效果，需要给"布料"对象添加"布料曲面"生成器。

（13）在"对象"管理器中选择"布料"对象，按住键盘上的<Alt>键，然后在菜单栏中执行"创建"→"生成器"→"布料曲面"命令，添加"布料曲面"生成器。

（14）添加"布料曲面"生成器后，播放动画，"布料"对象产生合理的撕裂效果，如图14-42所示。

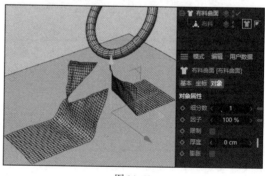

图14-42

（15）"布料"对象在下落时会出现穿插现象，在"属性"管理器的"高级"设置面板可以解决穿插问题。

（16）在"对象"管理器中单击"布料"标签，打开"属性"管理器的"高级"设置面板，在面板中启用"本体碰撞"和"全局交叉分析"选项。

（17）播放动画，可以看到"布料"对象没有出现穿插问题，并且其碰撞效果更加自然，如图14-43所示。

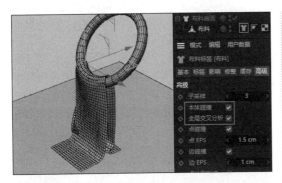

图 14-43

14.2.4 项目案例——制作旗帜舞动的动画

学习"布料"标签的设置方法后，接下来使用"布料"标签制作旗帜舞动的动画，图14-44展示了案例完成后的效果。读者可以结合视频（14.2节处）学习案例中的操作。

图 14-44

1. 绑定旗帜

旗帜模型的一侧一般需要绑定在旗杆上，然后其余部分随风摆动。C4D提供了多种绑定"布料"标签的方法。下面通过具体操作来进行学习。

（1）打开本书附带文件Chapter-14/旗帜.c4d。场景中已经包含了所需模型。

（2）在"对象"管理器中右击"旗帜"对象，在弹出的菜单中执行"模拟标签"→"布料"命令，添加"布料"标签。

（3）播放动画，可以看到"旗帜"对象会直接向下坠落。此时需要对"旗帜"对象进行绑定。

（4）在"模式工具栏"中单击"点"按钮，进入"点"编辑模式。选择"实时选择"工具，将"旗帜"对象左侧的顶点选择。

（5）在"对象"管理器中单击"布料"标签，打开"属性"管理器的"修整"设置面板。

（6）在"固定点"选项组右侧单击"设置"按钮，将选择的顶点设置为固定点。此时选的顶点会变为紫色，如图14-45所示。

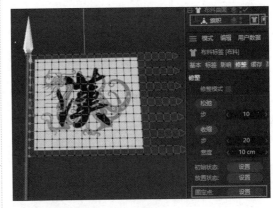

图 14-45

（7）播放动画，可以看到"旗帜"对象产生摆动动画。

（8）在"属性"管理器中打开"高级"设置面板，启用"本体碰撞"和"全局交叉分析"选项，解决模型的穿插问题。

（9）在"属性"管理器中打开"影响"设置面板，在该面板内，可以对"旗帜"对象的摆动方式进行设置。

（10）设置"重力"参数可以调整模型向下摆动的力度。设置该参数为负数，将产生重力；设置该参数为正数，将产生上升的力。

（11）设置"黏滞"参数可以增大模型在摆动时受到的阻力。该参数越大，模型的摆动就越缓慢。

（12）对"重力"和"黏滞"参数进行设置，观察"旗帜"对象的舞动动画，如图14-46所示。

图 14-46

（13）设置"风力方向"参数可以调整"旗帜"对象的摆动方向和移动速度。设置"风力强度"参数可以调整风力的强弱。

（14）设置"风力方向"和"风力强度"参数后，观察"旗帜"对象的舞动动画，如图14-47所示。

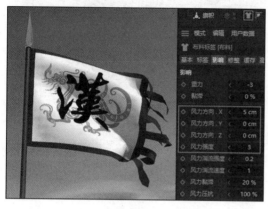

图 14-47

（15）设置"风力湍流强度"和"风力湍流速度"参数可以对风力的混乱速度和混乱度进行设置。

2. 使用"布料绑带"标签

在前面的操作中，是将"旗帜"对象的顶点设置为固定点，从而制作出旗帜的舞动效果的。这样做的缺点是旗帜无法跟随旗杆产生动画。这时就需要使用"布料绑带"标签来绑定"旗帜"对象。

（1）将当前场景的"时间滑块"移至第0帧位置。在"工具栏"中单击"点"按钮，进入"点"编辑模式。

（2）在"对象"管理器中单击"布料"标签，打开"属性"管理器的"修整"设置面板。

（3）在"固定点"选项组右侧单击"清除"按钮。此时被设定为固定点的顶点将会被清除，顶点会转变为正常的橙色，如图14-48所示。

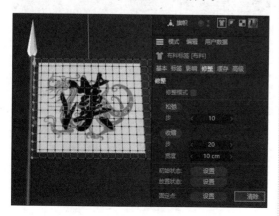

图 14-48

（4）在"对象"管理器中右击"旗帜"对象，

在弹出的快捷菜单中执行"模拟标签"→"布料绑带"命令，添加"布料绑带"标签。

（5）单击新添加的"布料绑带"标签，将"旗杆"对象拖动至"属性"管理器的"绑定至"设置栏。

（6）设置完绑定对象后，还需要单击"点"选项组的"设置"按钮，完成绑定操作。此时绑定的顶点会变为黄色，如图14-49所示。

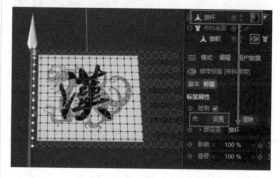

图 14-49

（7）设置好"布料绑带"标签后，"旗帜"对象将会随着"旗杆"对象的动作变化产生变化。

（8）在"对象"管理器中右击"旗杆"对象，在弹出的快捷菜单中执行"动画标签"→"振动"命令，添加"振动"标签。

（9）在"标签属性"设置面板中启用"启用旋转"选项，使"旗杆"对象沿 z 轴产生随机的旋转效果。

（10）播放动画，可以看到"旗帜"对象随着"旗杆"对象的旋转产生舞动效果，如图14-50所示。

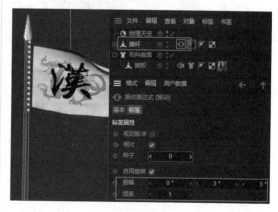

图 14-50

当前旗帜舞动的动画就制作完成了，读者可以根据上述方法在场景中制作更多舞动的旗帜。

14.3　课时50：粒子系统有何设置技巧？

粒子系统是三维软件的必备模块，可以制作出密集对象的运动效果，如雨滴、雪花和烟雾等。在C4D中，粒子系统的使用方法非常灵活，可以单独使用，也可以结合运动图形命令和模拟标签使用。使用粒子系统可以制作出逼真、生动的粒子碰撞效果。下面将对粒子系统进行详细讲解。

学习指导

本课内容重要性为【必修课】。

本课的学习时间为40~50分钟。

本课的知识点是掌握粒子系统的使用方法。

课前预习

扫描二维码观看视频，对本课知识进行学习和演练。

14.3.1 创建粒子系统

在C4D中，可以通过创建粒子"发射器"来生成粒子系统。创建粒子"发射器"后，在"属性"管理器中可以对粒子的发射形态进行设置。

1. 创建粒子"发射器"

在"模拟"菜单下，可以通过"粒子"菜单中的命令创建粒子"发射器"。

（1）创建一个新的工程文档，在菜单栏中执行"模拟"→"粒子"→"发射器"命令，创建粒子"发射器"。

（2）使用"旋转"工具，沿 y 轴将粒子"发射器"旋转90°。

（3）播放动画，可以看到粒子"发射器"向上喷射粒子，如图14-51所示。

图14-51

（4）当前喷射出的粒子是无法被渲染的，接下来使用网格模型来替换粒子。

（5）在"工具栏"中长按"立方体"按钮，在展开的模型工具面板中单击"球体"按钮，创建"球体"对象。将"球体"对象的尺寸缩小至合适尺寸。

（6）在"对象"管理器中，将"球体"对象设置为"发射器"对象的子对象。

（7）单击"发射器"对象，在"属性"管理器中打开"粒子"设置面板，在设置面板底部启用"显示对象"选项。

（8）播放动画，可以看到"发射器"对象将会喷射"球体"子对象，如图14-52所示。

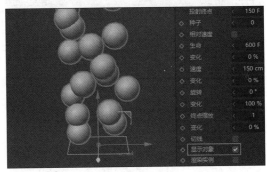

图14-52

2. 设置粒子的发射形态

在"属性"管理器中可以对粒子"发射器"的参数进行设置，从而改变粒子的形态和数量。

（1）在"对象"管理器中单击"发射器"对象，接着打开"属性"管理器中的"粒子"设置面板。

（2）设置"编辑器生成比率"参数可以增加或减少粒子颗粒在视图中的数量。

（3）设置"渲染器生成比率"参数可以增加或减少粒子在渲染时的数量，如图14-53所示。

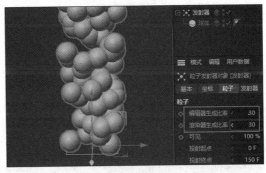

图14-53

技巧

在工作中，一般将"编辑器生成比率"参数设置得较小，将"渲染器生成比率"参数设置得较大，这样可以减少工作中粒子系统占用的系统资源。

（4）设置"可见"参数可以按百分比的方式控制粒子的数量。对"可见"参数设置关键帧，可以根据时间的变化控制粒子的数量。

（5）设置"投射起点"参数可以设置粒子开始

发射的时间，设置"投射终点"参数可以控制粒子结束发射的时间。

（6）对"投射起点"和"投射终点"参数进行设置，观察粒子发射时的形态，如图14-54所示。

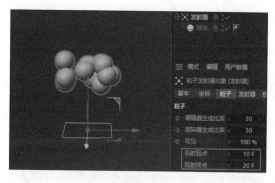

图14-54

（7）设置"种子"参数可以改变粒子的随机形态。

（8）启用"相对速度"选项后，粒子的发射速度将会与发射器的移动速度叠加。例如，粒子的发射速度是150 cm/s，发射器的移动速度是200 cm/s，此时粒子的移动速度为350 cm/s。

（9）设置"生命"参数可以控制粒子的存在时间，设置"速度"参数可以调整粒子的移动速度。

（10）设置"旋转"参数可以使粒子在喷射时的角度发生改变。设置"终点缩放"参数可以使粒子在移动过程中的体积产生变化。

（11）"生命""速度""旋转"和"终点缩放"4组参数下端都有"变化"参数，设置对应的"变化"参数可以使粒子的形态产生随机的变化。

（12）试着设置"生命""速度""旋转"和"终点缩放"参数，观察粒子的形态变化，如图14-55所示。

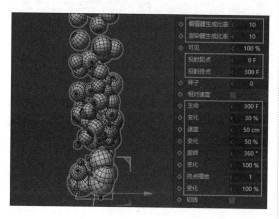

图14-55

3. 设置发射器形态

此时喷射出的粒子如同从水底向上冒的气泡。修改"发射器"对象的形态，可以设置不同的粒子发射效果。

（1）在"对象"管理器中选择"发射器"对象，打开"属性"管理器的"发射器"设置面板。

（2）设置"水平尺寸"和"垂直尺寸"参数，可以修改"发射器"对象的尺寸。

（3）设置"水平角度"和"垂直角度"参数，可以使粒子向四周发散，如图14-56所示。

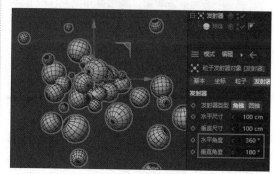

图14-56

（4）将"水平尺寸"和"垂直尺寸"参数设置为0 cm，此时"发射器"对象将会从一个点发射粒子。

4. 使用"力场"对象

在场景中加入"力场"对象，可以对粒子的发射形态进行改变。

（1）在菜单栏中执行"模拟"→"力场"→"风力"命令，创建"风力"对象。

（2）在"属性"管理器中对"风力"对象的参数进行设置。

（3）设置"速度"参数可以调整风力的强度，设置"紊流"参数可以使风力产生随机变化。

（4）在"风力"对象的影响下，粒子的发射形态发生了变化，如图14-57所示。

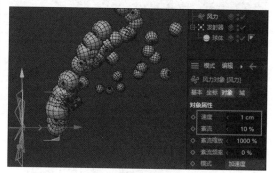

图14-57

（5）此时粒子的整体形态与烟雾就比较接近

了，为"发射器"对象添加"融球"生成器，可以使分散的粒子成为一团烟雾。

（6）在菜单栏中执行"创建"→"生成器"→"融球"命令，创建"融球"生成器。

（7）在"对象"管理器中将"发射器"对象设置为"融球"生成器的子对象，然后在"属性"管理器中对"融球"生成器的参数进行设置。

（8）此时烟雾效果就制作完成了，如图14-58所示。

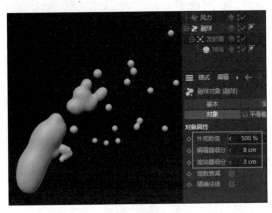

图14-58

14.3.2 项目案例——制作火车头的蒸汽

学习粒子"发射器"对象的设置方法后，接下来使用该功能制作火车头的蒸汽，图14-59展示了案例完成后的效果。读者可以结合视频（14.3节）学习案例的操作。

图14-59

14.3.3 项目案例——制作自动生成气泡的动画

在C4D中，可以将粒子系统与运动图形命令配合使用，这样可以让粒子形态产生更多变化。对粒子系统添加模拟标签，可以让粒子产生逼真的碰撞效果。

本小节将制作自动生成气泡的动画，图14-60

展示了案例完成后的效果。下面通过具体操作进行学习。

图14-60

1. 使用运动图形命令控制粒子

虽然粒子系统提供了设置粒子形态的参数，但是这些参数的功能非常有限。使用运动图形命令可以更加灵活地对粒子的形态进行调整。

（1）打开本书附带文件Chapter-14/气球.c4d。场景中已经包含了4个简单的模型。

（2）在"工具栏"中单击"克隆"按钮，创建"克隆"对象。

（3）在菜单栏中执行"模拟"→"粒子"→"发射器"命令，创建粒子"发射器"。

（4）在"对象"管理器中，将4个模型设置为"克隆"对象的子对象。

（5）单击"克隆"对象，然后打开"属性"管理器的"对象属性"设置面板。

（6）将"克隆"对象的"模式"选项栏设置为"对象"方式，然后拖动"发射器"对象至"对象"设置栏。

此时"克隆"对象生成的模型将会按粒子的位置进行分布。

（7）播放动画，可以看到粒子系统喷射出网格模型，如图14-61所示。

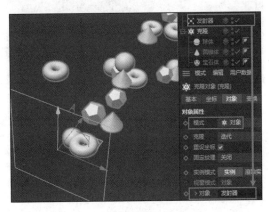

图14-61

（8）在"对象"管理器中单击"发射器"对象，接着打开"对象"管理器的"发射器"设置面板。

（9）将"水平尺寸"和"垂直尺寸"参数设置为1 cm。此时粒子"发射器"将会变成一个发射点。

（10）将"水平角度"参数设置为360°，将"垂直角度"参数设置为180°。此时粒子"发射器"将向四周发射粒子，如图14-62所示。

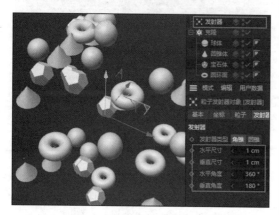

图14-62

（11）在"对象"管理器中单击"发射器"对象，然后打开"属性"管理器的"粒子"设置面板。

（12）将"投射终点"参数设置为300 F。此时在整个动画播放过程中，粒子"发射器"都会持续喷射粒子。

（13）将"生命"参数设置为200 F，将"速度"参数设置为10 cm。此时粒子"发射器"向四周缓慢喷射粒子，如图14-63所示。

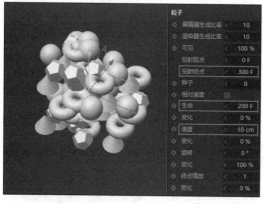

图14-63

2. 添加效果器

使用运动图形命令控制粒子系统时，可以通过添加"效果器"对象来调整粒子的形态。

（1）在"对象"管理器中单击"克隆"对象，然后在菜单栏中执行"运动图形"→"效果器"→"随机"命令，为"克隆"对象添加"随机"

效果器。

（2）单击"随机"对象，在"属性"管理器中打开"参数"设置面板，对"随机"对象进行设置。

（3）此时粒子将呈现位置、旋转和缩放方式的随机变化，如图14-64所示。

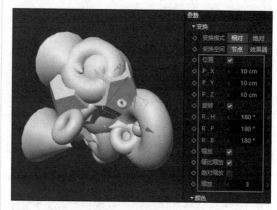

图14-64

3. 使用模拟标签

此时粒子是相互叠在一起的，使用模拟标签中的"刚体"标签，可以使粒子相互之间产生真实的碰撞效果。

（1）在"对象"管理器中右击"球体"对象，在弹出的快捷菜单中执行"模拟标签"→"刚体"命令，为其添加"刚体"标签。

（2）重复上述操作，为"圆锥体""宝石体"和"圆环面"对象添加"刚体"标签。

（3）添加模拟标签后，播放动画，可以看到粒子向四周弹开。这是"刚体"标签使模型产生碰撞导致的，如图14-65所示。

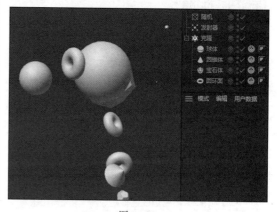

图14-65

（4）按住键盘上的\<Ctrl\>键，在"对象"管理器中依次单击4个"刚体"标签，将其全部选择，接着在"属性"管理器中打开"力"设置面板。

（5）将"跟随位移"参数设置为10，此时模型对象将会通过粒子喷射动画来设置移动轨迹。

（6）播放动画，可以看到粒子相互堆积在一起，其内部如同有磁力一般，如图14-66所示。

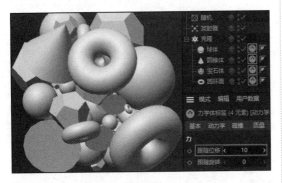

图 14-66

通过上述操作，相信读者可以感受到，将粒子系统与运动图形命令和模拟标签结合使用，可以制作出逼真的粒子碰撞效果。

至此，整个案例就制作完毕了。在"克隆"对象的子对象中，将除了"球体"对象以外的对象全部移除，即可制作出自动生成气泡的动画。

14.4 总结与习题

本章详细讲解了模拟标签与粒子系统的使用方法。

使用模拟标签可以让模型按照物理学原理产生下落、碰撞，以及扭曲变形效果。粒子系统可以生动模拟密集对象的运动。这些功能都是动画制作中常用到的功能，所以初学者一定要掌握其工作原理。

习题：制作生动的刚体下落和碰撞效果

使用"模拟标签"功能制作生动的刚体下落和碰撞效果。

习题提示

合理设置"刚体"标签的各项参数，使模型的碰撞效果更为生动。